I

뉴턴도 놀란

영재들의
물리노트

BUTSURI NAZE NAZE JITEN (VOLUME I)

© HIROSHI EZAWA/TOKYO BUTSURI CIRCLE 2000

Originally published in Japan in 2000 by NIHON HYOURON-SHA

Korean translation rights arranged through TOHAN CORPORATION, TOKYO.

and ACCESS KOREA AGENCY, SEOUL.

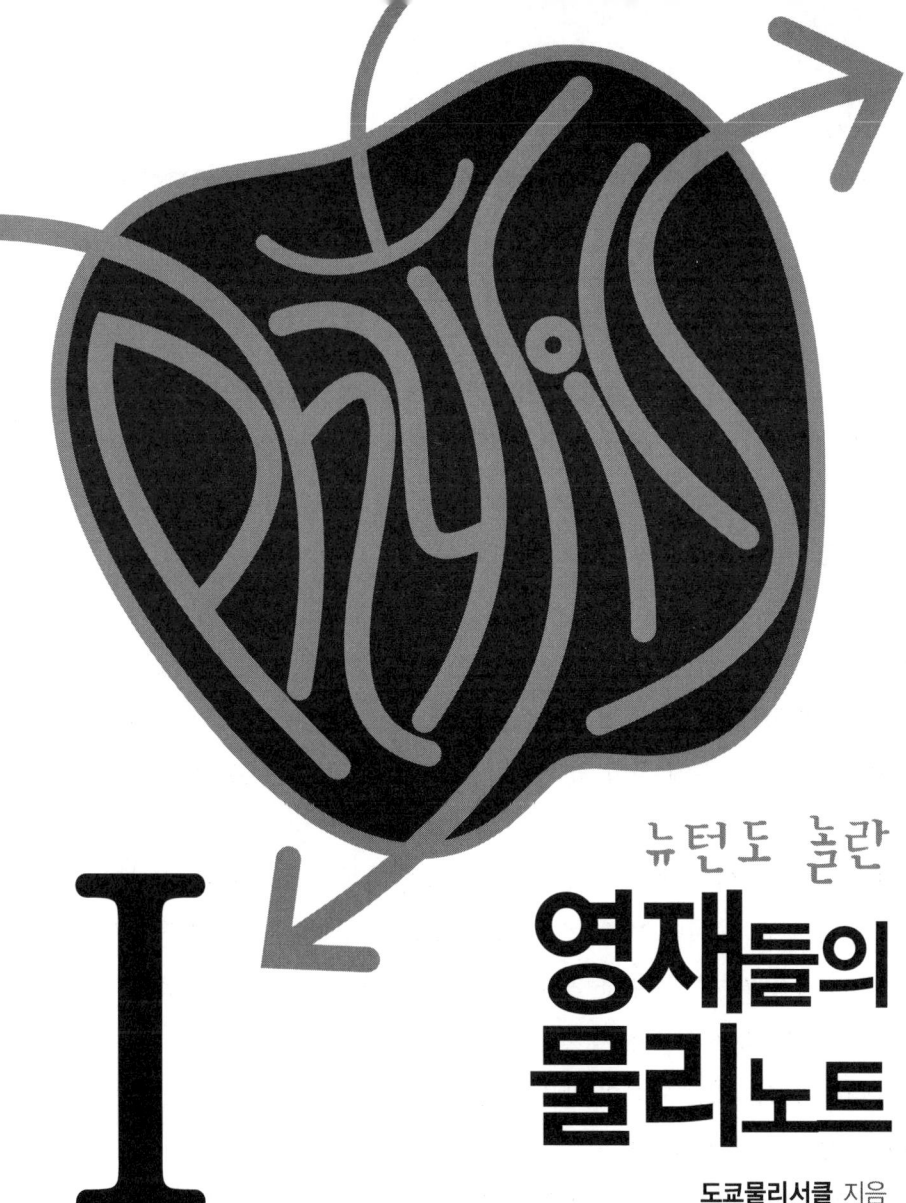

뉴턴도 놀란

영재들의
물리노트

I

도쿄물리서클 지음
영재들을 위한 과학교사 모임 옮김

이치 SCIENCE

이 책은 평소에 궁금해 하던 121가지 질문에 대해 상세하면서도 과학적으로 설명한 책이다. 121가지 질문과 답 중에서 몇 가지 예를 들면, 초능력은 믿을 수 있는가? 중력과 만유인력의 차이를 알려주시면 내공 20 드려요, 물리에 왜 미분 적분이 필요한가? 스윙바이란 무엇인가? 자전거는 왜 넘어지지 않는가? 스키의 회전은 어떻게 가능한가? 빛과 전자가 입자이면서 파동이라는 것의 의미는? 일반 상대론에 의하지 않는 쌍둥이 패러독스에 대하여 논하라, 원폭 개발과 아인슈타인의 책임에 대하여 논하라, 우주에 끝이 있는가? 궁극의 이론은 존재하는가 등이다.

인터넷으로 검색해 본 적이 있는 것도 있고, 과학 논술에 나온 적이 있는 주제도 있다. 어떤 부분은 조금 어려울 수도 있지만, 여러 전문가들이 책임감을 가지고 설명한 글을 보면서 이 세상과 우주에 대한 깨달음을 얻었으면 좋겠다. 아침 햇빛에 어두움이 걷히듯이 말이다.

의문을 가지는 것은 과학의 싹을 가진 것이고, 관찰하고 생각하고 정리하는 것은 과학의 줄기이며, 수수께끼가 풀리는 것은 과학의 꽃이라고 하였다. 싹을 틔우고 꽃을 피울 수 있을 정도로 좋은 글을 여러분도 읽을 수 있길 바란다.

도쿄물리서클에서 많은 토론과 검토를 거쳐 설명한 주옥같은 글들을 부족한 역량으로 독자들에게 잘 전달하지 못할까봐 두렵기도 하다. 그러나 이치 사이언스의 적극적인 지원으로 출간하였으며, 독자 여러분들의 지도 편달로 완성될 것이다.

2008. 6. 역자

머리말

사람들은 자연을 알게 되면서 수없이 많이 '왜?' 라는 질문을 하게 된다. 그래서 이 책에서는 이러한 100여 가지의 질문에 답하고자 한다. 특히 중·고등학교에서 배우는 물리 과목에서 나올 수 있는 질문에 좋은 대답이 될 수 있을 것이다.

'왜?' 는 전국의 초등학교·중학교·고등학교의 선생님들이 수업 시간 또는 일상생활에서 가질 수 있는 가치 있는 질문에 대한 물음과 답을 모아 놓은 것이다.

예를 들면, '검은 것은 열선을 잘 흡수한다.' 고 이야기하면, 학생들은 '우주공간은 캄캄해서 태양열을 잘 흡수하기 때문에 매우 고온일 것이다.' 고 말한다. 이것에 대해 이어지는 질문과 답은 '열은 어떻게 흡수되는가?', '우주공간의 온도란 무엇인가?' 등으로 전개될 수 있을 것이다.

'왜?' 라는 질문을 받은 선생님들과 전문가들이 모여서 생각하고 토론하여 정리하였다. 또, 선생님들이 평소에 궁금하여 깨우친 질문들도 있다.

도쿄의 고등학교 선생님들은 정기적으로 연구를 하기 위한 모임을 가지고 있다. 질문에 대한 답을 이 연구회에서 토론하고 수정하면서 많은 시간이 흘렀다. 어떤 질문은 공동 집필로 바뀌기도 하였다.

의논을 계속하고 책을 편집하는 동안 많은 시간이 지나가면서 한 권으로 계획한 이 책이 보는 것처럼 2권이 되었다.

여러 사람들이 오랜 시간 의논하여 집필하였기 때문에 단위나 물리량의 표기가 통일되지 않은 것도 있다. 통일하는 것도 좋지만, 어느 것이나 현실에서 사용되고 있는 것이므로 그대로 둔 것이다. 예를 들면, 힘 단위의 표기에서 kg중, kgw, kgf를 모두 사용하였다.

이 책이 출판되었기 때문에 이제는 선생님들이 독자 여러분들에게 비판을 받을 차례이다. 아무쪼록 많은 의견을 보내주기 바란다. 이제는 여러분이 물리의 토론자이며, 편집자인 것이다.

이 책이 출판되기까지 많은 도움을 주신 여러분들에게 감사드린다.

편집위원회 에자와 히로시

목차

3 운동과 관성에 관한 의문들 왜?

6 오해가 많은 상대론의 왜?

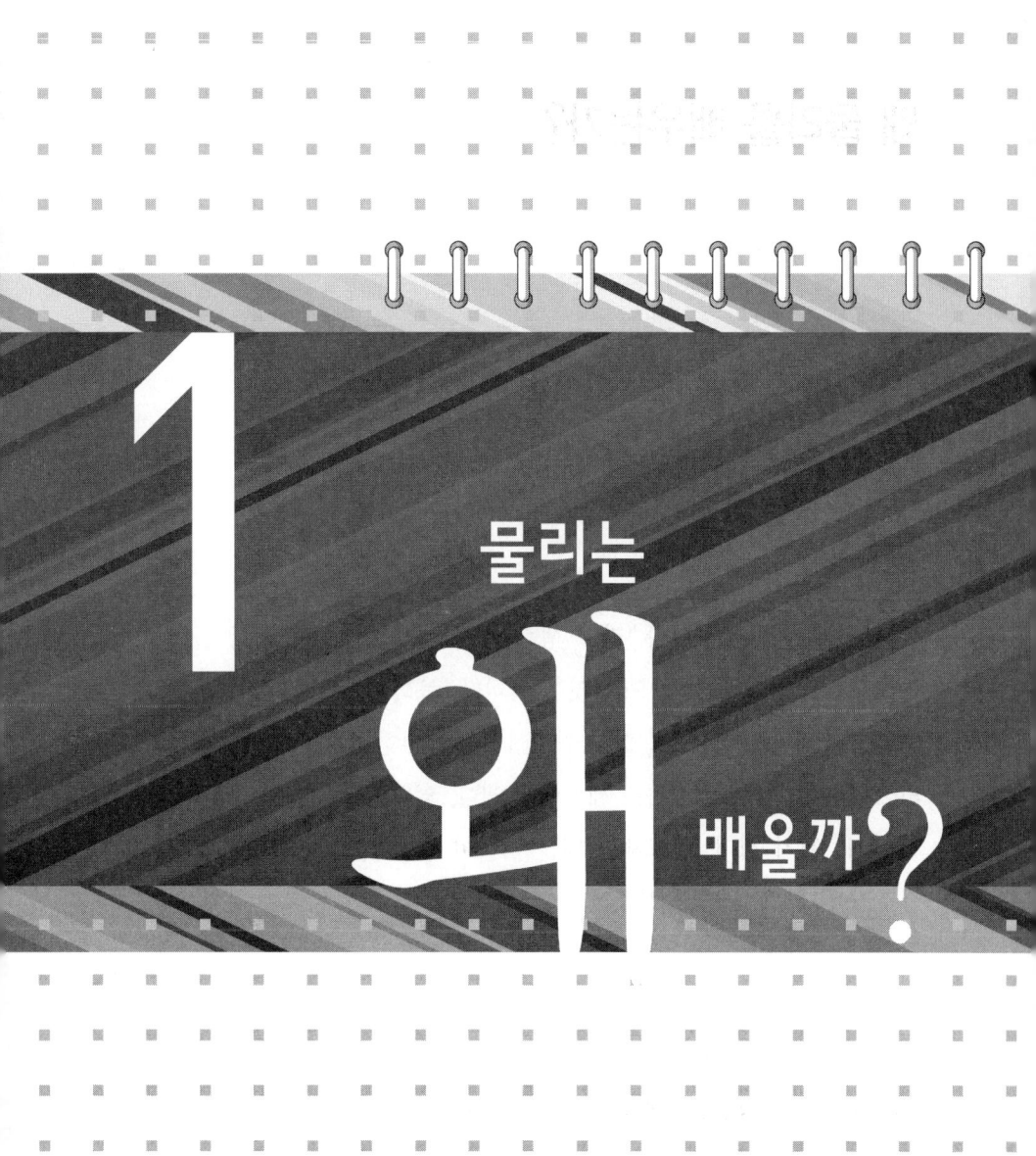

1

물리는

왜

배울까?

왜 물리를 배우는가?

물리는 '인간적이 아니다.' 라고 생각하는 사람이 있다. 그러나 물리는 무미건조한 법칙을 끌어 모은 것이 아니다. 물리에는 이 세상과 우주에 대한 인간의 사고와 실천, 그 파란만장하고 풍부한 이야기가 있다. 물리의 이론이 한 단계 발전하면 세상이 바뀐다. 열역학과 고체 물리는 청동기 시대, 철기 시대, 반도체 시대를 이끌어 왔으며, 전자기학은 현대의 전자기 시대, IT 시대를 진행하고 있으며, 만유인력의 법칙과 상대성 이론은 우주 시대를 열고 있다.

이 책을 집필할 때 집필자들에게 '왜 물리를 배웠는가?' 라고 물어보았다. 다음은 그 대답 중에서 몇 가지를 골라 놓은 것이다.

✪ 물리는 왜라고 묻는 데에서부터 시작된다

이 세상에 태어나서 알게 모르게 여러 가지의 것을 깨우쳐 왔다. 그렇지만 '왜 그러할까?' 라는 질문에 대답을 제대로 못하고 지나간 것이 많고, 또 어느 사이에 질문도 잊어버리고 있었지만 마음 한구석에 찜찜한 부분이 있었다. 그것을 해결해 준 것이 물리였다.

어렸을 때, '우물물은 여름에 차고 겨울에 따뜻하다.'고 배웠고, 만져 보면 정말 그랬다. 그런데 사실 수온은 여름이 높다는 말을 듣고 깜짝 놀랐다.[1]

세월이 흐른 후에 옛날 사람들도 17세기에 온도계가 발명되기까지는 정말로 여름에는 수온이 내려간다고 믿었고, 그것을 설명하는 이론도 있었다고 한다. 과학자들이 전혀 맞지 않는 이론을 전개하고 토론하던 것이 불과 300여 년 전이라니 얼마나 놀라운가? 물리를 잘 하지 못하는 내가 잘못 생각하고 궁금해 하던 것을 옛날 과학자들도 잘못 생각하고 토론하였다니 인간은 진실을 알게 되는 과정이 비슷한 것인가?

그렇지만 한 가지 의문이 풀리면 두 가지 의문이 발견되는데 그것은 지금도 그렇다.

✿ 친구들, 특히 여학생에게 인기를 얻을 수 있다

중·고등학교 시절에는 여학생에게 인기를 얻기 위하여 수학, 과학을 열심히 공부했다. 시험 전에는 여학생들이 '가르쳐 달라'는 부탁을 많이 했으며, 그 중에 좋아하는 예쁜 여학생도 있었다. 그러나 시험이 끝나면 말을 걸지도 않아서 관심을 끌기 위해 다른 노력들을 하기도 하였다.

✿ 물리는 다양한 세계를 통일적으로 포착하는 것이다

물리를 배우면, 지금까지 각각의 현상으로 보였던 것이 통일적으로

---

1 ● 여름에 수온이 높지만 사람의 피부 온도가 더 높으면 열은 사람의 피부에서 물로 이동한다. 그러면 사람의 피부는 온도가 낮아지고 시원하게 느껴지므로 여름에 수온이 낮다고 생각하는 것이다.

보이게 된다. 나무에서 떨어지는 사과의 낙하 운동, 투수가 던진 공의 포물선 운동, 지구 주위를 공전하는 인공위성의 운동, 먼 은하에서 별의 공전 등은 모두 만유인력의 법칙에 따르는 운동이다.

물리를 공부하는 동안에 하나의 신념이 생겼다. 사물에는 반드시 합리적인 이유가 있다는 것이다. 현재, 아직 해명되지 않은 법칙이 있어도 미래에는 모두 설명이 가능하리라는 것이다. 합리성의 확신, 그것이 물리를 공부하는 동안에 생긴 신념이다

✪ 권위나 지위에 의해 왜곡되지 않는 것이 물리다. 그러므로 재미있다

위대한 사람이 말하였기 때문에 옳다고 인정하지 않는다. 권위에 의해 자연현상을 설명하는 것이 아니라, 고등학생이라도 진리에 맞게 설명하면 세상의 모든 물리 교과서를 바꿀 수 있는 것이 물리이다.

단호하게 자기의 의견을 주장한다. 그러나 틀렸다는 것을 알게 되면 바로 고친다. 나는 이것을 물리에서 배웠다. 그리고 물리는 나의 세계관, 인생관에 지대한 영향을 끼쳤다. 물리는 내가 세계를 보다 잘 이해하고, 주관적인 생각이 아니라 자연의 법칙에 따라 자연의 일원(一員)으로서 세상을 이해하고 두려움 없이 살아가게 해 주었다.

나는 한때, '내가 죽어도 이 세계는 아무런 아쉬움 없이 계속 존재한다.'고 생각하여, 인생무상을 느끼고, 삶의 의욕까지 잃어버렸던 적이 있다. 공부에 자신이 없어지고, 삶이 허무하여 몹시 괴로운 나날을 보내고 있던 어느 날, 창문으로 전기스탠드를 던져 버리고 밤하늘을 쳐다보면서 눈물을 흘리고 있을 때, 뇌리에 문득 다음과 같은 것이 떠올랐다. '확실히 나는 작은 존재다. 그러나 나의 머리는 우주 전체를 생각할 수 있다. 그러면 나는 우주보다 더 큰 존재인지도 모른다.' 그래서 나는 내

가 죽은 후에도 남을 물질 세계에 흥미를 갖기 시작했다. 물리를 배움으로써 나를 초월한 더 큰 존재와 직접 사귈 수 있게 되어 슬럼프를 극복할 수 있었다.

❄ 물리찬가(讚歌)에 대한 반론도 많다

'핵무기나 공해로 지구가 이렇게 황폐해진 것은 과학·기술 때문이다. 과학·기술은 인간을 이롭게 하는 것이 아니라, 멸망으로 이끄는 것은 아닌가?' 라는 비판이 있다. 여기에 대한 재반론으로 다케다니 미쓰오(武俑谷三男)는 다음과 같이 주장하였다.

과학 자체는 좋지도, 나쁘지도 않다. 과학은 사실 자체이기 때문이다. 사회가 과학을 어떻게 다루는가가 문제인 것이다. 현재 지구의 위기는 과학을 비과학적으로 다루었기 때문이다. 원자핵의 연구는 과학이다. 그렇지만 원자력을 어떻게 사용하는가는 기술의 영역이고, 기술의 방향을 결정하는 것은 정치 경제나 문화라는 시대 환경인 것이다. 일본에서는 전후, 가라키 준조(唐木順三)라는 문학자들이 "물리학의 발전이 원자 폭탄을 만들었다. 그러므로 물리학자는 참회하라."고 역설하였다. 그러나 이것은 잘못되었다. 과학을 잘못 사용했을 때 과학자가 해야 하는 것은 참회가 아니라, 사실에 의거해서 '잘못되었다.' 고 지적하는 것이다. 많은 사람이 보고도 알아차리지 못하는 사실을 명백히 증명하며 예측을 하고 미래를 대비하는 것이 바로 과학이다.

002: 일본의 돈에는 과학자의 얼굴이 없다. 왜?

다른 나라와 달리 일본의 돈에는 과학자의 얼굴이 없다. 우표의 도안에서도 마찬가지이다.

후시미 고지(伏見康治)는 《일본 우표에 왜 위인의 얼굴이 나오지 않는가?》라는 책에서 다음과 같이 말했다. 일상생활에서 큰 역할을 하고 있는 텔레비전의 안테나가 야기 히데쓰구(八木秀次)와 우다 신타로(宇田新太郎)의 발명품이고, 전자레인지의 마그네트론(magnetron) 또는 자전관(磁電管)[2]이 오카베 긴지로(岡部金治郎)의 발명품이다(특허: 1926년). 그러나 많은 일본인이 잊어버렸거나 처음부터 배우지 않았다. 이들의 발명은 일본에서 경시되어, 미국과 영국이 레이더(radar)로 그 성공을 거두자 허둥거리면서 뒤쫓았지만 크게 뒤졌다. 일본군은 영국군이 남긴 통신기 중에 '야기 안테나'의 표시를 찾아내어, 영국군 포로에게 '야기란 무엇인가?' 라고 물었다는 이야기까지 있다.

....

2 * 자기장 속에서 극초단파(ultrahigh frequency:UHF)를 발진하는 2극 진공관

또한 후시미는, "일본 사회는 그 동료의 독창성을 인정하지 않는다."고 하였다. 그리고 필자도 일본이 과학을 문화로 중요하게 여기지 않는다고 덧붙이고 싶다. 과학자 사진을 돈이나 우표에 그려 넣거나, 역의 매점에서 과학 잡지를 쉽게 살 수 있는 사회는 과학을 단순한 도구로 보지 않고 세계관이나 문화에 큰 힘을 가지는 중요한 문화로 본다는 것이다.

'청소년의 과학 이탈'을 한탄한다면, 지금도 바뀌지 않는 일본의 과학 천대 풍조를 한탄해야 하지 않는가? 참된 과학의 재미는 '즐거운 실험'

위에서부터, 패러데이(영국), 코페르니쿠스(폴란드),
볼타(이탈리아), 아인슈타인(이스라엘)

만이 아니다. 일찍이 과학자를 우표에 도안하려고 했지만, 해당 관청은 '인물을 기념하기 위하여 우표를 발행하는 것은 옳지 않다.'고 했다(최근에는 인기 배우나 만화의 주인공을 우표에 도안하는 것이 실현되었다).

003:

초능력은 믿을 수 없다. 왜?

⚙ '꿈의 계시'를 과학적으로 해석해 보자

꿈속에 아는 사람이 나타나서 잠에서 깼는데 마침 그때 전화가 걸려와서, 그 사람이 돌아가셨다고 하였다. 이것은 우연일까? 꿈의 계시일까?

예를 들어 보자. 어떤 사람에게 '꿈의 계시'의 대상이 될 만한 친척이 5명 있다고 가정하자. 친척의 꿈을 한 사람당 10년에 한 번 본다면 그 친척이 지금부터 50년 이내에 죽을 가능성이 1/2이라고 하자. 하룻밤에 꿈꾸는 사람이 일본에 8,000만 명이라고 가정하면 확률 계산을 통해 친척 누군가의 꿈을 꾸어서, 그 밤에 그 친척이 죽어버리는 체험을 하는 사람은, 일본에서 하룻밤에 3명 즉, 1년에는 1,000명 정도라는 계산이 나온다.

$$\frac{1}{365 \times 10} \times \left(\frac{1}{365 \times 50} \times \frac{1}{2} \right) \times 5명 \times 8,000만 명 = 3명$$

이 숫자는 작은가? 꿈을 꾸었지만 친척이 죽지 않은 사람은 아무 것도 말하지 않으나, 실제로 죽어 버린 사람은 이 체험을 주위의 사람에게 말하는 것이다. 따라서 확률적으로 일어날 수 있는 일이다.

✪ 초자연 현상(超自然現象)의 거센 바람을 맞는 현대인

염력(念力) · 텔레파시 · 투시 등의 초능력, UFO, 예언, 점(별점 · 혈액형 점 · 풍수 등), 불덩어리, 영혼, 꿈의 계시, 기공(氣功), 심령사진 등 우리들은 불가사의한 이야기를 자주 듣게 된다. 실제로 체험과 목격을 하지 않아도, 텔레비전이나 주간지 등 매스컴에서 보고 들을 기회가 많다.

이것들은 설명할 수 없는 초자연 현상으로 취급된다. 그렇지만 정말 과학적으로 설명할 수 없을까? 여기서는 숟가락을 구부리는 초능력에 대해서 생각해 보자.

✪ 초능력자는 마술사인가? 사기꾼인가?

초능력이라고 하더라도 여러 가지의 경우가 있다. 그러나 그 어느 현상도 마술로는 가능하다. 실제로 Mr. Marick(magic과 trick의 합성어)는 아마추어 시절에 기술(奇術) 국제 대회에서 우승한 경력의 소유자이며, 유리 겔러(Uri Geller)는 초능력자로서 유명해지기 전에 이스라엘에서 가짜 기술로 초능력 현상을 다루다가 재판에서 유죄 판결을 받은 전력이 있다.

유리겔러나 마리크가 선보이는 숟가락 구부리기에 대해서 생각해 보자. 이것은 할인마트에서 팔고 있는 값싼 숟가락을 사용하면 간단하게 할 수 있다. 숟가락의 가장 가는 곳을 오른손의 엄지와 인지에 끼우고, 왼손의 인지로 스푼의 위쪽을 당기면 구부러진다는 원리인데, 그때 오른손의 새끼손가락으로 스푼의 아래쪽 끝을 밀면 간단하게 구부러진다.

숟가락은 단단한 것이라고 단정지어 생각해 버리는 것이 잘못이다. 또 숟가락을 절단할 때에는 숟가락의 가는 곳을 미리 줄이나 쇠톱으로 잘리기 직전까지 잘라 두고 그 틈새에 은색의 퍼티(putty)로 메워 두면 쉽게 마술로 자르는 것처럼 보이게 할 수 있다(Mr. Marick의 고백).

그러나 몇 가지 초능력을 마술로 할 수 있다고 하여도, 초능력 모두를 부정할 수는 없다. '존재하지 않는다.'고 하는 증명은 매우 어렵다. 역으로 말하면, 초능력이 존재하지 않는 것을 증명할 수 없기 때문에 초능력을 믿는 사람은 줄지 않는다. 따라서 어디까지나 과학적으로 초능력을 보고자 하는 자세가 중요하다. 그리고 초능력 각각의 트릭을 과학으로 증명하려고 노력해 가는 수밖에 없다.

결국, '초능력은 있는 것인가, 없는 것인가'라고 묻는다면 내 의견으로서는 '없다.'고 대답하고 싶다. 그러나 단언은 할 수 없다. 어디까지나 속지 말고 과학적으로 검토해 가는 것이 필요하다.

✪ 초능력 · 초자연 현상을 보는 관점

❶ 물리나 과학의 원리에 어긋나지 않은가를 생각한다.

예를 들면 기공술(氣功術)로, 몸에 닿지 않고 사람을 불어서 날아가게 하는 것이 있다. 이 현상 자체가 존재하는 것은 확실하지만, 이것이 기공사(氣功師)의 손에서 나오는 무언가의 '힘'에 의해서 일어나는 것일까? 불어서 날아가기 전후의 사진을 보면, 주위의 사람은 크게 튀어 되돌아오는데 기공사는 전혀 움직이지 않고 자세도 바뀌지 않는다. 만약 무엇인가의 '힘'으로 날아가게 한 것이라면, 그 반작용으로 기공사 자신이 뒤로 날리거나 움직일 것이다. 그러나 이 '힘'이 작용 · 반작용의 법칙에 따르지 않는 힘일 수도 있다. 만약 그런 일이 일어난다면 뉴턴

역학의 근거가 무너지게 된다. 정말 그런 것이라면 물리학계를 총동원하여 연구해 주기 바란다.

❷ 정말로 그러한 현상이 일어난다면, 왜 다른 곳에 응용하지 않았는가 따져 보자.

위의 예를 생각하자. 기공의 훈련에 의하여 '기'로 큰 사나이를 날릴 수 있게 된다면, 격투기(格鬪技)에 응용해 보면 어떻게 될까? 복싱과 프로레슬링, 씨름도 기공을 쓰면 반드시 이기게 된다. 상대에게 닿지 않고 넘어뜨리는 것이므로 상대는 어떻게 할 수도 없다. 그러나 그러한 훈련을 하는 프로레슬러나 씨름선수는 없다.

실제로 예언을 할 수 있는 능력이 있으면 경마 등 도박(gamble)에서 얼마든지 돈을 벌 수 있지만, 그 능력으로 돈을 벌었다는 이야기는 들어본 적이 없다.

또한 숟가락 구부리기의 능력을 금속 가공에 응용하려고 노력하는 금속학자의 이야기도 들어보지 못했다.

❸ 힝상 '왜?' 라고 생각하고, 과학적으로 살피는 눈을 가지도록 하자.

과학적, 물리적인 지식과 사고방식을 갖는 것이 가장 중요하다. 이 책을 읽는다든지 학교에서 물리나 이과 과목을 공부하는 것이 초자연 현상이나 신비주의적인 것을 올바로 보기 위한 최초의 한 걸음이다.

'물리'라는 말은
언제 어떻게 만들어졌을까?

❂ **일본에는 언제 '물리'라는 과목이 생겼는가?**

'물리', '물리학'이라는 과목의 명칭은 1873년 무렵부터 사용되었다. 그 자세한 경과는 다음과 같다.

1872년 8월 3일에 문부성(文部省)이 일본 의무 교육의 기초가 되는 학제를 공포했다. 이때부터 일본의 학교 교육 제도가 시작된다. 그리고 같은 해 10월, 전년에 신설되어 있었던 문부성에서 일본 최초의 초등학교 과학(물리) 교과서 《물리계제(物理階梯)》를 간행한다. '계제'라는 것은 초보 안내서라는 의미이다. 후쿠자와 유키치(福澤諭吉)의 게이오 의숙(慶應義塾) 출신인 가타야마 준키치는 제언(題言)에서 "국가가 초등학교를 세워서 아동을 가르칠 때 역사보다 이학, 수학 등의 책을 이용한다. 그러므로 서양 서적 중에서 아직 번역하지 않은 것은 여러 사람에게 명하여 번역을 하게 한다."고 말했다.

이 교과서는 영국의 파커(R. G. Parker)의 First Lessons in Natural Philosophy(1870)를, 미국의 퀘이큰보스(G. P. Quackenbos)

의 A Natural Philosophy 등을 보태고 번역해서 편집한 것이며, 처음에는 초등 고학년에서 사용되었다. 당시, 소학교는 6세부터 9세까지의 초등 저학년과 10세부터 13세까지의 초등 고학년으로 나누어져 있었다. 이 책은 처음에 《이학계몽(理學啓蒙)》이라고 제목을 붙여 출판되었지만, 곧 《물리계제》라고 제목을 고쳤다. 이것으로부터 문부성이 '물리' 라는 말을 보급시키려고 한 의도를 엿볼 수 있다.

1873년에 문부성이 학제를 추가한다. 이때, 전문대학(수의학교, 농업학교, 공업학교, 광산학교, 예술학교, 이과학교, 의과학교 등)의 교육안을 널리 알렸는데 이때 문부성이 처음으로 '물리학' 이라는 용어를 사용한 것이다. 특히 농업학교에서는 '물리학' 이라는 용어에 '궁리학(窮理學)' 이라는 말을 보충하였다.

❂ 왜 '물리' 라는 말로 되었는가?

'물리' 라는 말 자체는 주자학 등 유학(儒學)에도 등장한다. 오늘날의 '물리' 를 나타내는 말로서, 그 외에 '궁리(窮理)', '이학', '격치(格致)', '격물(格物)' 등이 있다. 이것들도 주자학에서 사용된 것이며 같은 의미이다. 주자학은 중국에서 전해진 것이므로, 이것들은 원래 중국의 말이다.

주자학에서 '물리' 라는 말은 사물의 도리라는 의미를 가지고 있다. 따라서 '물리학' 이란 사물의 도리를 알게 하는 학문이다. 예를 들면, 유학자인 가이바라 에키켄(貝原益軒, 1630~1714)은 《야마토혼조(大和本草)》(1709년) 중에서 '물리지학(物理之學)' 이라는 용어를 사용하여, 견문을 넓힘으로 사물의 이치를 알 수 있었다.

'궁리' 라는 말은 이치를 연구하여 밝히고 사물의 본질을 명백히 하거나 인과 관계를 밝히는 것이다. 그것을 행하는 학문이 '궁리학'이다. '궁리학'은 '인신 궁리', '식물 궁리', '동물 궁리'와 같이 궁리하는 대상과 함께 사용된다.

그러면, 주자학의 말이 왜 자연 과학의 과목 명칭이 되었을까? 그 이유는 주자학이 윤리뿐만 아니라 물리라는 본래 자연 과학의 시초가 되

당시 일본과 세계의 물리의 움직임

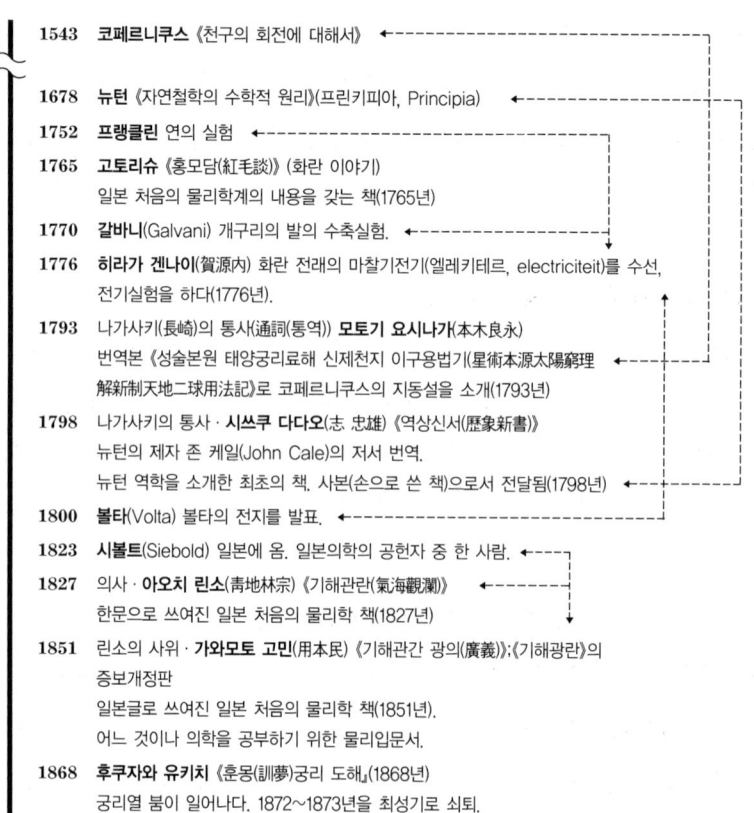

1543 **코페르니쿠스** 《천구의 회전에 대해서》

1678 **뉴턴** 《자연철학의 수학적 원리》(프린키피아, Principia)

1752 **프랭클린** 연의 실험

1765 **고토리슈** 《홍모담(紅毛談)》(화란 이야기)
일본 처음의 물리학계의 내용을 갖는 책(1765년)

1770 **갈바니**(Galvani) 개구리의 발의 수축실험.

1776 **히라가 겐나이**(賀源内) 화란 전래의 마찰기전기(엘레키테르, electriciteit)를 수선, 전기실험을 하다(1776년).

1793 나가사키(長崎)의 통사(通詞(통역)) **모토기 요시나가**(本木良永)
번역본 《성술본원 태양궁리료해 신제천지 이구용법기(星術本源太陽窮理 解新制天地二球用法記)로 코페르니쿠스의 지동설을 소개(1793년)

1798 나가사키의 통사 · **시쓰쿠 다다오**(志 忠雄) 《역상신서(歴象新書)》
뉴턴의 제자 존 케일(John Cale)의 저서 번역.
뉴턴 역학을 소개한 최초의 책. 사본(손으로 쓴 책)으로서 전달됨(1798년)

1800 **볼타**(Volta) 볼타의 전지를 발표.

1823 **시볼트**(Siebold) 일본에 옴. 일본의학의 공헌자 중 한 사람.

1827 의사 · **아오치 린소**(青地林宗) 《기해관란(氣海觀瀾)》
한문으로 쓰여진 일본 처음의 물리학 책(1827년)

1851 린소의 사위 · **가와모토 고민**(用本民) 《기해관간 광의(廣義)》;《기해광란》의 증보개정판
일본글로 쓰여진 일본 처음의 물리학 책(1851년).
어느 것이나 의학을 공부하기 위한 물리입문서.

1868 **후쿠자와 유키치** 《훈몽(訓夢)궁리 도해》(1868년)
궁리열 붐이 일어나다. 1872~1873년을 최성기로 쇠퇴.

←------→ 는 관련사항을 연결한다

는 경험합리주의적인 생각을 품고 있으며, 그것이 네덜란드를 통해 일본에 유입된 난학(蘭學)이나 서양의 양학 사이에 접점이 생겼기 때문이라고 말한다. 그러나 근본적으로 주자학은 윤리적인 측면이 대부분이다. 그 윤리와 물리의 연속성을 절단하여 주자학과 결별시킨 사람이 후쿠자와 유키치(福澤諭吉, 1835~1901)이다. 후쿠자와는 예를 들면,《문명론의 개략》(1875년) 중에서 '사물이 있는 연후에 륜(倫)이 있고, 륜이 있는 연후에 사물이 생기는 것이 아니다.' 라고 기술하고, 또 '사물을 헤아리는 능력을 높이는 것을 최우선으로 이미 익숙해진 옛날 습관들을 과감하게 버리고 서양 문명을 받아들임에 있다. 음양오행에 미혹되어 빠져나오지 못하면 궁리의 길에 들어갈 수 없다.' 고 하면서 일본의 전통과 대결하려고 하였다.

또 당시, 물리와 칠학에는 엄밀한 구별이 없었다. 그래서 니시 아마네(西周, 1829~1897)는 《백학연환(百學連環)》(1870년 강의록) 중에서, '물리상학' 과 '심리상학' 이라는 개념을 제기하고, 물리학과 철학을 구분하였다. 이 '물리상학' 중에 '격물학(格物學)', 즉 오늘날의 물리학이 포함되어, '신리상학(心理上學)' 안에 포함된다.

005:

일본의 교과서에서는
이런 용어를 사용하고 있었다.

일본 최초의 물리교과서 《물리계제》 (번역본, 1872년)에서 볼 수 있는 물리 용어와 그 사고방식은 다음과 같다. 물리의 내용은 파커와 퀘이큰보스의 책을 번역하여 편집한 것으로, 전 3권의 내용은 오늘날 말하는 물질의 성질, 운동, 수압, 대기압, 열, 소리, 빛, 전기, 자기, 천체 등이다.

번역 편집은 일본 최초의 물리학서 《기해관란 (氣海觀瀾)》(번역본, 아오치 린소, 靑地林宗, 1827년) 등이 참조되었

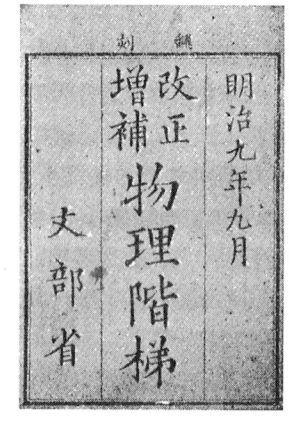

유아사 미쓰토모 《과학문화사 연표》
중앙공론사에서 전재

지만, 아직까지 용어의 선정은 어려운 문제이며, 여러 개념에 대한 이해가 시대에 따라 다르게 나타나고 있다. 예를 들면, 역학에서 오늘날의 '관성'은 물질의 몇 가지 성질 중의 하나로 보아서, '습관성, '타성'이라

고 불렀다. '속도', '속력', '운동량'은 '운동력'이고, 운동을 일으킨 힘이 물체에 저장된다고 한 철학자 존 필로포누스(6세기) 등의 vis impressa(가속 운동을 일으키는 외부 압력)를 사용하기도 하였다. '열'은 '따뜻함'이라고도 하였으며 열현상을 열소설(熱素說)로 설명하기도 하였다. 열전도는 '온소'라고 부르는 원소가 분자 사이의 '기공(氣孔)'이라는 공간에 들어가는 것이 열의 전도 방법이라고 설명하였다(개정판에서는 유동체로 설명하기도 하였다). 전기 용어에서 '전기'는 '월력(越歷)(엘레키)'으로 되어 있다. 또 '온소'와 마찬가지로, '기공'에 '월소(越素)'라고 부르는 것이 들어오면서 전기 현상이 일어난다고 설명하고 있다(개정판에서 '월력'은 '전기', '월소'는 '전소(電素)'로 바꾸어 설명하였다).

《물리계제》에는 '에너지'의 개념이 없다. 《土氏物理小學》(B. Stewart, Physics, 1876의 번역본, 1878년)에는 '에너지'의 개념이 있으며, '에너지'는 '세력(勢力)', '위치 에너지'는 '정세력(靜勢力)'으로 번역되고 있다.

당시의 물리학자 간에도 용어는 문제였다. 학자들이 유학한 곳에 따라 영국, 독일, 프랑스의 3개국의 용어로 나누어지고, 그것에 개개인의 생각 차이가 더해져서 여러 가지 용어가 사용되었다. 용어의 통일을 위하여, 1883년에 물리학자 약 30명이 모여서 역어회(譯語會)를 만들었고, 다음 해에 발족한 도쿄 수학·물리학회가 1888년에 최초의 《물리학술어 화영불독 대역자서》를 출판하였다. 이 시기에 대부분의 물리 용어가 현재의 물리 용어로 통일되었다고 생각된다. 물리 용어의 검토는 오늘날에도 계속하고 있다.

칼럼 1 ** 지금의 교과서는 왜 부실하게 만들어지는가?

　현재 학교에서 사용되고 있는 교과서는 보통 사람도 읽어낼 수 없을 것이다. 옛날 교과서와 비교해서 보잘 것 없다고 하는 이유는 두 가지이다. 우선, 일상생활과 동떨어져 있어서 흥미가 줄어든다. 예를 들면, '진자(振子)'에 대해 생각해 보자. 학생들은 '책 또는 실험실 안에서만 일어나는 사건'으로 생각하기 쉽다. 그래서 지진이 일어났을 때, 높은 빌딩과 낮은 빌딩 중에서 어느 빌딩의 흔들림이 심한가? 라고 묻는다면, 많은 학생들은 '높은 빌딩'이라고 대답한다. 그런데 낮은 빌딩의 흔들림이 심할 수도 있다는 것을 실험해 보이면, 우리 주변에서 할 수 있는 진자 학습의 예시에 놀라게 된다. 두 번째 이유는 문장이 무미건조하고 어려우며, 사고력의 신장에 도움이 되지 않는다는 것이다. 시험 때문에 어쩔 수 없이 공식으로 암기하는 학생들이 많다.

　왜 무미건조해지는가? 그 책임은 집필자가 아니라 오히려 교육부의 지도 방법에 있다. 현행 교과서에는 교육부 장관이 인가한 정가가 있다. 예를 들면, 2000년의 물리 IB의 교과서는 925엔이다. 이것이 총체적 제한 사항으로 작용하여, 총페이지 수나 컬러 페이지를 제한한다. 외국의 교과서와 비교하면 탄식과 한숨이 나온다. 더욱이 교육부는 교과서에 많은 내용을 담고자 한다. 한정된 교과서 분량에 많은 내용을 담으면 결과만 서술하게 된다.

그리고 교사 지도에는 다음과 같은 문장이 있다. '초보적인 수준에 머무를 것', '깊이 들어가지 말 것' 등이다.

과학이 재미있는 것은 때로는 깊이 들어가서 상상의 세계를 펼치는 것이 아닌가? 읽으면서 생각할 수 있는 유익한 교과서를 꼭 만들자.

칼럼 2 ** 일본의 과학 잡지는 왜 수명이 짧은가?

이 책에는 과학 잡지 〈자연〉이 자주 인용되고 있다. 그 이유는 이 잡지에 좋은 기사들이 많기 때문이다. 그런데, 1984년 5월 후 휴간된 상태이다.

1945년 패전 이후 계속되는 궁핍 중에 1946년 4월에 창간된 〈자연〉은 목차의 여백조차 아끼며 총 32페이지로 발행되면서 매월 큰 자극을 주었다.

필자가 이 잡지의 존재를 알아차린 것은 1947년 중학교 3학년 때 였다. 다마무시 분이치(玉蟲文一) 선생의 《빛과 화학 반응》을 감격해서 읽은 것이 기억난다. 또 후시미 고지 선생의 '원자물리 시리즈'나 스즈키 게이신(鈴木敬信) 선생의 '태양의 열원을 찌르는 시리즈' 등도 차례로 생각난다. 도모나가 신이치로(朝永振一郎) 선생의 '스핀은 돈다'나 다카하시 히데토시(高橋秀俊) 선생의 '쌍대성(雙對性) 이론 해석'이 로게르기스트 에세이(Logerfist essay)에 연재되었다.

물리뿐만 아니라 수학에서는, 야노 겐타로(矢野健太郎) 선생의 '미분 방정식에 속은 이야기'에서 '비행기로 지상의 한 곳을 폭격하고 싶다. 비행기는 등속으로 날면서 언제 폭탄을 떨어뜨려도 명중하는 비행 방법을 구한다.'를 즐겁게 읽었다. 또한 '아가씨와 수학교실'에서 요르단(Jordan) 곡선을 배웠고, '대머리가 되면 가

마가 없어진다.'는 사실을 배웠다. 또한 이야나가 쇼키치(彌永昌吉) 선생의 '파국의 이론과 톰의 방법', 아키즈키 야스오(秋月康夫) 선생의 연재 '20세기 수학의 전망' 등을 연상하게 한다. 〈자연〉은 종합 과학 잡지이므로 이토 마사오(伊藤正男) 선생의 '뇌의 설계도' 도 연재했었다. 지금 고등학교는 과학 과목 중에서 물리나 화학을 택할지, 생물만 택할 것인지 배타적으로 생각해야 하는 시대이다. 그러므로 이 상황을 강하게 저항하는 종합 과학 잡지가 필요하다고 절실히 생각한다. 왜냐하면 과학은 하나이기 때문이다.

유아사 미쓰토모(湯淺光朝) 선생의 '과학문화사 연표' 도 창간호부터 연재되었다. 이 연표는 단행본으로 만들어진 후에도 큰 도움을 받았다. 학교에서 역사를 싫어했던 나의 시간좌표축과 같은 것이다. 그 후 산세이도(三省堂) 출판사에서 같은 저자의《콘사이스연표》도 나온 것 같은데, 며칠 전에 문의했더니 절판이라고 했다. 요즘 젊은 사람들은 연표 없이 어떻게 과학을 공부하고 있는 것일까?

히로시게 데쓰(廣重徹) 씨가 연재한 '전후 일본의 과학 운동', '사회 속의 과학사' 도 잊을 수 없다. 이 잡지 〈자연〉은 평론 분야에서도 빛나고 있었다. 내가 학술회의가 시작될 무렵의 일을 알고 있는 것은 〈자연〉이 정성 들여 비판적인 보고를 실었기 때문이다. 고타니 마사오(小谷正雄) 선생은 전후의 학제 변혁에 직면해서 '신학제는 학문의 자유를 넓혔다는 의미로 진보라고 볼 수 있지만, 그 자유는 더욱 철저하지 않다.'고 논하고 '세계 문화에 공헌하기 위해서는 평균보다 더 월등한 인재 양성에 노력하여, 그에 대한 방해 요소들을 제거할 필요가 있다.'고 지적했다. 우리들도 신제도의 고등학교 자치회에서 신학제의 공로와 잘못을 의논하였다. 앞서 대학원의 바람직한 상태에 대해서 쓸 때도 〈자연〉에 수록된 평론들을 많이 참고했다.

그래서 〈자연〉은 지금도 계속해서 신세를 지고 있다. 예전 것부터 거의 전권(全卷)을 가지고 있는데, 군데군데 빠진 것이 유감이다.

아니, 더 유감인 것은 2년간 휴간이라고 약속한 〈자연〉이 아직 부활하지 않은 것이다. 휴간된 것을 프랑스의 친구에게 이야기했더니 '그러면 과학 잡지가 없어져 버렸는가?' 라는 것이다. 'Scientific American의 번역이 있다.' 고 말했더니 '번역으로는 자기의 나라 문제를 평론할 수 없지 않은가?' 라고 말했다. 평론도 과학 잡지의 중요한 기능이라는 것이다. 이것 또한 당연하다.

평론이 가능한 과학 잡지로는 지금 〈과학〉(이와나미(岩波)서점)이 있다. 좀 가까이하기 어렵다는 느낌이 적지 않지만 꼭 그렇지는 않다. 이 '왜?' 도 몇 번이나 인용되고 있다.

〈과학〉은 1931년 활동을 시작하려는 학계와 그들을 지지하는 사회 구성원 및 학생들 사이에 좋은 매개체가 되기 위해서 발간되었다. 이 잡지는 1944년 11월 하순부터 개시된 B29의 동경 폭격에 의해 본지의 인쇄에도 지장을 가져왔다. 그 힘든 시기를 극복하고 지금도 계속해서 출간하고 있다.

그러나 일본 과학 잡지의 역사를 조사해 보면(그림) 단명한 것이 많다. 왜일까?

답은 간단하다. 독자가 적기 때문이다. 아니, 좋은 집필자가 적은 탓이라는 반론도 나올 것 같고, 잡지는 집필자도 포함해서 독자가 키운다는 면도 부정할 수 없다고 생각한다.

일찍이 일본의 과학 잡지도 계층을 이루고 있었다. 예를 들면 〈어린이의 과학〉, 〈과학 아사히〉, 〈자연〉, 〈과학〉과 같이 독자층에 단계가 있어서, 초등학생부터 중·고등학교, 일반인 등으로 올라갈 수 있었다. 물론 중학생이라도 〈과학〉을 읽는 독자가 있었다. 학교 선생님이 읽고 있었기 때문이다. 그런데 이러한 단계가 사라진 것

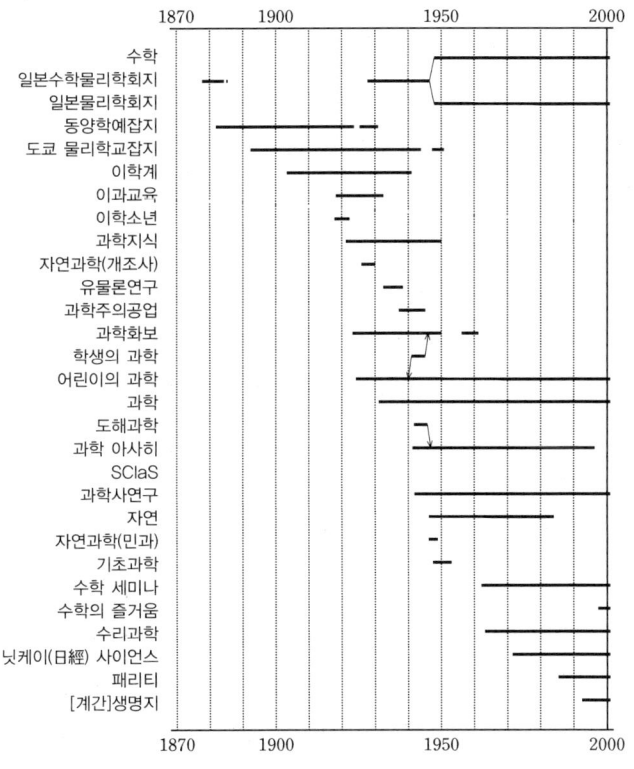

과학잡지의 라이프

은 매우 아쉽다. 이러한 과학 잡지의 단계는 국가 백년대계를 위하여 필요하다. 청소년의 이과 기피 현상은 과학 잡지의 빈약함과도 관련이 있는 것이다.

과학 잡지의 독자가 적은 것은 과학에 흥미를 가진 사람이 이 나라에 적어서일까? 그래서 이렇게 대략 계산을 해 보았다.

일본에는 고등학교가 약 5,000개 있다. 중학교는 그 몇 배쯤 있을 것이고 초등학교도 있다. 거기에 있는 이과의 선생님까지 합하면 잠재적 독자는 수백만 명이 될 것이다. 이만큼 독자를 확보할 수 있으면, 오늘날과 같은 상업주의의 사회라도 과학 잡지는 독자를 확보하고 생존할 수 있을 것이다. 사회와 교사들의 마음 먹기에 따라 과학 잡지는 늘어날 수 있는 것이다.

과학 잡지를 사지 않는 것은 읽을 것이 없거나, 불경기이기 때문이라고 말하는 사람이 있다. 나도 잡지란 그런 것이라고 생각하지만, 매일 오는 신문의 몇 %나 읽을까?

〈동양학예잡지〉는 1881년에 창간된 일본 최초의 종합 과학 잡지이며, 계몽을 취지로 초기에는 문예 작품도 게재하는 등 여러 가지 노력을 한 덕분에 많은 독자를 획득하였다고 한다. 1910년 유럽 여행 중의 나가오카 한타로(長岡半太郎)는 "내가 귀국하면 뉴턴회에서 했던 연설을 소개할 의무가 있다고 생각한다."고 해서 보낸 편지가 실려 있다. 그 일부를 인용하면 '에테르는 불가사의한 것이다. 압축할 수 없으나 경우에 따라 압축 가능하다는 이론을 전개한다. 이렇게 앞뒤가 맞지 않는 에테르는 일종의 도깨비에 가깝다. 그 정체를 확인하려고 물리학자들은 많은 노력을 하였다. 이후 물리학의 발달로 에테르는 존재하지 않는다고 결론지었다. 이것도 과학

혁명의 원인이 될 수 있다.'

인용을 계속하고 싶지만 길어질 것 같다. 나가오카 선생은, 이외에도 재미있는 글을 많이 기고하고 있다. '투명체와 불투명체' 등이 이 책에 수록된 정도이다.

"물체가 어떤 광파에 대해 불투명해지는 것은 그 물질을 구성하는 전자의 고유 진동수가 광파의 진동수와 같을 때, 광파와 공진하여 빛 에너지를 흡수하면 빛의 일부는 투과하지 않을 수 있다."고 말한다. 이보다 조금 전이지만 "빛에서 파장이 가장 긴 것은 60 μm이어야 한다."고 하여 깜짝 놀란 적이 있다.

그렇지만 루벤스(Rubens)는 융해한 규산관에 넣은 수은등 빛을 이용하여 파장이 108 μm, 323 μm의 빛을 발견하였다. 이것은 거의 1/3 mm에 가깝고 이와 같이 긴 파장의 빛은 전파에 가깝다는 것이었다.

지금은 당연한 것이지만 그 당시에는 손으로 더듬듯 하나씩 발견하여 과학을 발전시키고 있었다. 과학의 발전 과정은 현재에도 옛날과 비슷하게 진행되고 있다. 따라서 과학의 역사를 공부하는 것도 의미가 있는 것이다.

나가오카(長岡) 선생의 '전류에 관한 관념'이라든가 데라다 도라히코(寺田寅彦) 선생이 잡지 〈동향학예〉, 〈이학계〉, 〈이과교육〉 등의 잡지에 기고한 것도 있으며, 데라다 선생의 전집에서도 읽을 수 있다.

오래된 잡지를 전자 문서화하여 각 학교에 배급하고 공부하게 하는 것도 IT 진흥 사업의 일환이 될 수 있을 것이라고 생각된다.

2

힘을 알면
세상 만물의
운행 이치를 알 수 있다

왜?

힘이란 무엇일까?

✪ 힘은 어렵다

물리를 공부했을 때 가장 당황하고 모르는 것 중의 하나가 '힘'이다. 평소에 사용하는 말인 '힘'과 과학에서 사용하는 '힘'의 단어가 다른 뜻으로 쓰이기 때문이다.

✪ 일상생활에서 사용하는 힘이라는 말

평소에 사용하는 말로 힘(力)이 붙는 것에는 정신력 · 기력 · 체력 · 노력 · 통찰력 · 병력 · 추진력 · 능력 · 도약력(跳躍力) · 소화력 · 마력 등이 있다. 이들을 보면 인간의 활동에서 유래한 것이 많다. 또 원인이나 구조를 잘 모를 때에도 힘이라는 말로 얼버무리는 경향이 있다. 예를 들면, 어린이와 어른들도 고민하는 학력이라는 말속에 여러 가지 의미가 포함되어 있으므로 정확하게 설명할 수 없다.

✪ 힘의 평형을 탐구하는 '정역학적' 힘

힘이라는 말이 인간의 활동과 연관되어 있는 이유를 살펴보자. 인간은 여러 가지 활동을 하고 힘을 사용한 생활 속에서 힘의 개념이 출발하였다. 처음에 피라미드(pyramid)나 오벨리스크(obelisk)와 같은 거대한 건축물이나 관개 사업을 할 때 힘의 개념을 도입하였을 것이다. 지레나 활차에 저울이 사용되고, 균형을 생각하기 위해서 힘의 방향이나 작용점, 크기 등의 개념이 발달하였다. 힘의 평형을 중심으로 한 것이며 소위 '정역학적인' 힘의 개념이다. 힘의 크기는 추와의 균형이나 용수철의 늘어남과 같은 변형에 의해서 측정된다. 그리고 접촉하는 것만이 밀고 당기는 것이라고 생각되었을 것이다. 중세에 아리스토텔레스(Aristoteles)의 이론이 중심이었던 시대에도, 힘은 반드시 접촉하여 작용하는 것이라고 생각히였다. 예를 들면, 날아가고 있는 화살이 활을 떠나서도 앞으로 날아가는 것은 화살 주위의 공기가 밀고 있는 힘 때문이라고 생각했던 것이다. 주위에 아무 것도 없는 천체의 운동은 힘이 작용하는 것이 아니고, 지상의 운동과는 다르며 스스로 운동을 유지한다고 생각했다. 이것은 접촉하지 않고도 힘이 작용할 수 있는 만유인력이나 전기력에 대하여 알지 못할 때 생겨난 오류이다.

✪ 운동을 일으키는 원인으로서 '동역학적' 힘

그러나 힘에는 다른 면이 있다. 그것은 운동과의 결부이다. 물체에 힘이 작용하면 물체는 어떻게 되는가? 바닥에 놓인 책상에 힘을 가하면 책상은 움직이지만 가하던 힘을 중지하면 멈춘다. 이것은 마찰이나 공기 저항이 있기 때문이며 저항이 없는 우주 공간에서 책상에 힘을 가하다가 힘을 멈추어도 일단 움직이기 시작한 책상은 어떤 속도로 계속 움직인다. 움직이는 물체에 힘이 작용하면 물체는 속도가 변한다. 따라서 힘이란 물체에 가속도를 생기게 하는 원인, 물체의 모양을 변화시키는 원인이라고 생각할 수 있다. 그 표현이 운동 방정식

$$\frac{\text{힘}}{\text{질량}} = \text{가속도}$$

이다.

또 운동과 힘을 생각할 때, 물체끼리 떨어져 있어도 힘이 작용할 수 있다는 것은 갈릴레이(Galilei)로부터 뉴턴으로 나아가는 동안에 발견되었다. 지구 위의 돌과 마찬가지로 달도 지구의 중력에 의해 운동하는 것을 발견하였다. 이것은 대단한 발견이며 우주의 질서, 우주 여행, 과학의 재해석으로 이어지게 된다. 그때까지 [힘]=[접촉 작용]으로부터의 큰 비약이었다. 질량을 가진 두 물체가 공간을 매개로 해서 서로 당기는 것이 중력 상호 작용이다. 거기서는 주체, 객체의 구별이 없고 서로 인력을 미치게 해서 위치나 운동을 바꾼다. 예를 들면, 달과 지구는 공통의 질량중심 주위를 돌고 있다.

'정역학적' 힘과 '동역학적' 힘의 개념은 여기까지 기술한 것만으로는 바로 같다고 말할 수 없다. 이들 둘을 힘이라는 하나의 말로 나타내는 것은 왜일까?

✿ 힘의 본질은 무엇인가?

일반적으로 무언가의 작용이 있을 때 힘이라는 말을 쓴다. 그러면 작용의 본질은 무엇인가? 우리들은 보통 힘의 상호 작용에서 상호 관계를 일시적으로 떼어 놓아 어느 쪽인가의 물체에 주목하여 운동의 변화를 조사한다. 그때 주목한 물체는 상대로부터의 작용에 의해서 속도의 크

기나 방향을 바꿨다고 보는 것이다. 이때 물체에 생기는 운동 변화의 원인을 우리들은 힘이라고 부른다.

그러나, 물론 완전한 기술은 그 상호 관계의 구조를 포함한 전체적인 기술이 된다.

중요한 것은 두 물체 사이의 관계에서 작용이 생긴다는 것이다. 그래서 힘에 대해 말할 때는 반드시 'A가 B에 의해 당겨지는 힘'과 같이 주체와 객체를 명확하게 표현해야 한다.

힘이라는 말은 소립자의 세계에서도 강력, 약력, 중력과 같이 사용되지만 이들은 전자＋양전자⇄광자와 같은 소립자의 상호 전환의 기본 과정을 나타내는 것이다. 거시 세계의 힘(지구와 달의 인력)과 미시 세계의 힘(원자핵과 전자의 사이의 인력 등)은 의미가 다르다. 이렇게 밀고 딩기는 힘은 소립자의 상호 전환으로부터 생기는 것이다. 예를 들어, 전자와 전자 사이의 쿨롱(coulomb)힘은 어떻게 생길까? 어느 한쪽의 전자가 낸 광자를 다른 편의 전자가 흡수하는 과정이 반복되어 생긴다고 해석한다. 따라서 상호 작용의 기본은 소립자의 상호 전환 과정에 있다고 보는 것이다. 소립자의 세계에서는 아름다운 대칭성이 발견되고 있다.

007

힘에서는 1+1이 2가 아닐 수도 있다. 왜?

힘의 합성 | 평행사변형의 법칙

❂ 보통의 덧셈은 할 수 없다

1+1은 2가 되는 것이 보통의 덧셈이다. 그러나 1+1이 0이나 1또는 2가 될 수도 있다. 힘의 합성이 그 예이다. 그림 1과 같이 A와 B가 힘을 합해서 C와 서로 줄다리기한다고 하자. 이 경우, A, B 두 명의 힘은 각각 7 kgf라고 하여도 두 사람이 합친 힘은 $7\sqrt{2}$ kgf로밖에 되지 않는

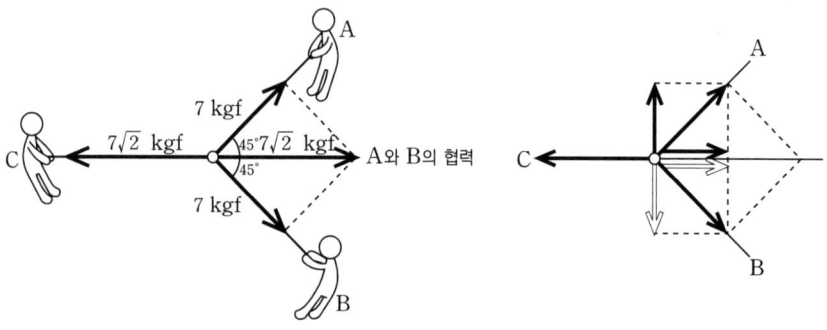

그림 1 • A와 B의 협력   그림 2 • A와 B의 분해 합성

다. 왜냐하면 힘의 합성을 그림과 같은 평행사변형법으로 구하면 $7+7$ 이라도 실제의 효과는 $7\sqrt{2}$이다.

이러한 양이 자연계에 여러 가지 존재한다. 그것들을 일반적으로 벡터(vector)라고 말하며, 보통의 수와 같이 덧셈을 할 수 있는 양은 스칼라(scalar)라고 말한다. 힘의 합성은 이와 같이 벡터의 덧셈 법칙으로 구하며 크기가 각각 1인 힘이라도 그 합의 크기는 1도 될 수 있고, 2도 될 수 있다. 반대로 하나의 힘을 평행사변형법에 의해서 몇 개의 힘으로 분해할 수도 있다. 위의 경우는 그림 2와 같이 생각할 수도 있다. 즉, A와 B의 힘에서 C의 나란한 방향인 힘 성분의 합이 C와 평형을 이루며, C와 수직인 힘의 성분은 서로 상쇄되고 있다.

✿ 방향과 크기만으로는 벡터라고 말할 수 없다

자연에는 힘과 같이 방향과 크기가 있으며, 평행사변형법에 따라 덧셈과 뺄셈을 할 수 있는 물리량이 몇 개 있다. 위치 변화를 나타내는 변위도 벡터이다. 그림 3과 같이 비행기가 A에서 B로 가는 것과 B에서 C로 가는 것의

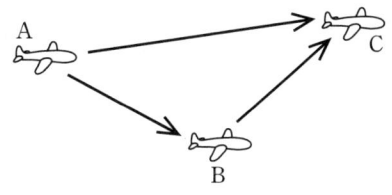

그림 3 • 힘 A와 B의 분해 합성

합은 직접 A에서 C로 가는 것과 같은 것이다. 원래 벡터란 '나그네'라는 의미였다.

그러면 방향과 크기가 있는 양은 모두 벡터라고 말할 수 있는가? 그렇지는 않다. 예를 들면, 물고기의 한 종류인 꽁치는 방향과 크기가 있다. 그러나 꽁치는 벡터가 아니다. 두 꽁치를 더해서 거대한 꽁치가 될

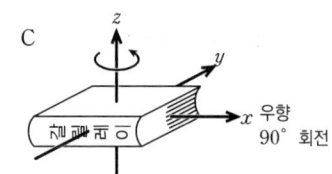

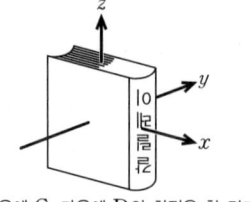

처음에 C, 다음에 D의 회전을 한 결과

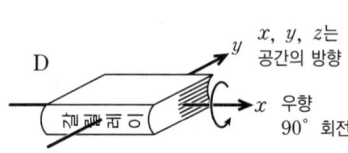

x, y, z는
공간의 방향

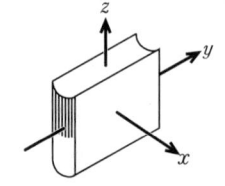

처음에 D, 다음에 C의 회전을 한 결과

그림 4

수 없기 때문이다. 다른 예를 살펴보자.

물체의 회전을 생각해 보자. 회전한 각도의 크기를 벡터의 크기로 하고 오른 나사의 진행 방향을 (+)방향으로 하면 크기와 방향을 가진 벡터가 될 것 같다. 이러한 회전 벡터 두 개를 벡터식으로 더할 수 있겠는가? 평행사변형법으로 더할 수 없다. 그것은 그림 4와 같이 C, D라는 두 회전에서 회전하는 순서가 바뀌면 결과는 다르게 나오는 것을 알 수 있다. 평행사변형법에서는 순서에 관계없이 벡터를 더할 수 있지만 회전 벡터는 그렇게 할 수 없다.

❂ 지레의 원리를 사용한 갈릴레이

갈릴레이(Galilei, 1564~1642)는 평행사변형의 법칙을 말하고 있는 것은 아니지만, 경사면 위에 놓인 물체를 경사면을 따라서 밀어 올릴 때, 필요한 힘의 크기는 $\left(\text{무게} \times \dfrac{\text{높이}}{\text{빗면 길이}}\right)$와 같다고 하였다. 즉, (무게):(필요한 힘)=(빗면 길이):(높이)이다.

그는 나사에 대해서도 탐구하였다. 잭(jack)을 사용하면 무거운 것을 작은 힘으로 들어 올릴 수 있다는 것을 알았다. 나사를 돌리는 것은 그림 5와 같이 경사면을 움직임으로써 추 W를 들어 올리게 되는 것과 같은 원리라고 생각하였다. 그는 여기에서 가상의 지레를 생각하였다. 갈릴레이는 지레에 대해서 그림 6과 같이 '무게의 비는 회전축에서 물체까지 거리 비의 역수와 같다.', '매다는 위치와 지점을 잇는 직선이 수평이 아닐 때, 회전축에서 재는 거리는 추가 떨어지는 방향에 대해서 수직으로 선을 그어서 측정하지 않으면 안 된다.'는 것을 설명할 수 있었다.

지레의 효과는 힘과 팔의 길이로 결정된다. 그림 7과 같이 지점 B로 받

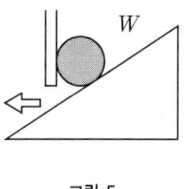

그림 5

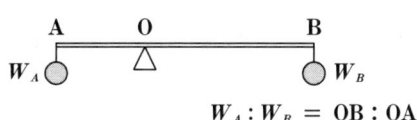

$$W_A : W_B = OB : OA$$

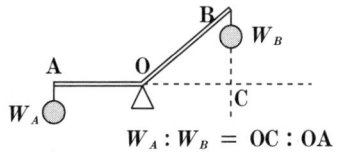

$$W_A : W_B = OC : OA$$

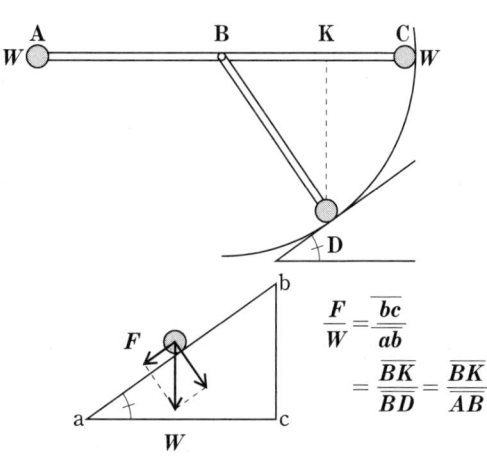

$$\frac{F}{W} = \frac{\overline{bc}}{\overline{ab}}$$
$$= \frac{\overline{BK}}{\overline{BD}} = \frac{\overline{BK}}{\overline{AB}}$$

그림 7

처지는 지레를 생각하자. 그림의 C에 W라는 추가 있을 때, A에도 W를 매달면 균형이 잡힌다. 그러나 만약 이 팔 BC를 BD까지 굽혔다고 하면 마치 추를 K에 매단 것과 마찬가지로 되며, A에 매다는 추는 훨씬 가벼워도 된다. 그리고 그 비는 BK와 AB의 비가 되어 있을 것이다. 그러면 추는 C에 있을 때보다 D에 있을 때, 원호를 따라서 내려가고자 하는 경향(갈릴레이는 이것을 모멘트(moment)라고 하였다)은 위의 비 만큼 감소하고 있다. 원호를 따라서 하강하는 것과 원의 접선의 방향인 비탈길을 따라 내려가려는 것의 힘의 원리는 같다. 따라서 경사면 위의 물체를 받치는 힘은 마찬가지로 작아진다.

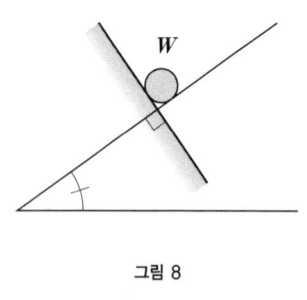

그림 8

이것을 경사면 위의 물체에 대하여 힘의 평행사변형법에 따라 분해하여 비교해 보면 같은 결과가 된다. 그러나 이것은 경사면에 수평한 성분만 따진 결과이다. 만약 경사면에 수직인 성분을 생각한다면 다음과 같이 생각할 수 있다. 물체는 정지하고 있으므로 힘의 균형은 경사면에 수직한 방향으로 다른 경사면을 생각하면 그림 8이 경사면 위로 향하는 힘과 아래로 향하는 힘은 서로 평형을 이루는 것이라고 생각할 수 있다.

✿ 갈릴레이는 에너지의 원리도 사용하였다

그림 9와 같은 경사면 위에서 무게 F인 추가 무게 W의 물체를 a로부터 b로 당겨 올리는 경우를 생각해 보자. 추 F는 추 W보다 무게가 작아도 움직이게 할 수 있다. 그러나 W를 a로부터 b까지 당겨 올리려면,

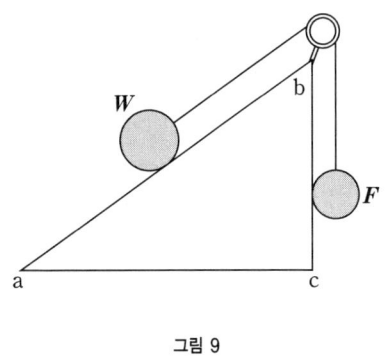

그림 9

F는 경사면 $\overline{ab}$와 같은 수직 높이만큼 내려가지 않으면 안 된다. W는 실질적으로 높이 $\overline{bc}$밖에 올라가지 않는다.

갈릴레이는 "기계적인 도구에 의해서 힘이 이득을 얻는다면, 그 몫만큼 시간이나 속도에 있어서 손해가 생긴다."고 말했다. 이것은 에너지보존의 원리이다.

추 F가 하는 일$=F \cdot \overline{ab}$ 은

추 W가 하는 일$=W \cdot \overline{bc}$ 와 같다.

즉, $F/W = \overline{bc} / \overline{ab}$ 가 되어 작은 힘 F보다 무게가 큰 W를 당겨 올릴 수 있다.

✪ 목걸이를 사용한 스테빈의 교묘한 생각

같은 시대에 살았던 스테빈(Stevin, 1548~1620)은 힘과 에너지에 대하여 직관적이고도 멋진 설명을 하고 있다. 그가 생각한 것은 그림 10과 같이 목걸이를 삼각 판에 건 것이다. 목걸이는 이 상태로 평형을 이룬다. 판 아래 부분은 대칭이므로 제거해 버린다. 그러면 경사면 AB 위의 목걸이와 경사면

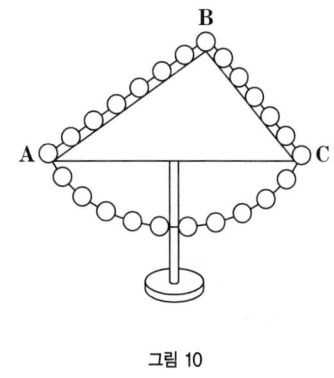

그림 10

BC 위의 목걸이가 힘의 평형을 이루고 있게 된다. 또 목걸이의 무게는

각각 경사면의 길이에 비례하므로 무게의 비는 AB와 BC의 비와 같다. 따라서 이것이 평형하다는 것은 각 경사면 위의 총무게가 상대 경사면 위의 구슬을 당기는 힘은 경사면의 길이에 반비례하는 것이다. 스테빈은 이렇게 해서 경사면 위의 무게의 작용(힘의 성분)을 나타냈다.

❂ 평행사변형 법칙의 일반화

지금까지 힘의 합성 분해는 성분이 서로 직각인 경우였다. 스테빈은 직각이 아닌 임의의 각도에서도 힘의 합성을 다루고 있지만 그 과정을 명확하게 서술하고 있지 않다. 그러나 임의의 각도에서도 각각의 힘을 직각 성분으로 분해해서 조사하면 언제든지 평행사변형으로 합성·분해할 수 있는 것을 알 수 있다.

평행사변형의 법칙을 보다 분명하게 나타낸 것은 뉴턴과 바리뇽(Pierre Varignon, 1654~1722)이다. 바리뇽은 실험으로 여러 가지의 경우를 확인하고 있다. 뉴턴은 《프린키피아(principia)》에서 명확하게 그 근거를 운동의 합성 분해에서 구하고 있다. 예를 들면, A에 있는 물체에 B로 향하는 힘이 가해져서 A에서 B까지 운동한다. 또 C로 향하는 힘이 가해지면 같은 시간에 A에서 C로 운동한다. 만약 두 힘이 동시에 가해지면 물체의 이동은 평행사변형으로 합성한 A에서 D로 운동한다. 각 운동은 서로 독립적이기 때문이다. 이것은 두 힘을 합하면 AD 방향의 힘이라고 생각해도 된다는 것을 나타내고 있다. 따라서 동력학으로 말하면 힘의 벡터성의 근거는 운동의 법칙과 운동의 독립성에 있다고 말할 수 있다.

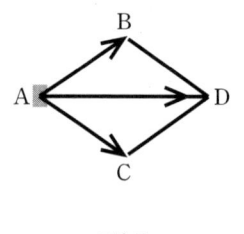

그림 11

008 : 왜 '작용 반작용의 법칙' 이라고 말하는가?

작용(action) 반작용(reaction)의 법칙은 뉴턴(Isaac Newton, 1564~1642)의 《프린키피아(principia)》(1686, Mathematical principles of natural philosophy)에 운동의 제3법칙으로 다음과 같이 설명되어 있다.

'어떠한 작용(action)에도 그것과 반대이고 같은 크기의 반작용이 항상 존재한다. 다시 말하면, 두 물체에게 서로 작용하는 힘은 항상 크기는 같고 방향은 반대이다.', '돌을 손가락으로 밀면 손가락도 돌에 의해

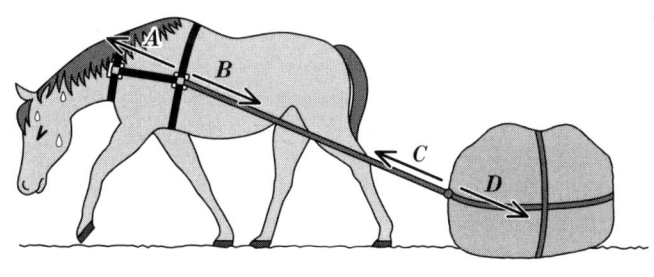

그림 1

서 밀린다.', '만일 말이 밧줄로 묶인 돌을 당기면 말은 똑같은 힘에 의해 돌로 당겨진다. 왜냐하면 늘어난 밧줄은 원래의 상태로 되돌아가려는 탄성에 의해 말을 돌 쪽으로 잡아당기기 때문이다.'

✪ 작용 반작용에 대한 잘못된 생각들

작용 반작용에 대해서 잘못 설명하는 경우가 있다. 때로는 교과서에서도 잘못 설명하고 있다. 어떤 두 힘이 작용과 반작용의 관계인지를 혼동하고 있다. 뉴턴이 예를 든 말과 돌의 상황에서 '말이 밧줄을 당기는 힘' A에 대한 반작용은 '밧줄이 말을 당기는 힘' B이고 다른 어떤 힘도 반작용이 아니다. 뉴턴은 '밧줄'이 '말'을 잡아당긴다고 분명히 썼지만 앞에서 '말'이 '돌'을 당긴다고 써 있는 것은 오해가 생길 수 있다. 말은 돌에 접촉하고 있지 않으므로 힘이 직접 작용할 수 없다. 돌에 작용하고 있는 것은 밧줄이다. 올바르게 설명하려면

❶ 무엇과 무엇이 상호 작용하고 있는가를 확인한다.

대부분 떨어져서 상호 작용하는 것은 중력과 전자기력의 경우이고 그 이외에는 직접 접촉하고 있는 것끼리 접촉점에서 상호 작용한다.

❷ 주체와 객체가 서로 정확히 바뀌게 된다.

'A가 B를 당기는 힘'의 반작용은 'B가 A를 당기는 힘'이다. 밧줄이 말을 당긴다는 것이 이상하게 느껴질 수 있지만 밧줄의 탄성력에 의해 말이나 돌을 당길 수 있다.

작용 반작용을 '힘의 평형'과 혼동하는 예도 많다. 작용 반작용은 두 물체의 상호 작용이고, 힘의 평형은 하나의 물체에 작용하는 여러 힘의 평형이다.

다음의 예를 보면 확실하게 구분할 수 있다.

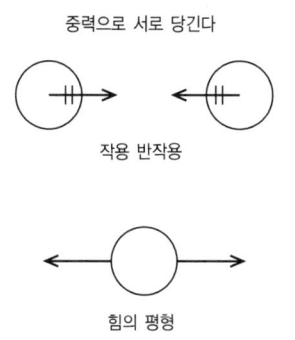

중력으로 서로 당긴다

작용 반작용

힘의 평형

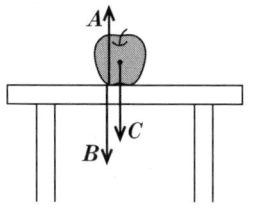

A: 책상이 사과를 떠받치는 힘
B: 사과가 책상을 누르는 힘
C: 지구가 사과를 당기는 힘

A와 B는 작용 반작용 관계
A와 C는 힘의 평형 관계

그림 2

❖ 왜 '힘'이 아니고, '작용'이라고 하는가?

작용 반작용의 법칙은 상호 작용하는 두 '힘'의 크기가 같고 방향은 반대로 표시된다. 따라서 '힘과 반력(反力)의 법칙'(이타쿠라 기요노부 [板倉聖宣] 씨에 의한다)이라고 해도 필요 충분하다. 그러면 왜 뉴턴은 '힘'이라고 말하지 않고 '작용'이라고 말했을까? 그것을 생각해 보는 것도 나쁘지 않다. 제3법칙의 설명으로 뉴턴은 만약 한 물체가 다른 물체에 부딪쳐서 '그 물체의 힘'에 의해서 상대의 운동량(= 질량과 속도의 곱)을 바꾼다면 자기 자신의 운동량도 반대 방향으로 같은 크기의 변화를 받는다. 뉴턴은 '작용에 의한 운동의 변화'를 문제화하고 있으므로, 작용의 하나로 '힘'이 표시된다고 해석할 수 있다. 뉴턴은 가해진 힘을 다음과 같이 정의하고 있다.

정의 4 가해진(impressed) 힘이란, 정지한 물체 또는 운동하는 물체의 운동 상태를 바꾸기 위해서 가해진 하나의 작용이다.

이 힘은 그 작용의 사이에만 존재하고 작용이 끝나면 더 이상 남지 않는다. 왜냐하면 물체는 획득한 새로운 상태를 관성으로 유지하기 때문이다. '가해진 힘'이란 관성과는 다른 타격, 압력, 구심력 등에 의하는 것이다.

이것은 다음의 두 가지로 해석할 수 있다.

❶ 작용(action)은 상태를 바꾼다는 의미로 힘보다 넓은 개념이다(작용에는 원래 작용하는 힘의 주체가 포함되어 있다).

❷ 뉴턴은 관성도 '힘'이라고 생각했다. 그래서 상호 작용하는 힘은 힘의 일부에 지나지 않으므로 힘에 대한 법칙의 일부로 취급하였다.

뉴턴은 에너지나 일률의 문제도 생각하고 있었으므로 작용을 힘에 한정하고 싶지 않았는지도 모른다.

분자들 사이의 인력은 얼마나 될까?

　화학 결합을 나타내는 모형에서 원자 간의 결합을 선으로 나타낸다. 이 표시 방법에서 원자 간의 결합은 매우 단단하여 그 간격이 고정되어 있는 것처럼 보인다(그림 1). 그러나 원자들 사이는 의외로 유연하여 용수철로 연결되어 있는 것 같다(그림 2). 용수철로 하면 용수철 상수가 있는 것이고, 염화수소 HCl에서 H와 Cl 사이의 용수철 상수는 $k = 483 \text{ N/m} = 4.83 \text{ N/cm} = 0.49 \text{ kgf/cm}$이다. 1 cm 늘리는 데에 대략 0.5 kg의 추를 매달면 된다. 이 정도의 용수철은 일상생활에서 쉽

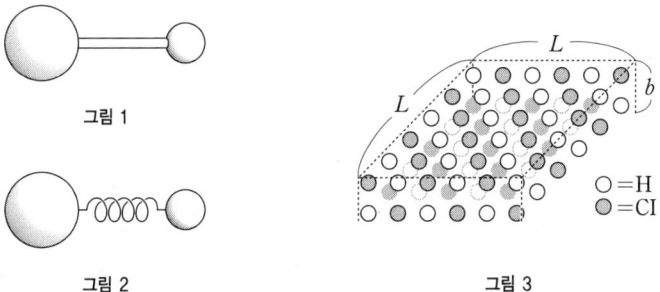

그림 1

그림 2

그림 3

$\bigcirc = H$
$\bullet = Cl$

게 구할 수 있다. 여러분은 원자들 사이가 단단하다고 보는가, 신축 가능하다고 보는가?

더욱이 물질은 분자들의 결합이므로 HCl 고체의 결정을 변형시킨다면 어느 만큼의 힘이 들까? H원자와 Cl원자가 교대로 배열되어 육면체를 만드는데 H로부터 Cl까지 거리를 b, H에서 다음 H까지의 거리(격자 상수)를 $2b$라 하자. 그러면 한 변 L의 정육면체 윗면에는 H−Cl 분자 $\left(\dfrac{L}{b}\right)^2$ 개가 나란히 배열된다. H 아래에는 Cl이 있고, Cl 아래에는 H가 있어서 두께 b의 판이 된다. 이 두께를 $b+\varDelta b$로 늘어나게 하기 위하여 판의 면을 잡아당기는 힘 T를 계산해 보자. H와 Cl의 용수철 상수가 고립한 분자의 것과 마찬가지라면

$$T = (k\varDelta b) \times \left(\frac{L}{b}\right)^2$$

이 된다. 그 힘은 HCl의 영률(Young's modulus)을 E라고 하면

$$T = E \times \frac{\varDelta b}{b} \times L^2$$

이라고도 계산된다. 둘은 같은 힘을 나타내는 것이므로 같다고 놓고

$$E = \frac{k}{b}$$

가 얻어진다. HCl의 격자 상수는 $2b = 5.63 \times 10^{-10}$ m라고 하면,

$$E = \frac{483\ \text{N/m}}{2.82 \times 10^{-10}\ \text{m}} = 171 \times 10^{10}\ \text{N/m}^2$$

이라는 값이 나온다. 영률은 《이과연표》에 의하면, 구리 12.98, 철(강) 20.1~21.6($\times 10^{10}$ N/m^2)이며, 위의 계산 값과 비슷하다. 물론 분자를 집어서 편다든지 줄일 수는 없다. 그러나 신축 또는 진동시킬 수 있다.

그것에는 다음과 같은 방법이 있다.

질량 m_1 , m_2 의 사이에 용수철 상수 k의 용수철을 달아서 진동시켰다고 하면 그 주기는,

$$T = 2\pi \sqrt{\frac{\mu}{k}}, \quad 단 \quad \mu = \frac{m_1 m_2}{m_1 + m_2} \tag{1}$$

가 되는 것이 알려져 있다. 진동수는 $\dfrac{1}{T}$ 이므로

$$f = \frac{1}{2\pi} \sqrt{\frac{k}{\mu}} \tag{2}$$

이다. 따라서 분자의 고유 진동수에 따라 분자에 힘을 가하면 분자를 진동시킬 수 있다.

분자에 힘을 가하려면 어떻게 하는가? 분자 내에서 전자의 분포는 한쪽으로 편중되어 있는 경우가 있으며 전자가 많은 쪽은 (−), 적은 쪽은 (+)가 된다. 이와 같은 상태를 분극(分極)이라고 말한다. 분극한 분자에 전자파가 닿으면 이 분자는 진동하는 전기장 안에 놓이므로, (+)와 (−)의 전기를 가지고 있는

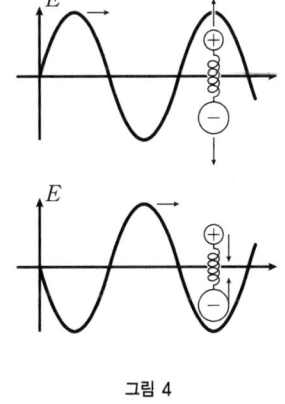

그림 4

원자는 진동하는 힘을 받아 늘어나거나 압축된다. 그 진동수로 늘어나게 하거나 압축하는 힘을 받게 되는 것이다(그림 4).

이상의 논의에서 분자의 고유 진동수와 같은 전자기파를 분자에 가하면 분자의 진동은 그것에 공진(共振)하여 진동한다.

사실은 앞에 나온 HCl의 용수철 상수 k는, HCl이 8.67×10^{13} Hz의 적외선을 흡수하고 H와 Cl의 경우 μ의 값이 1.628×10^{-27} kg이라는 것으로부터 (2)식을 사용해서 계산한 값이다.

아래의 표는, 몇몇 원자 간의 용수철 상수와 (2)식을 사용하여 계산한 고유 진동수이다. HCl에 한정하지 않고 원자 간의 용수철을 진동시키려면 적외선 부근의 전자기파를 가하면 좋다. 또 단결합에 비해서 이중 결합, 삼중 결합일 때 용수철 상수 k의 값이 크다.

분자	결합	용수철 상수 (N/m)	고유 진동수 $\times 10^{10}$Hz	결합	용수철 상수 (N/m)	고유 진동수 $\times 10^{10}$Hz
HF	F−H	970	12.5			
H_2O	O−H	840	11.7			
NH_3	N−H	710	10.7			
CH_4	C−H	580	0.978			
CH_3CH_3	−C−H	530	0.935	−C−C−	460	3.42
CH_2CH_2	=C−H	620	1.01	−C=C−	1090	5.26
HCCH	≡C−H	630	1.02	−C≡C−	1630	6.43
C_6H_6	C−H	590	0.987	−C−C−	770	4.42
H_2CO	≡C−H	520	0.927	−C=C	1300	5.37
CO_2				=C=O	1730	6.19
HCN	≡C−H	620	1.01	−C≡N	1880	3.83

G.M. Barrow 《바로 물리화학(상) 제3판》, 후지시로 료이치(藤代亮一)역, 도쿄화학동인. 1976년

010 : 무게는 중력과 같은가?

어느 고등학교의 입시 문제에 다음과 같은 것이 있었다.

문2 •••• 물체의 무게에 대해서 설명한 것으로 적절한 것은?

(개) 물체의 무게란 물체의 질량을 말하며, 단위는 g이나 kg으로 표시된다.

(나) 물체의 무게란 물체에 작용하는 중력을 말하며, 단위는 g중이나 kg중으로 표시된다.

(다) 물체의 무게는 윗접시저울로 잴 수 있으며, 달 표면과 지표면에서 같은 값이 된다.

(라) 물체의 무게는 용수철저울로 잴 수 있으며, 달 표면과 지표면에서 같은 값이 된다.

그 해에, 자연계의 출제 문제 중에서 역학 분야에 관한 것은 이것뿐이었고 정답률도 꽤 낮았다. 이 문제의 답은 (나)이다. 교과서에서 '무게는 중력을 말하며, 용수철저울로 잴 수 있고, 단위는 kg중이다. 질량은 어디에 가더라도 바뀌지 않는 양이고, 윗접시저울로 잴 수 있으며, 단위는

kg이다.'고 가르치기 때문이다. 교과서를 믿고 의심하지 않으면 답은 ㈏가 틀림없다. 정말로 그럴까?

우선 '무게는 용수철저울, 질량은 윗접시저울'이라는 조작에 의한 정의는 어떤가? 이 정의도 문제점이 있다. 어느 저울이라도 중력을 잴 수 있다. 그래서 만약 무게를 기준으로 물체의 몇 배의 중력인가를 잰다면, 달에도 기준 물체를 가지고 가서 무게를 잴 수 있다. ㈐와 ㈑도 생각하는 방법에 따라서는 정답이 될 수 있지 않을까? 조작적인 정의는 문제점이 있다.

'무게는 중력의 크기, 질량은 물건 자체의 양'이라는 정의는 어떨까? 지금 지구상에서 손으로 받치고 있는 사과에는 그림과 같은 힘이 작용하고 있다. 아마 무게라는 것은, 이 중에서 손이 받는 힘의 감각으로부터 출발해서 지구의 중력으로부터 자유롭지 않는 인간이 중력의 크기로 물체의 질량을 표현하는 데에 사용해온 것이다. 사실 누구든지 이 추의 무게는 100 g이라고 무의식적으로 사용하며, 과학자도 '쿼크(quark)

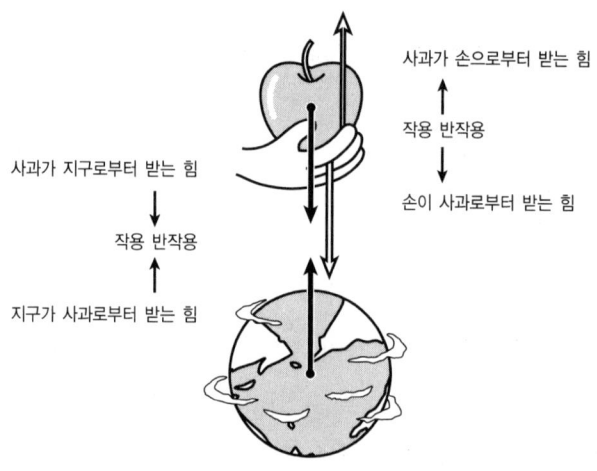

의 무게'라든가 원자량을 atomic weight라고 말하면서 태연하게 사용하고 있다. 초등학교의 교과서에도 처음에는 무게를 질량의 의미로 사용하였다. 이와 같이 '질량'과 '중력'의 양쪽을 포함해온 역사를 가진 말인 '무게'는 교과서에서 그렇게 정의하였다고 해서 암기만 해서는 안 된다. 분명하게 할 필요가 있을 때는 '중력', '질량'으로 구분해야 한다.

011:

영화 속의 거대한 몸집을 가진 주인공은 정말 존재할 수 있으며, 빨리 움직일 수 있을까?

다음의 물음을 먼저 생각해 보자.

> 흔히 TV의 인기 있는 변신 거대 영웅(hero)은 신장이 40 m 정도인 것 같다. 이렇게 거대한 사람이 저렇게 가볍게 움직일 수 있을까? 〈걸리버 (Gulliver) 여행기〉에 나오는 난쟁이(신장 15 cm!)나 거인(신장 20 m 이상!)은 정말로 존재할 수 있는가?

이 문제를 생각할 때는 예비 지식이 조금 필요하다.

정육면체 한 변의 길이를 2배로 하면 그 표면적은 $2 \times 2 = 4$배가 되며, 체적은 $2 \times 2 \times 2 = 8$배로 늘어난다. 또는 한 변의 길이를 절반으로 하면 표면적은 1/4이 되지만, 체적은 1/8로 줄어

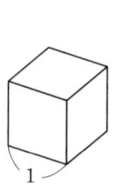
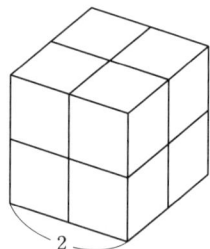

버린다. 요컨대, 면적은 길이의 제곱에, 체적은 길이의 3제곱에 각각 비례한다.

지금 ○○○대원이 변신하여 약 25배로 키가 커진 거인 주인공으로 생각해 보자. 만약, 사람은 누구나 같으므로 체중은 체적에 비례하므로, $25 \times 25 \times 25 = 15,625$배로 늘어난다. 그러나 그것을 받히는 다리(뼈)나 발바닥의 면적은 $25 \times 25 = 625$배만 늘어난다. 말하자면 커지면 커질수록 체중이 늘어나는 비율만큼 면적이 늘어나지 않으므로, 사람은 머지 않아 자기의 체중을 자기가 받힐 수 없게 된다. 그래서 늘어난 만큼의 체중을 받히기 위해서는 다리나 발의 지름이 $125 (= \sqrt{15625})$배가 되지 않으면 안 된다는 것이다. 높이 25배가 되면 폭도 125배로 늘어나야 한다. 늘어난 모습은 정말 이상하게 보인다. 도저히 아래의 왼쪽 그림처럼 날렵한 체형(體型)이 될 수 없으며, 가볍게 움직일 수도 없다.

그런데, 물건의 모양은 그대로, 단순히 크기만 커질 수 없다는 것을 처음 지적한 것은 갈릴레이이다. 350년 전에 출판된 《신과학대화》(상)

에는 다음과 같이 쓰여 있다.

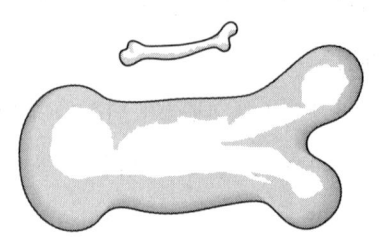

갈릴레이의 《신과학대화》 영역을 그대로 번역하면, '간단한 예를 들기 위하여, 뼈의 모양을 그려 두었다. 길이를 3배로 했을 때, 작은 쪽의 뼈가 작은 동물에게 도움이 되는 것과 마찬가지로 큰 뼈도 그 기능을 가질 수 있도록 뼈를 굵게 그린 것이다. 이것이 그 그림이다. 큰 뼈가 얼마나 불균형적인가를 알 수 있다. 그러므로 만약 거인도 보통 사람과 똑같이 균형 잡힌 몸을 유지하고 싶으면 그의 뼈 때문에 더 단단하고, 저항력 있는 재료를 찾아내야 한다. 그렇지 않으면 보통 사람의 몸보다 훨씬 약해져서 견딜 수 없게 된다. 그래서 이상한 체형이 된 그는, 자신의 무게로 눌러 찌부러져서 넘어져 버릴 것이다.'

이와 같이 설명할 수 있었던 것은 갈릴레이가 기계 제작에도 관여하고 있었기 때문이다.

'물건의 길이비와 면적비, 체적비의 관계'라는 하나의 시점에 주목해 가면, 언뜻 보아서 무관하게 생각되는 사항이 통일적으로 설명되어진다.

❶ 벼룩은 자기 키보다 200배나 뛰어오를 수 있지만, 인간은 자기 키 높이밖에 뛰어오를 수 없다.

자기의 몸을 들어 올리는, 말하자면 점프한다는 것은 발 근육의 힘이 직접 관계하고 있다. 예를 들면, 키 높이가 인간의 1/1000인 벼룩을 생각하자. 체적에 비례한 체중은 1/1000000000에까지 줄지만, 대략적으로 말해서 근육의 힘은 단면적에 비례하므로, 그 근육의 힘은

1/1000000까지밖에 줄지 않아서 상대적으로 근육의 힘은 인간보다도 1000배 정도 강하다. 따라서 상대적으로 훨씬 높이 뛸 수 있는 것이다. 실제로 뛸 수 있는 높이를 계산하려면 에너지를 생각하지 않으면 안 된다. 도약의 에너지는 (체중)×(높이)로 결정되므로, 만약 상대적으로 같은 높이를 뛰려면 근육 1 g당, 키높이와 마찬가지 비율의 에너지를 사용하여야 한다. 따라서 사람은 근육 1 g당 벼룩의 200배나 되는 에너지를 내지 않으면 안 된다. 역으로 단위질량당 근육의 효율은 벼룩보다 사람이 좋다.

❷ 쥐는 하루에 체중의 절반만큼 음식물을 섭취한다. 식욕이 극히 왕성하다(인간은 하루에 체중의 약 $\left(\dfrac{1}{50}\right)$ 정도 음식물밖에 섭취하지 않는다).

❸ 같은 종류의 동물을 예로 들면, 따뜻한 지방의 곰이나 사슴은 추운 지방의 곰보다 크기가 작다.

북극곰

알레스카 큰곰

큰곰

유럽 큰곰

미국 큰곰

흑곰

느림보곰

말레이곰

1 m   2 m   3 m

오하라 히데오(小原秀雄)
《속 · 일본야생동물기》 주오고론샤에서 전재

포유동물은, 음식물을 섭취하여 그것을 소화할 때에 나오는 열을 이용해서 체온을 일정하게 유지하고 있다. 그때 나오는 열량은 거의 부피에 비례하고, 몸의 표면에서 빠져나가는 열량도 표면적에 비례한다. 따라서 크기가 1/10이 되면 발열량이 1/1000로 감소하는 데에 비해, 빠져나가는 열량은 1/100로만 감소하므로, 그만큼 많이 먹어서 열을 내지 않으면 몸이 식어 버린다. 그렇기 때문에 몸이 작은 쥐는 체중에 비해서 많이 먹어야 한다.

또, 추운 지방에 사는 동물은 몸에서 도망가는 열량을 상대적으로 줄이기 위해 몸이 크다.

이와 같이 물건의 크기나 운동의 규모를 바꾸었을 때, 그것에 의해서 물건의 성질에 질적인 차이가 생기는 경우가 있다. 이러한 관점을 가지고 관찰해 보자.

예를 들면, 겨울에 아버지가 아이의 손을 만졌을 때 차게 느껴지고, 아이는 아버지의 손이 따뜻하게 느껴져서 서로 놀라는 수가 있다. 이것을 이러한 관점에서 해석해 보자.

칼럼 3 ** 인간은 기계인가?

　인간도 원자들의 조합으로 만들 수 있다는 사고방식은 멀리 그리스 시대부터 존재했다. 도구나 기계를 만드는 것과 마찬가지로 인간도 원자들을 이용하여 인공적으로 만들 수 있다고 주장했는데 이를 인간 기계론적 사상이라고 한다. 그러나 인간은 물건이 아니고 생명 특유의 생기를 가지고 있으며, 더욱이 인간 특유의 정신을 가진 존재이고, 기계와 같이 인공적으로 만들 수 없다는 사고방식, 즉 생기론적(生氣論的) 사상이 중세 이래 받아들여지고 있다. 그러면 현대에는, 이 문제를 자연 과학의 입장에서 어떻게 생각하면 될까?

　현재 사용되고 있는 공학적 기계의 대부분은 인간의 노력을 줄여 주고, 생산 능력을 높이기 위하여 만든 좋은 도구이다. 이 기계들은 얼마만큼 인간의 기능에 접근할 수 있는가? 기계는 에너지를 공급하는 동력 부분(인력 · 마력 · 수력 · 증기력 · 전력)과, 에너지의 전달, 에너지를 사용해서 작업하는 부분으로 되어 있다. 동력에서는 증기력이나 전력을 사용하면 인력보다 엄청나게 큰 에너지를 제공할 수 있다. 그러나 기계의 작동에는 조작 · 운동 · 조절 · 제어가 꼭 필요하여 인간 두뇌를 필요로 하였다. 그러나 현대에는 컴퓨터를 사용해서 지각, 판단을 할 수 있는 자동화 기기(로봇)가 차례로 만들어지고 있다. 진보한 로봇은 자기 노동의 결과를 관측하여, 다음에 무엇을 해야 하는가를 결정하고, 끊임없이 일을 조절, 제어하여 인간 이상으로 엄밀하게 작업을 수행해 간다. 어떤 목적을 가진 작업의 수행에서, 공학적 기계는 인간보다도 훨씬 효율 좋게 자동적으로 일을 할 수 있게 되었다. 학습과 추론 등 인간의 뇌·신경계 작용을 공학적으로 대행하는 로봇의 제작이 어디까지 가능한지가 현대 과학의 과제이다.

그러나, 가령 뇌·신경계의 작용을 전자 공학적으로 대행하는 로봇이 만들어졌다고 하여도, 현대의 로봇 제작에서 인간과 완전하게 같은 기능을 가진 기계를 만들 수는 없다. 인간과 기계의 차이는, 뇌·신경계 기능의 대행이 어디까지 가능한가라는 문제 외에도, 인간의 신체가 가지는 자기 보존과 증식 기능을 기계는 가질 수 없다는 점이다. 인간은 피부에 상처가 있어도 자연히 치료되며, 자가 복제로 아이를 만든다. 그러나 기계는 둘 다 가능하지 않다. 그 차이는 인간은 생물이고, 기계는 무생물이기 때문이다. 생물은 세포로 되어 있다. 하나하나의 세포에 동력원이 있으며, 구조를 가지고, 자기 증식의 기능을 가지며, 그 작용을 세포 내의 DNA가 분자나 원자의 배열로 제어하고 있다. 인체를 구성하는 세포는 차례로 다시 만들어지고 인체의 기능을 계속 유지하여, 일부의 손상을 보충하는 작용도 한다. 이 하나하나의 세포를 공학적인 기계로 치환할 수는 없다. 세포를 공학적인 기계로 만들 수 없는 점이 인간과 기계의 결정적인 차이점이다.

그러면, 현대 과학은 인간 기계론을 부정하고 생기론을 채택하였는가? 그렇지는 않다. 인간도 다른 생물도 원자·분자로 되어 있으며, 세포와 DNA도 그렇다. 이것은 실증되었다. 그래서 이론적으로 현대 과학의 입장은 인간 기계론적 사고인 것이다. 그렇다면, 기술적으로도 인간이 공학적 기계를 설계하여 만든 것과 같이, 세포나 DNA를 원자·분자로부터, 인간이 설계하고, 합성해서 만들어내는 것은 가능한 것이 아닌가(현대의 생물 공학은 생물이 만든 세포에 가공해서 클론(clone) 양이나 클론 원숭이를 만드는 데에까지 와 있다. 그러나 세포의 화학적 합성과는 다르다). 세포를 원자·분자로 합성해서 만들 수 있으면, 인간 기계론은 이론적으로나 기술적으로 채택될 수 있다. 윤리적으로는 무섭고 엄숙하지만, 이것이 현대 과학의 결론이다.

중력은 왜 작용하는가?

　지상에서 물건이 아래로 떨어지는 것은, 물건 자신이 아래로 가려는 성질을 가지고 있기 때문이라고 처음에 생각했었다. 그 후, 물건과 지구가 서로 당기고, 아니 모든 것들이 서로 잡아당기고 있다는 것을 알게 되었다. 이 힘을 만유인력이라고 부른다. 왜 이런 힘이 작용하는가? 지금으로는 알 수 없다. 그러나 그것이 어떤 것인가는 물리학의 발전과 함께 명백하게 밝혀졌다.

　고대인은 밤하늘의 장대한 천체에 감동하여, 행성의 불가사의한 운동과 자기의 운명을 연관시키려고 하였다. 중세 유럽에서는 점성술(astrology)이 생기고, 대단히 유행했다. 또, 당시의 국왕도 그것에 강한 관심을 가지고 많은 점성술사를 고용하였다. 점성술에서 빼놓을 수 없는 것이 행성의 운동을 관측하는 것이고 그 결과, 중세에 천문학(astronomy)이 발전했다.

✪ 케플러의 법칙에서 뉴턴의 역학으로

17세기에 덴마크 국왕의 보호하에 티코 브라헤(Tycho Brahe, 1546~1601)가 천구의(天球儀)를 사용하여서 육안으로 화성의 운동을 정확하게(정도는 각도로 약 $1' = \dfrac{1^\circ}{60}$ 이며, 이것이 육안으로 관측할 수 있는 한계이다) 관측하였다. 그리고 그것을 기초로 요하네스 케플러(Johannes Kepler, 1571~1630)가 행성의 운동에 규칙성(케플러의 제3법칙)이 있는 것을 발견하였다. 이것은 1609~1619년에 걸쳐서 이루어졌다. 케플러의 법칙은 행성의 운동을 현상으로 기술한 것이며, 그 원인에 대해서 기술한 것은 아니다. 케플러는 그 원인을 생각하지 않았을까? 그렇지는 않다. 케플러는 모든 행성이 태양의 힘에 의해서 지배되어 있다고 생각하였으며, 그 내용은 다음과 같다.

❶ 태양이 행성 운동의 원인이라고 생각되는 이유
- 태양으로부터 먼 행성일수록 천천히 돈다.
- 동일한 행성도 태양에 가까워지면 빨리 움직이고 멀어지면 느리게 움직인다.
- 태양의 자전 방향과 모든 행성의 공전 방향은 일치한다.

이상으로부터, 태양의 자전이 행성의 공전을 일으키는 원인이라고 생각된다.

❷ 태양 자전의 힘의 근원은 창조주의 전능한 힘으로 기동(起動)되어, 운동영(運動靈)으로부터 힘을 보충 받는다. 영의 힘은 태양을 태워 강한 반짝임을 내고 있다.

❸ 태양이 멀리 있는 것을 움직일 수 있게 하는 것은 태양의 영묘한 힘이 태양에서 직선적으로 전 세계의 사방으로 뻗어서, 그 방사가 회전

하는 소용돌이처럼 회전한다. 마치 자석과 같다.

❹ 그러면 모두가 태양 자전과 같은 주기로 돌지 않는 이유는 행성이 자기의 장소에 멈추려 하는 관성이 있으며, 태양의 동력과 행성의 관성 사이에서 싸움이 있기 때문이다.

이 시대에 '물체의 운동은 동력에 의해서 끊임없이 보충되지 않으면 감쇠하며, 마침내 정지한다.' 는 생각도 할 수 있었지만, 동시에 관성 개념도 볼 수 있었다. 그리고 행성의 궤도가 원이 아니라 '타원' 인 것을 알고 충격이 컸다. 케플러 이전에는 완전한 존재로서 원궤도를 그린다고 생각했다. 그런데 별은 왜 타원 궤도를 따라 돌며, 또한 속도를 바꾸는가?

케플러의 관찰과 현상론적 법칙에서 본질론적인 법칙을 확립한 것은 뉴턴이다. 17세기 중기, 영국에서는 태양과 행성 사이에 어떠한 힘이 작용하고 있는지가 논의되고 있었다. 핼리(Halley 혜성으로 유명)는 뉴턴을 찾아가서(이 방문이 뉴턴의 유명한 저서 《프린키피아》 발행의 계기가 된다), 이 문제를 물었는데 뉴턴은 이미 이 문제를 해결했었다. 만유인력은 공간 사이에 직접 작용하여, 양쪽 별의 질량에 비례하고 거리의 제곱에 반비례한다고 말했다. 이것과 운동 법칙을 사용하면, 결과로 케플러의 법칙을 유도할 수 있다. 뉴턴이 만유인력의 이론을 발견한 것은 1665년이며, 공표한 것은 1687년이다.

뉴턴의 이론을 이용해서, 많은 과학자들이 천체의 운동을 예측할 수 있었으며, 수성의 약간의 차이를 제외하고, 모두 관측 사실과 일치하였다. 특히 천왕성의 운동에 대한 해석으로, 1846년에 아담스(Adams)와 르베리에(Leverrier)는 해왕성의 존재를 이론적으로 예언하였고, 실제 망원경으로 발견되었다. 이것은 뉴턴 이론의 승리였다.

뉴턴은 만유인력이 천체 사이뿐만 아니라, 지상의 물체 사이에도 작용하는 것을 언급하여, 천계(天界)와 지상의 구별을 완전히 없앴다. 이것은 달도 지상의 돌과 같이 인력에 의해 낙하하고 있다는 것을 나타낸다. 이것으로써 천체는 특별한 존재가 아니라 보통의 물체라는 것이 밝혀 졌다. 그러나 '왜' 또는 '어떠한 메커니즘'으로 이와 같은 힘이 발생하는가에 대해서는 뉴턴도 설명할 수 없었다.

✪ 아인슈타인의 시대

뉴턴 법칙으로 중력의 본질을 알고 물질계의 법칙을 모두 알게 되었다고 생각했다. 그러나 20세기에, 아인슈타인은 특수 상대성 이론에서, 뉴턴의 법칙은 광속에 영향을 받는다고 증명하였다. 그런데 뉴턴의 만유인력 이론은 아무리 두 물체가 떨어져 있더라도, 순식간에 힘이 전달되어야 한다. 그런데 이것은 특수 상대성 이론에 위배되므로, 뉴턴의 만유인력 법칙을 수정하지 않으면 안 되었다.

로프가 끊어진 엘리베이터 안에서는 물체 사이에는 만유인력이 있고 지구와 물체 사이에 중력 영향이 없어진다(등가 원리). 이것은 무거운 물체와 가벼운 물체가 같은 속도로 낙하하는 것을 보고 알 수 있으며, 이것은 중력의 성질이다. 물리 법칙은 어느 입장에서 보아도 같아야 한다는 상대성 원리로부터, 아인슈타인은 일반 상대성 원리를 만들어냈다. 이 이론에 의하면, 물체가 존재하면 그 주위의 시공(時空)이 뒤틀어지고, 그 공간에 다른 물체를 놓으면 역시 뒤틀려서 시공의 영향으

아인슈타인 탄생
100주년 기념 코인

로 물체는 운동하므로, 물체에는 힘이 작용하고 있는 것처럼 보이는 것이다. 아인슈타인의 중력 방정식은, 물체가 있으면 그 주위의 시공이 어떻게 뒤틀려지는가를 알 수 있는 방정식이다. 시공의 뒤틀어짐이 결정되면, 두 점 간을 연결하는 최단 시간 곡선에 따라서 물체는 운동한다. 이 중력 방정식을 사용해서 태양 주위 시공의 뒤틀어짐을 계산하여, 그 속에서 운동하는 수성의 운동을 예측하면, 예측과 관측이 일치한다. 뉴턴의 만유인력의 이론에서는 설명 불가능하였던 약간의 궤도 차이도 아인슈타인의 중력 이론으로 알게 되었다.

또 이것의 중력 방정식을 풀면, 시간과 공간이 파도치는 것처럼 보인다. 이것을 중력파(重力波)라고 부르며, 광속으로 전달된다. 우주에는 중력이 매우 강한 중성자별이 있으며, 두 중성자별은 서로의 중력으로 공전하고 있다. 이 쌍성의 운동으로부터 중력파가 방사되고 있다는 것이 간접적으로 관측되었다. 현재 이 중력파를 지상에서 직접 관찰하려고 준비 중이다. 아인슈타인의 중력 이론에 의해서, 중력의 전달 방법, 중력과 시공과의 관계 등, 뉴턴의 만유인력에서 발전하여 더욱 깊게 중력을 이해할 수 있게 되었다.

✿ 극미의 세계에서도 중력은 작용하는가?

이상은, 거시 세계의 이야기이다. 원자 · 분자라는 미시 세계에서 중력은 전자기력과 비교가 되지 않을 정도로 약하다. 예를 들면, 두 개의 양자 간의 중력은 전기력의 약 $\frac{1}{10^{36}}$ 정도이다. 그러나 중력은 확실히 작용하고 있다. 실제로 중성자 사이에 중력이 작용하는 것을 확인한 사람은 그린버거(Greenberger)이다. 더욱이, 시간과 공간의 매우 작은 영역, 10^{-33} 이하의 공간에서 중력은 무시할 수 없다는 것을 알게 되었다. 이와 같은 아주 짧은 거리, 다시 말하면 초고에너지의 세계에 있어서는 자연계의 기본적인 힘인 중력, 전자기력, 강한 힘 및 약한 힘을 모두 기술하며, 모든 소립자는 하나의 통일 이론이 지배한다고 믿지만, 아직 잘 알지 못한다.

013

중력과 만유인력은 같은 것인가?

물리를 공부하면 '중력'과 '만유인력'이 동시에 서술되어 혼동이 될 때가 많다. 대표적인 이와나미 《이화학사전》에서, 만유인력은 UNIVERSAL GRAVITY의 번역어이며 질량들이 서로 잡아당기는 힘으로 정의되어 있다. 그리고 중력은 GRAVITY의 번역어로(만유인력＋지구 자전의 원심력이며), 물체가 실제로 떨어지는 방향에 작용한다고 정의되어 있다. '중력'이 만유인력이라고 적힌 책도 있지만 일본의 교과서는 중력과 만유인력을 구분하여 사용하고 있다.

그러나, 일본의 사전이라도 1952년 후잔보(富山房)의 《이과학사전》에서는 중력이란, '지구와 다른 물체 사이에 작용하는 만유인력을 지구를 중심으로 해서 생각했을 경우에 중력이라 말한다.'고 정의한다. 그리고 원심력은 별도 취급으로 중력과 만유인력은 기본적으로 같은 것이라고 생각했다.

외국의 책이나 교과서는 거의 모두가 후자이다. 중력은 GRAVITY로 나타내며, 순수하게 질량 간의 인력이고 원심력은 포함하지 않는다.

모든 것에 있다는 것을 강조할 때에 UNIVERSAL을 붙이는 것 같다. 이것이 더 자연스럽다. 일본의 교과서는 혼란을 초래하고 있으므로 빨리 개정해야 한다. 필요할 때는 합력(合力)으로 나타내면 된다.

이외에도 중력의 개념에는 생각할 문제가 더 있다. 1850년에 가와모토 고민(川本幸民)이 네덜란드 인 보이스(Johannes Buys, 1764~1838)의 책을 번역한 《기해관란광의(氣海觀瀾廣義)》에서, '인력은 분자의 응집력도 포함해서 물질의 일반적 성질.'이라고 하고서, '중력은 인력에 의한 것이다. 땅에 있어서는 이것을 인력이라고 말하며, 물체에 있어서는 이것을 중력이라고 말한다.', '지구에 있는 물체 사이에 힘이 가해지는 것을 중력이라고 이름을 붙이는 것은, 물체로 하여금 무겁게 하는 것이다.'고 말하는 것은 재미있다. 여기서 보면, 중력과 인력이라는 말의 혼란 중에는, 중력과 전자기력·분자 간의 인력 등과 구별이 명백하지 않았던 것, 중력과 질량과의 분리가 확실하지 않고, 힘과 대상의 관계가 애매하였던 것 등이 역사적으로 있었던 것이 아닐까?

014

반물질과 물질이 서로 미치는 중력은 인력일까?

전기에는 (+)전기와 (−)전기가 존재하며, 같은 부호의 전하끼리는 반발하고, (+)전하와 (−)전하는 서로 당긴다. 이것에 대해서 뉴턴이 발견한 만유 인력(중력)은 모든 질량을 갖는 물질들이 서로 당기는 힘으로, 인력밖에 존재하지 않는다. 이 경우는 (+)의 질량끼리 서로 당기므로, 만약 (−)의 질량이 있으면 (+)의 질량과 서로 반발력이 작용하는 것이 아닌가 하는 생각이 든다. 그러나 (−)의 질량은 지금까지 발견되지 않았다. (−)의 질량은 우주 탄생의 초기에는 있었지만, 현재 (+) 질량의 세계와 척력(斥力)으로 멀리 우주 저편에 가버렸다고 상상할 수도 있을 것이다.

우리들의 세계에 실제로 생기는 것으로 반입자(反粒子)라는 것이 있다. 입자와 반입자가 만나면, 그 질량은 소멸해서 빛 에너지로 바뀌어 버린다.

입자의 반대이므로 중력에 인력만이 있지 않고 척력도 있게 될 가능성은 없는 것일까? 실험적으로 증명되어 있는 것은 아니지만, 추론은 할 수 있다.

우선, 일반 상대성 원리의 등가 원리가 성립한다고 하자. 이때 중력 질량은 관성 질량(움직이기 어려움)과 같고, 또 관성 질량은 $E=mc^2$에 의해서 에너지와 같으므로, 결국 중력은 '에너지'에 작용하는 것처럼 보인다.(예를 들어, 빨리 움직이고 있는 것은 운동 에너지가 크므로, 멈추고 있는 것보다 무겁다!) 반입자도 에너지는 (+)이므로 이것으로부터 입자−반입자 간의 중력도 인력이라고 생각된다.

세상은 (−)의 에너지를 가진 입자가 가득 차 있어서, 반입자는 거기에 열린 구멍이라는 사고방식도 있다. 이 경우도 반입자 그 자체는 (+)의 에너지를 가지므로 위의 결론은 성립한다. 그러나 그 바다와 같이 가득 차 있는 (−) 에너지 입자와의 중력은 어떻게 되는 것일까? 모든 방향에 바다가 있으므로 힘은 0이 된다.

한편, 반물질에는 등가 원리가 성립하지 않을 수도 있다는 생각이 든다. 반물질이 지구로 낙하하는 것이 아닐 수도 있는 것이다. 그러면 어떻게 생각할 수 있는가? 만약 반중력이 존재한다면, 등가 원리 이외라도 다음과 같은 난점을 들 수 있다.

❶ 광자나 중성중간자와 같이 자기 자신이 반입자를 겸하고 있는 것이 있다. 이들의 입자에는 중력이 작용하지 않게 될 것이다.

❷ 보통의 물질에서는 등가 원리가 성립하므로, 운동 에너지에도 중력이 작용한다. 지금 어떤 입자가 다른 종류의 반입자(소멸은 하지 않는다)에 부딪쳐서 운동 에너지를 상대에게 전할 수는 있을 것이다. 그러면 멈추고 있는 반입자와 매우 고속으로 움직이고 있는 반입자의 중력 방향이 반대가 되는 일이 생길 수 있다. 말하자면 움직이고

있는 사람과 멈추고 있는 사람이 볼 때, 중력 방향이 반대가 되어 버린다. 운동 에너지가 (−)라면 다른 입자와의 충돌로 에너지의 주고받음이 잘 되지 않을 것이다.

❸ 물질 중에서도 입자−반입자 쌍이 생겼다가 지워지면서, 유한한 확률로 존재한다. 만일 그 부분의 중력이 반대가 된다면 예를 들어, 전자−양전자쌍(陽電子雙)의 무게가 0이면 문제의 중력이 바뀌고, 따라서 관성 질량과 중력 질량이 물질에 따라서 조금씩 다를 것이다.

이상의 추론으로부터 아마 반입자도 중력에 관해서는 보통의 입자와 다르지 않으리라고 예상된다. 실험으로 증명할 수 있는 방법이 있을까?

015:

밀물 썰물 현상의 이해는
어렵지 않다.

✪ 조석력의 본질

밀물과 썰물의 원인인 조석력(潮汐力)에 대한 설명은 그 대부분이 어렵다. 그 이유는 많은 요소로 설명되어 있으며, 차례대로 이해해야 하기 때문이다. 그러나 그 중에서도 본질적인 요소는 하나뿐이며, 이것에 주목하면 결코 어렵지 않다.

다이빙대에서 물속으로 낙하하는 사람이 받는 힘을 생각해 보자. 이때, 팔과 발도 지구가 당기고 있지만, 그 단위질량당의 크기를 비교하면, 팔이 받는 힘이 발이 받는 힘보다 약간 크다. 이 때문에 사람의 키는 조금 늘어날 것이다(그림 1).

지구의 경우도 마찬가지이다. 지구 표면 중에서 달에 가까운 쪽은 먼 쪽보다

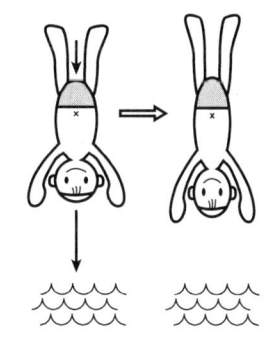

그림 1

조금 더 큰 인력을 받으며, 이 힘의 차이에 의해서 달과 지구를 연결하

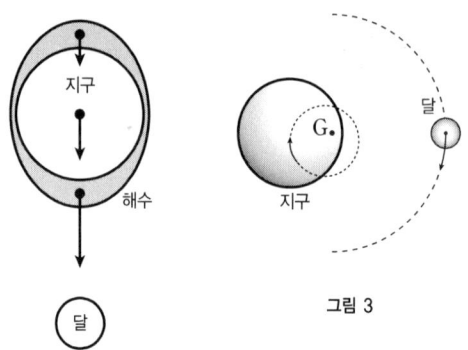

그림 2

그림 3

는 방향으로 늘어난 모양이 되어 양쪽의 바닷물이 부푼다. 이것이 조석력의 본질이다(그림 2).

아니, 지구는 달과 떨어져 있지 않은가? 라는 반론이 있을지도 모른다. 그러나 달과 지구는 서로 잡아당겨서 양자에게 공통의 중심 G(이것은 지구 내부에 있다)의 주위를 공전하고 있다(그림 3). '달은 지구로 낙하하고 있다.'고 할 수 있는데, 같은 의미로 지구도 달을 향해 낙하하고 있다.

✸ 밀물 썰물이 일어나는 이유

그러면, 이렇게 해서 바닷물이 부푸는데 왜 하루에 두 번 정도 밀물과 썰물 현상이 번갈아 일어나는 것일까? 그 이유는 지구의 자전 때문이다. 부푸는 방향은 언제나 달과 지구를 연결하는 방향이지만, 이것을 지표면의 어떤 해변에서 보고 있으면, 자전에 의해 물이 많은 쪽과 적은 쪽을 두 번 지나게 되므로 하루에 2회, 바닷물의 간만 현상이 일어나게 된다.

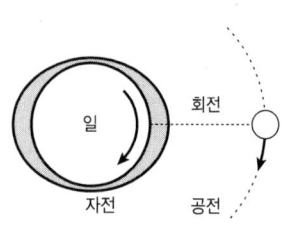

그림 4

그리고 달의 공전도 고려하지 않으면 안 된다. 달의 공전 주기는 약 28일이므로, 1일이면 전체의 $\frac{1}{28}$ 만큼 움직인다. 게다가 달의 공전 방향은 지구의 자전 방향과 같기 때문에, 지구와 달이 처음 출발점 위치로 돌아오기까지는, 약 24시간 50분이(50분≒24시간÷28) 걸린다. 그러므로 약 12시간 25분마다 만조가 되고, 만조와 만조 사이에는 간조가 되는 것을 알 수 있다(그림 4).

이상으로 조석 현상의 설명은 끝난다. 또한, 여기까지는 지구를 밖에서(정확하게는 '관성계'의 입장에서) 봤을 때 조석력을 생각했다. 그러나 지구 위에 있는 우리들은, 지구를 기준으로 해서('가속도계'의 입장에서) 생각하는 것이 어떤 의미에서는 자연스럽다. 이 경우에는 '원심력'을 포함해서 생각하는 것이 되지만, 이 경우에도 본질은 중력의 차이다.

✿ 중력의 차이가 문제

그런데 지구는 태양으로부터도 중력을 받고 있다. 또한 그 값을 계산해 보면, 달로부터 받는 중력의 약 170배나 된다. 그렇다면 태양에 의한 조석력의 영향이 더 크지 않을까?

그러나 최초에 명백히 한 바와 같이, 조석력의 본질은 가까운 쪽과 먼 쪽에서 받는 중력의 차이다. 실제로, 지구상의 질량 1 kg의 물체가 달 또는 태양으로부터 받는 중력의 값 및 달(또는 태양)에 가까운 쪽과 먼 쪽에서 받는 중력의 차이를 계산해 보면 표 1과 같다. 이것에 의하면, 달에 의한 조석력은 태양에 의한 조석력의 약 2배라는 것을 알 수 있다.

그리고 중력의 차이는 매우 작은데, 이 정도의 힘으로 조석이 일어나

표 1. 지구상의 1 kg의 물체가 받는 힘

	달	태양
중력	3.4×10^{-5} N	5.9×10^{-3} N
중력차	2.3×10^{-6} N	1.0×10^{-6} N

는 것일까? 라는 의문이 생길지도 모른다. 그러나 만조와 간조 때 해면의 높이의 차는 기껏해야 수십 cm이며(그림 2, 그림 4는 극단적으로 그려져 있다), 이 값은 지구 반지름의 약 1천만분의 1정도이므로 위의 힘으로도 조석력이 생기는 것이다.

✪ 슈메이커/레비 제9혜성은 왜 부서졌는가?

1994년 7월, 목성에 충돌해서 화제가 된 슈메이커-레비(Shoemaker-Levy) 제9혜성은, 머리 부분에 빛의 점이 늘어선 기묘한 혜성이었다. 이 혜성의 궤도를 연구한 결과 목성의 주위를 도는 혜성이라는 것을 알았다. 목성에 접근했을 때, 조석력으로 분열된 후 목성에 충돌하였다.

토성 고리의 구조에 대해서도 마찬가지로 설명할 수 있다. 토성의 고리는 평평한 한 장의 판이 아니고 작은 조각의 모임인데, 이것도 토성 본체에 너무 접근한 위성이, 조석력 때문에 부서져버린 것으로 생각된다.

지구의 조석으로 돌아가자. 조석 현상으로 해수가 움직임으로써, 지구 본체와의 마찰(조석 마찰)이 생기는데, 이것 때문에, 지구의 자전 주기가 조금씩 늦어지고 있는 것으로 알려져 있다. 물론 조석력으로 영향력을 받는 것은 해수뿐만이 아니고 지구 자체도 마찬가지이며, 해저에서는 수십 cm의 오르내림이 일어난다고 한다.

지구가 달로부터 조석력을 받는 것 뿐만이 아니고, 달도 지구로부터 조석력을 받고 있다. 달의 자전 주기는 공전 주기와 마찬가지이며, 지구에는 결코 반대쪽 면을 보이지 않는다. 지구에서 보는 달의 표면이 계속 바뀌면서 자전하고 있을 무렵에, 조석 마찰에 의하여 달의 자전 속도가 감속되어, 드디어 현재의 상태로 고정된 것이라고 생각된다. 현재의 상태는 조석력의 방향이 달에 있어서 언제나 같으며, 안정한 상태이다.

⚙ 표1 값의 계산 방법

우선, 거리 r만큼 떨어진 질량 m, M의 두 물체가 서로 당기는 힘의 크기는, 만유인력의 법칙

$$F = G\frac{mM}{r^2}, \quad G = 6.67 \times 10^{-11}\ \text{Nm}^2/\text{kg}^2$$

으로 주어진다.

가까운 쪽과 먼 쪽에서, 이 값의 차이를 계산하려면, 다음의 근사식이 편리하다. 단, $R \ll r$로부터, $r^2 - R^2 = r^2$으로 하고 있다.

$$\Delta F = G\frac{mM}{(r-R)^2} - \frac{GmM}{(r+R)^2} = GmM\frac{4rR}{(r^2-R^2)^2}$$

$$\fallingdotseq \frac{4GmMR}{r^3}$$

이 식에 있어서, $m = 1\ \text{kg}$, M은 달(또는 태양)의 질량, r은 지구로부터 달(또는 태양)까지의 거리, R은 지구의 반지름이다. 각각의 값은 다음과 같다.

달의 질량 : $7.3 \times 10^{22}\ \text{kg}$,　달까지의 거리 : $3.8 \times 10^{8}\ \text{m}$

태양의 질량 : $2.0 \times 10^{30}\ \text{kg}$,　태양까지의 거리 : $1.5 \times 10^{11}\ \text{m}$

지구의 반지름 : $6.4 \times 10^{6}\ \text{m}$

칼럼 4 ** 차가워야 할 이오(IO)는 왜 화산 활동을 하고 있을까?

　이오(Io)는 목성의 위성이다. 보이저(Voyager) 1호가 목성에 접근했을 때, 이오에 화산 활동이 있는 것을 발견하였다. 270 km 의 상공까지 솟아오르는 거대한 분연(噴煙)이 8개나 발견되었다. 분연은 이산화유황이라고 생각되며, 활동은 4개월 이상이나 지속되었다. 이 화산 활동의 에너지는 무엇일까? 일반적으로 천체 내부의 에너지원은 중력과 방사성 붕괴이지만, 작은 별에서는 밖으로 잃는 에너지가 많고, 곧 에너지 수지(收支)는 적자가 되어 차갑게 된다. 예를 들면, 이오와 같은 크기와 밀도의 달에서 화산 활동은

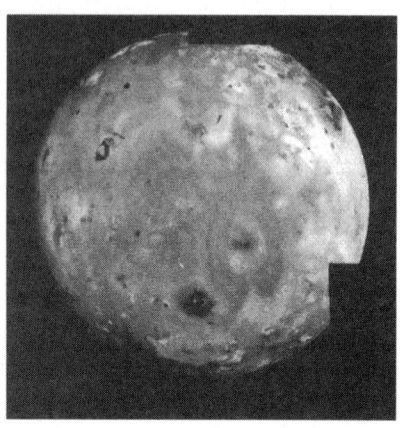

이 오

존재하지 않는다. 그러면 왜 이오에 화산 활동이 존재하는 것일까? 그 에너지원은 무엇일까? 실은 화산이 발견되기 전에, 이미 그것은 조석력이라는 것이 과학자에 의해서 예언되고 있었다. 이오는 곧 바깥쪽을 도는 자매 위성 유로파(Europa)로부터 중력을 받아, 궤도가 흔들리고 있었다. 이오가 2회 공전하는 동안에 유로파는 1회 공전하며, 이오는 일정한 시간 간격으로 잡아당겨져서 목성에 가까워졌다가 멀어졌다. 그에 따라서 목성의 조석력도 강해졌다가 약해졌으며, 그때마다 이오는 적도 방향으로 늘다가(극 방향으로 줄어든다) 줄다가를(극 방향으로 늘어난다) 반복했다. 이오의 공전 주기는 1.77일이며, 짧은 주기로 이것을 되풀이함으로써, 내부에 큰 마찰열이 발생하는 것이다. 조석 가열은 변형의 주기와 조석력의 크기에 의하므로, 그 외의 천체에서는 지금까지 문제가 되지 않았던 것이다.

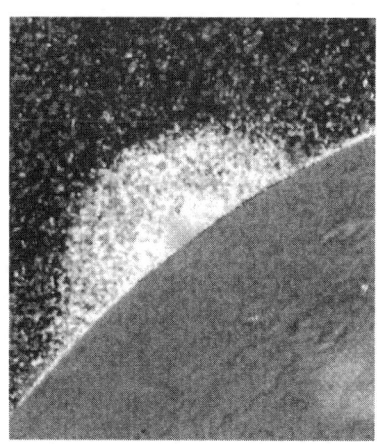

로키(Rocky) 화산의 분화

3

운동과
관성에 관한
의문들

왜?

016: 갈릴레이는 무엇을 재판 받았는가?

유명한 갈릴레이 재판의 경과는 산틸라나(Santillana)의 《갈릴레이 재판》에 상세하게 나와 있다. 이 원고도 그것을 기초로 하였다.

✪ 갈릴레이는 무엇을 재판 받았는가?

보통 알고 있는 정설은, 갈릴레이가 발견한 사실을 종교 쪽이 일체 인정하지 않고 위험한 사상으로 탄압했다는 것이다. 그러나 산틸라나가 상세하게 분석하고 있는 위의 저서에서는 이와 다르다. 실제로 다른 과학자들처럼 '하나의 가설로 과학자 사이에서만 연구를 진행한다.'고 하면, 아무런 형벌을 받는 일 없이 공식인증으로 연구를 진행시키는 것이 당시에도 가능하였다. 코페르니쿠스(Copernicus)가 그런 경우이다. 갈릴레이가 재판을 받은 것은, 지동설을 과학자 동료들만의 은밀한 연구 대상으로 멈추지 않고, 새로운 세계관, 새로운 과학적인 논리와 사고 방식을 교황청과 일반인들에게 인식시키려고 적극적으로 활동했기 때문이다. 그러한 의미에서 갈릴레이는 좁은 의미의 과학자가 아니라 과학을 사상, 철학과 결부한 르네상스 정신을 이어받은 한 사람이었다. 아니, 오히려 원래 물리학이란 그랬어야 했던 것이 아닌가? 현대의 물리학이 그렇지 않다면, 또 한 번 생각할 필요가 있지 않을까?

✿ 발단

1610년 갈릴레이는 《별나라로부터의 보고》에서, 망원경에 의해서 발견한 사실을 세계에 알린다. 코페르니쿠스의 체계를 확신한 그는, 지구의 공전에 대하여 논의하게 된다. 그는 그것을 학자 간의 살롱(salon) 논의에 멈추는 것이 아니라, 일반인들에게 호소하고 싶어 했다(시대적인 제약을 생각하면 일반 서민이라고 말하기보다는 교양 있는 시민이라고 말해야 할지도 모른다). 그러기 위해서 그는 학술 언어인 라틴 어가 아니고, 일상 언어인 이탈리아 어로 물리를 연구하고자 하였다.

✿ 첫 번째 고발

1611년 이후 갈릴레이는 대화, 서한, 소 논문 등으로 적극적인 활동을 한다. 이 활동은 그때까지 스콜라(schola)학을 가르쳐서 돈을 벌던 일반 학자들에게 위협을 주었다. 그들은 공동으로 갈릴레이에 대항하여 고발하려고 했으나, 아르키메데스(Archimedes)식 부력 이론 등으로 그의 명성은 높아져 가고 있었다. 그러나 드디어 그들은 갈릴레이가 친구 카스텔리(Castelli)에게 쓴 편지 중에서 '성경의 비유적 표현은 문자대로 해석하면 모순되는 점이 있다.'고 말한 것을 트집 잡아 고발했다.

갈릴레이도 이에 대응하여, 로마까지 가서 적극적인 사교 활동, 설득 활동을 전개한다. 1616년 2월, 검사성성(檢邪聖省)의 전문가가 성성령(聖省令)에 의해서 소집되어, 거기서 검토된 결론이 법왕의 재가를 거쳐서 벨라르미노(Bellarmino) 추기경에 의하여, 갈릴레이에게 전달된다. 그 내용은 '코페르니쿠스가 말한 태양이 세계의 중심이라는 설은 이단이며, 지구는 일주(一周) 운동을 포함해서 움직인다는 설은 잘못이다. 갈릴레이는 이 의견을 포기하도록 권고한다. 그리고 이 의견과 교설을 가르쳐 변호하고 논의하는 것도 일체 삼가하라. 만약 그대가 이 권고에 따르지 않을 경우에는, 투옥시키겠다.' 는 것이었다.

그런데 주목해야 할 것은 갈릴레이 자신이 사죄나 자기 이론의 철회를 명하지 않았다. 성성령은 코페르니쿠스를 변호하여 신봉하는 것은 절대로 안 된다고 전했을 뿐이며, 하나의 수학적 가설로 자유로이 논의하는 것을 금지하는 것은 아니다. 성성령이 금지한 것은 코페르니쿠스의 교설을 철학상의 한 진리로 제출하는 것 뿐이었다. 갈릴레이는 자신이 처벌된 것이 아니라는 것을 알리고 명예를 지키기 위해서, 일부러 그 벨라르미노에 부탁해서 확인서를 받았다.

❄ 《천문대화》로

머지않아 린체이 아카데미(Lincei Academy)의 회원이며 갈릴레이의 지지자인 우르바노(Urbanus) 8세가 교황이 된다. 갈릴레이는 복귀하며 학문의 세계에 지반을 쌓으려 하였다. 그는 1624년에 로마에서 법왕을 알현(謁見)하여, 신학에 손을 대지 않으면 자유로이 의논해도 된다는 허락을 얻어, 드디어 지향하고 있었던 《천문대화》의 저술에 들어간다. 지동설의 공연(公然)한 지지는 금지된 것이지만 자기의 모든 체계를 저술하기 시작한 것이다. 1629년 12월 24일, 드디어 완성된 이 책은 르네상스의 대화 형식으로 세계의 모든 것을 나타내는 큰 저작이다. 법왕은 서술 방법이 엄밀하게 가설적이라면 사실상 용인한다 했고, 교양 있는 일반 독자로부터는 열광적 칭찬을 받았다.

✹ 두 번째의 고발

모양은 가설적이라고 하더라도, 그 논리의 예리함과 서민의 열광적인 환영은, 교회의 입장에서 큰 충격이었다. 그렇기 때문에, 예수회(Society of Jesus)의 수도사들은 이 책이 명백히 코페르니쿠스를 지지하기 위한 것이라고 법왕에게 호소하였다. 그리고 교황 자신도 불쾌감을 가지고 있었다.

만약 갈릴레이가 자기의 생각을 공표하고 싶다는 것뿐이라면, 더 안전한 길도 있었을 것이다. 예를 들면, 전문 과학자들만 알 수 있도록 쓰는 것이다. 그러나 그는 진리를 명백하게 기술하는 길을 선택했다. 되풀이하지만, 갈릴레이는 사회로부터 고립된 과학자가 아니라 전면적으로 과학적인 각성이 퍼지는 것을 원하고 있었다. 그것을 교회 측은 감지하고 고발한 것이었다.

✹ 증거를 조작하는 스피드 재판

1632년 10월, 이단 심문관이 갈릴레이를 방문하여 검사성성의 출두 명령을 전한다. 그들은 다음의 문서를 찾고 있었다. 이것은 1616년의 공식 문서와는 다르며, '만약 이것에 따르지 않을 경우에' 라는 말이 빠져서, 갈릴레이가 '지동설은 어떠한 형식으로도 신봉하여 가르치고, 변호해서는 안 된다.' 는 것이었다. 말하자면 논의도 안 된다는 것으로 되어 있었다. 이 문서는 여러 가지 검토를 거친 결과, 후에 날조(捏造)된 것이라고 거의 단정되고 있다. 그러나 증거로 채용되어, 갈릴레이의 위반 사실이 조작되었다.

그는 이단 심문 종교재판소로 보내졌다. 갈릴레이는 적극적으로 대응하려고 했지만, 심문을 하나도 하지 않고 결정하려 한다는 소식이 전해져 낙담하였다. 갈릴레이는 결국 '그렇게 생각되어도 할 수 없다.' 며 굴복했다.

✪ 판결

1633년에 판결이 내려진다. 판결 내용은 '더욱 엄중하게 취조를 할 것. 그리고 공포한 후에는 학설의 신봉을 파기시키고 갈릴레이는 감옥에 가둔다. 그리고 지금부터 어떠한 형태로도 지동설을 논의해서는 안 되며 《천문대화》는 금서(禁書)로 지정한다.' 는 엄한 것이었다. 그러나 판결을 내린 10명 중 3명은 판결에 서명을 거부하였다.

✪ 역학의 확립

갈릴레이는 이것으로 끝나버렸을까? 아니다. 그에게는 아직 하지 않으면 안 될 일이 있었다. 아무리 부정해도 망원경으로 밤하늘을 바라보면 사실은 명료했다. 그러나 지동설을 근본적으로 증명하려면, 관성을 비롯하여 지상에서 역학을 완성시키지 않으면 안 되었다. 그는 《신과학대화》의 저술을 향해서 전진했다. 그는 본질적으로 굴복한 것이 아니라 과학자로서 반격의 길을 고른 것이다. 만약 갈릴레이가 굴복한 것이 과학자의 권력에 대한 굴복의 시작이라고 한다면(그러한 의논이 일부의 연극이나 평론에서 볼 수 있지만) 그것은 천박한 견해이다. 일반인들도 그를 지지하였고 《천문대화》를 파는 값도 껑충 뛰어올랐다고 한다.

최근, 매스컴 등에서 과학 실험의 즐거움 등을 다룰 때, 자주 갈릴레이의 이름을 사용하는 경우가 있었는데, 그 이유는 갈릴레이가 무엇보다도 철학을 소중히 하여 세계관을 설명한 사람이었기 때문이다.

♣
보주) 교회가 잘못을 인정하다

1992년 10월 31일, 바티칸(Vatican) 과학 아카데미 총회 폐회식에서, 법왕 요한 바오로 2세(Johannes Paulus II)는 갈릴레이에 대하여 '성실한 신앙자'인 동시에 '천재적인 물리학자이다.'라고 말하여 파문을 풀고 정식으로 명예를 회복해 주었다. 법왕은 '신학자는 항상 과학의 성과에 눈을 돌려, 필요하면 신학의 해석과 가르침을 재검토할 의무가 있다.'고 설명하였다.

이 움직임은 1979년에 요한 바오로 2세가 위원회를 구성하여, 증거의 재검토를 명했을 때 시작해(1960년 이래 자신이 과학자이기도 한, 프랑스의 듀발(Duvall) 사제의 노력이 있었다), 이미 1989년에 법왕이 갈릴레이의 출생지인 피사(Pisa)를 방문했을 때 '갈릴레이를 박해한 것은 잘못이었다.'고 표명했다. 이때 정식으로 갈릴레이 재판의 판결이 잘못되었음을 인정한 것이다. 359년 4개월 9일 만에 신기하게도 코페르니쿠스를 낳은 폴란드 인 법왕에 의해서 였다.

017:

교과서에 있는
운동의 법칙을 고쳐 써 본다.

✺ 운동의 제1법칙은 필요하지 않은가?

물리 교과서에는, 운동의 법칙이 다음과 같이 쓰여 있다.

제1법칙 밖으로부터 힘을 받지 않으면, 정지하고 있는 물체는 언제까지나 정지하고, 운동하고 있는 물체는 등속 직선 운동을 계속한다.

제2법칙 물체가 밖으로부터 힘을 받으면 그 힘의 방향으로 가속도가 생긴다. 가속도의 크기는 힘의 크기에 비례하고 물체의 질량에 반비례한다.

제3법칙 한 물체에 힘을 가하면, 힘을 받는 물체도 같은 크기의 힘을 가한다.

이 표현에는 지금까지도 여러 가지의 문제점이 지적되고 있다. 읽었을 때 이것이 알기 어려운 이유는 힘을 받지 않을 때(제1법칙)와 힘을 받았을 때(제2법칙)의 두 경우에 배타적으로 나눈 듯한 표현이 쓰이고 있기 때문이다. 그러나 물론 양자는 관련되고 있다. 제2법칙으로부터, 가속도는 힘에 비례하므로 힘이 0이면 가속도도 0이 되지만, 그것은 속도가(정지도 포함해서) 바뀌지 않는 것을 의미하고 있다. 그렇다면 제1법칙은 제2법칙에 이미 포함되어 있는 것이라고 당연히 생각된다. 제1법칙은 불필요하지 않은가라는 의문도 생긴다.

이에 대한 일반적인 옹호론은 '뉴턴의 법칙이 성립하는 것 같은 좌표계(세계를 공간적 좌표와 시간에 의해서 기술할 때 좌표계라고 말한다)가 존재하는 것은, 도대체 분명하지 않다. 그러므로 제1법칙은 그 존재를 주장하는 것이다. 말하자면 외력이 작용하지 않을 때 등속 직선 운동을 계속할 만한, 뉴턴의 운동 방정식이 성립하는 좌표계(세계)가 반드시 있다는 전제를 주고 있다.' 이다.

운동은 무엇인가에 대해서 "어떻게 움직이는가?"로 측정할 수 있다. 그 기준을 기준 좌표계라고 부른다. 관찰자의 위치를 원점으로 정하고, 거기서부터 어떤 장소까지의 거리를 측정하는 방법을 결정하여, 모든 장소의 시계를 맞출 수 있으면 된다. 그러나 그와 같이 정한 좌표계에서 관성의 법칙이 성립하는가 그렇지 않은가는 명백하지 않다. 예를 들면, 지구에 고정한 좌표계를 기준으로 해서 그것에 대한 운동을 생각하면, 원심력이나 코리올리(Coriolis)의 힘을 받으므로 그대로는 관성의 법칙이 성립하지 않는다. 가령 관성의 법칙이 성립한다 하여도, 현실에 힘을 받지 않는 경우는 거의 없으므로, 관성의 법칙 자체를 확인할 방법이 없다. 그러나 그와 같은 좌표계가 존재하지 않으면 뉴턴의 운동 법칙은 성립하지 않는다. 실제로는 근사적으로 지구기준계도 관성의 법칙이 성립하는 관성계라고 간주할 수 있도록, 어떤 범위에서 성립하는 것은 확인되며, 현실에서 뉴턴의 법칙으로 인공위성을 비롯해 물체의 운동이 올바로 예언할 수 있다는 것을 관성의 법칙이 성립하고 있다는 것의 뒷받침이지만, 역시 좌표계의 존재는 필요하다.

그러나 이 논의도 충분히 설득력 있는 것은 아니다. 왜냐하면 제2법칙만으로도 그것이 성립하는 좌표계의 존재는 가정한다고 해석할 수 있으므로, 제1법칙을 따로 할 필요성이 없다. 그래서 교과서의 표현은 어렵다.

✿ 운동 법칙의 고쳐 쓰기 시도

필자와 도쿄물리서클에서는,

제1법칙 힘이 작용하고 있거나 작용하고 있지 않아도 물체는 그 순간의 속도(벡터)를 유지하는 성질을 갖는다. (관성)

제2법칙 물체에 힘이 작용하면 $\dfrac{\text{힘}}{\text{질량}}$ 으로 결정되는 가속도가 생긴다(이 가속도에, 힘이 작용한 시간을 곱한 것이 속도의 증가분이 되며, 지금까지의 속도에 부가된다)로 고쳐 써 볼 것을 제안한다.

이것은 아리오(有尾), 마치다(町田) 씨와의 토론에 기초하는 것이며, 뉴턴 역학이 갖는 의미를 보다 알기 쉽게 표현했다고 생각한다. 그 이유는 다음과 같다.

우선 보통의 운동을 생각할 때 관성의 법칙을 우리들은 어떻게 의식하고 있는가를 반성해 본다. '공을 바로 위로 던졌을 때 어떠한 운동을 하는가'라는 것을 생각할 때, '힘은 연직 아래로 작용하는데 왜 위로 올라가는가?'라는 물음이 나오는 것이 보통이다. 그때 '관성이 있기 때문이다.'라고 생각하지 않을까? 말하자면 외력이 있어도 관성을 생각하고 있는 것이 오히려 자연스럽다.

이번에는 운동 방정식을 사용해서 역학 문제를 풀 때 v_1 로 움직이고 있는 물체에 F라는 힘이 작용하면, F/m으로 결정되는 가속도가 작용하여, 짧은 시간 Δt 후의 속도는 $v = v_1 + (F/m)\Delta t$ 가 된다. 이 식은, 그대로 유지되는 v_1에 F/m에 비례한 속도가 더해지는 것으로 볼 수 있다. 이 제1항을 관성이라고 생각하면, 관성은 '힘이 작용하거나 작용하지 않아도 현재의 속도를 다음 순간까지 유지하는 성질'이라고 생각하는 편이 알기 쉬운 것이 아닌가? 사실 이와 같이 학습하면 교과서보다 운동 법칙을 파악하기 쉽다고 느낀다.

✪ 뉴턴 시대로 돌아가서 생각해 보자

실은 이렇게 쓰는 편이, 운동 법칙의 창시자인 뉴턴이 생각하고 있었던 것에 가깝다고 생각된다. 뉴턴의 《프린키피아》는 Dover에서 나온 영역본을 사용하였다. 우선 운동 법칙 앞에 몇 개의 정의가 놓여 있다.

정의 1 물체의 질량은 밀도와 체적에 비례한다.

정의 2 운동의 양은 속도와 질량에 비례한다.

정의 3 vis insita(관성의 힘) 또는 물체 고유의 힘이란 물체가 정지하고 있을 때, 일정한 직선 운동을 하고 있을 때, 현재의 상황을 계속하려고 하는 저항력을 말한다. 그 힘은 물체에 다른 외력이 작용하여, 상태를 바꾸고자 할 때 나타난다.

정의 4 가해진 힘이란 물체의 운동 상태를 바꾸고자 하는 작용이다.

덧붙이면, 뉴턴은 다음과 같이 위의 정의에 대해 설명을 보충했다.

❶ **정의 3**의 힘은 관성의 힘이라고도 말한다.

❷ **정의 3**에 관계하여서 정지인가 운동인가는 상대적인 것이다.

❸ **정의 4**의 힘은 외력이지만, 그것은 작용할 때만 존재하며, 작용이

끝나면 남지 않는다.

❹ 물체는 관성에 의해서 새로 얻은 상태를 유지하려고 한다. 그리고 다음의 운동 법칙을 기술한다.

운동 법칙 1 모든 것은 그 상태를 바꾸려고 하는 힘을 가하지 않는 한, 정지하거나 일정한 직선 운동을 계속한다.

운동 법칙 2 운동의 변화는 가해진 힘에 비례하여 힘의 방향으로 일어난다. 그리고 이 운동의 변화는 이전의 운동에 더해진다고 기술한다.

이상을 보면, 뉴턴은 물체의 관성을 물체 자신의 힘으로 생각하고 있는 것이 명백하다(지금은 힘의 개념에 관성을 힘으로 정의하는 것은 옳지 않다). 그리고 관성을 '지금 가지고 있는 속도를 다음 순간까지 지속하고자 하는 성질.', '외력의 유무에 관계없이 물체가 보유하는 성질.'이라고 파악하여, 힘이 작용하면 지금의 상태에 새롭게 (힘)÷(질량)의 변화가 '가해진다'는 이미지를 가지고 있었다고 생각된다. 거기서부터 생각하면 필자들이 표현한 관성의 법칙이, 사실은 뉴턴이 생각한 것을 발전시킨 것이 아닐까?

018:

물리에
왜 미분 적분이 필요한가?

⚙ **속도란?**

물체의 속도는 어떻게 측정하는가? 예를 들면, 낙하하는 돌을 관찰했다고 하자. 어떤 시각 A에 돌은 설정한 기준점부터 4.90 m 아래를 통과하고, 거기서부터 1.00초 지난 시각 B에는 기준점보다 19.60 m 아래를 통과하는 것이 관측되었다고 하자. 이때, 돌의 속도는 얼마라고 하면 좋겠는가? 우리들은 보통, '단위시간당 움직이는 거리가 속도이다.' 라고 말하고 있다. 그래서 앞서 A로부터 B까지의 속도를 계산하면

$$\frac{(19.6-4.9)\ \text{m}}{1.00\text{초}}=14.7\ \text{m/초}$$

라고 할 것이다. 그러나 A로부터 B까지 같은 속도였던 것은 아니다. 낙하하는 돌의 속도는 계속해서 커지고 있다. 실제 물체 운동에서 속도는 시시각각으로 변해 가는 것이 보통이다. 그래서 지금 구한 것은 AB 간의 평균 속도라고 말할 수 없다. 그러면 어떤 순간의 속도는 어떻게 해서 계산할 수 있는가? 여기서 중대한 문제에 도달한다. 순간이라는 것

은 시간 간격이 0 즉, 없는 것이므로 앞서 나간 거리 나누기의 시간 계산은 분모가 0이 되어 성립하지 않게 된다. 그러나 물론 각 순간의 속도는 존재한다. 예를 들면, 자동차 속도계의 눈금은 순간마다 어떤 값을 나타내면서 시시각각으로 바뀌고 있기 때문이다.

✪ 제논의 역설

순간이라고 말하는 한, 거기에는 시간 간격도, 그동안에 나아간 거리도 생각되지 않은 것은 아닐까? 이 문제의 검토를 진행하기 전에, 이것에 관계하는 유명한 제논(Zenon, BC 490~430)의 역설을 소개한다. '날아가는 화살은 정지하고 있다. 왜냐하면 화살이 일정한 위치를 차지하고 있을 때는 정지하고 있지 않으면 안 된다. 그런데 날고 있는 화살은 각 시각에 일정한 위치를 차지하고 있다. 그러므로 화살은 운동할 수 없다.'는 것이 그 내용이다.

일정한 위치를 차지하는 것을 정지하고 있다는 것이 다소 난해하지만, 이 문제는 다음과 같이 생각할 수 있을 것이다. 어떤 시각, 어떤 순간에 날고 있는 화살과 같은 위치에 정지하고 있는 또 하나의 화살을 사진으로 찍었다고 하자. 도대체 거기에는 구별이 있는가? 날고 있는 쪽은 아무리 셔터 속도가 빠르더라도 그 시간이 있는 한, 단지 그 정도에 불과한 흔들림이 있을 것이다. 그러나 그것은 셔터의 속도가 유한하기 때문이며 순간을 생각하면 역시 멈추고 있는 것과 마찬가지가 되는 것이 아닐까? 그렇다면 어떤 시각, 거기에 존재하는 화살이 운동하고 있다는 것은 정지하고 있는 것과 어떻게 다른 것일까?

⚙ 순간의 속도를 어떻게 구하는가?

곧 순간을 생각하는 것이 아니고, 거리를 1초라는 시간으로 나누어서 평균 속도를 구했지만, 다음 단계로 더 짧은 시간을 정해서 속도를 생각해 보자. 사실 낙하 거리는 떨어진 시간을 t로 하면 $4.9t^2$로 표시할 수 있다. 이것을 사용해서 계산하자. 단, 이 4.9는 유효 숫자 2자리라는 것이 아니고, 한없이 정확한 수치라고 간주한다.

표 2. $4.9t^2$로 계산한 낙하 위치

낙하 시간	위치
1초	4.90 m
1.0001	4.900980049
1.001	4.9098049
1.01	4.99849
1.1	5.929
1.25	7.65625
1.5	11.05
2.0	19.60

앞의 A는 떨어지기 시작하고 1초 후의 위치이다. A로부터 1/2초 후의 B_1 의 위치는 11.05 m이며, 따라서 1/2초간의 평균 속도는,

$$\frac{(11.05-4.90)\text{m}}{0.500초}=12.3 \text{ m/초},$$

1/4초 후의 B_2 를 잡으면 마찬가지로 그동안의 평균 속도는,

$$\frac{(7.65625-4.90000)\text{m}}{0.25000초}=11.025 \text{ m/초},$$

1/10초 후의 B_3 을 잡으면 그동안의 평균 속도는

$$\frac{(5.929-4.900)\text{m}}{0.1000초}=10.29 \text{ m/초},$$

1/100초 후의 B_4 를 잡으면 그동안의 평균 속도는

$$\frac{(4.99849-4.90000)}{0.01000초}=9.849 \text{ m/초},$$

1/1000초 후의 B_5를 사용하면 평균 속도는

$$\frac{(4.9098049 - 4.9000000)}{0.0010000초} = 9.8049 \text{ m/초},$$

1/10000초 후의 B_6에서는

$$\frac{(4.900980049 - 4.9000000000)}{0.000100000초} = 9.80049 \text{ m/초},$$

로, 평균 속도는 점점 9.80 m/s에 가까워져 간다. 시간을 더욱 짧게 무한히 0에 가깝게 했을 때, 평균 속도는 점점 9.8 m/s에 가까워진다(0이 아니다!). 아무리 시간 간격을 짧게 해도 되므로, 이 극한의 값을 A에 있어서 순간 속도라고 생각할 수 있을 것이다.

✿ 미분

이와 같이 극한의 값은, 언제나 존재하는 것일까? 운동하는 모든 물체는 순간의 속도가 있으므로 극한 값은 존재할 것이라고 예상할 수 있다.

직선상에서 운동하며 원점으로부터의 위치를 x로 나타냈을 때 t초 후 물체의 위치가 $a+bt$로 표시되는 운동을 생각해 보자. 어떤 시각 t로부터 Δt 경과하는 동안의 속도를 구하려면 위치의 변화 Δx를 Δt로 나누면 된다.

$$\frac{\Delta x}{\Delta t} = \frac{a + b(t + \Delta t) - (a + bt)}{\Delta t} = b$$

이것은 언제나 일정한 속도 b로 움직이는 운동을 나타낸다. b의 $(+)(-)$는 속도의 방향, a는 시각 0초일 때의 위치를 나타낸다. 그러면 마찬가지로 $x = a + bt + ct^2$로 표시되는 운동은 어떠할까? 마찬가지로 계산하면,

$$\frac{\Delta x}{\Delta t} = \frac{a+b(t+\Delta t)+c(t+\Delta t)^2-(a+bt+ct^2)}{\Delta t}$$

$$= \frac{b\Delta t+2ct\Delta t+c\Delta t^2}{\Delta t} = b+2ct+c\Delta t$$

이 운동의 속도는 시각에 따라 변한다. 앞에서 말한 바와 같이 시간 Δt를 0에 가깝게 하면 속도는 $b+2ct$에 가까워진다. 이 극한치를 $\frac{dx}{dt}$ 라고 쓴다.

$$\frac{dx}{dt} = b+2ct$$

이를 순간 속도라고 생각해도 좋을 것이다. 이때의 속도는 시간에 대해서 일정한 비율 $2c$로 증가해 간다. 이것은 등가속도 운동이라고 부르는 것의 한 예이다.

여기서는 앞 절과 같이 어떤 특정한 시각에 대해 숫자를 써서 계산하는 것이 아니고, 문자를 써서 임의의 시각 t의 속도를 계산할 수 있었다는 것에 주목하기 바란다. 이상과 같은 수학적 조작을 '미분'이라고 부

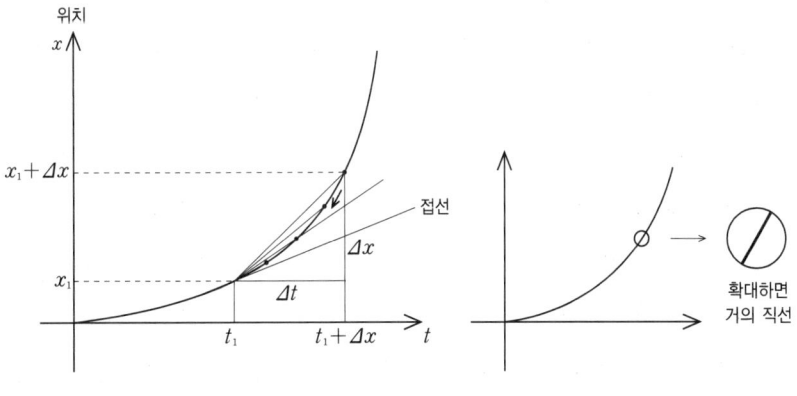

그림 1

른다.

이 조작을 그래프로 나타내어 보자. 그림 1은 시각 t에 있어서의 위치 x를 나타낸 것이다. 시각 t_1과 $t_1+\Delta t$에서 위치를 나타내는 점을 직선으로 연결했을 때, 그동안의 평균 속도 $\Delta x/\Delta t$는 그 직선의 기울기와 같다. 여기서 시각 t_1에 있어서의 순간 속도 v_1을 구하려면 Δt를 0에 가깝게 하는데, 그래프 상에서 점$(t_1,\ x_1)$을 지나는 접선의 기울기와 같다.

이 순간의 변화를 구하는 '미분'은 뉴턴에 의해서 처음으로 도입되었다. 뉴턴은 '변화율'이라고 불렀다.

또, 이 미분은 다음과 같이 말할 수가 있다. 그래프의 곡선은 어떤 부분을 확대하면 하나의 직선으로 보인다(현미경으로 곡선을 들여다보면 그렇게 보일 것이다). 이것은 말하자면 진 베르누이(Jean Bernoulli, 1667~1748)는 '모든 곡선은 무한히 작은 직선을 무한 개 모은 것'이라고 생각하는 것이다. 각각의 직선을 좌우로 연장한 것이 접선이다.

❂ 무한소에의 반론

무한히 작게 하는 것과 0은 본질적으로 다른 것이 아닐까? 뉴턴 시대의 철학자 겸 승정(僧正)인 버클리(George Berkeley, 1685~1753)는 '이 논법은 불공평하고 불완전하다. 왜냐하면, 시간 간격을 0으로 하면 x의 증가량은 0이 된다. 또 증가가 없는 것으로 하면, 증가량이 있다는 가정에서 출발한 미분 방정식에 모순이 생긴다.'고 질문했다.

물론 뉴턴의 미분 방정식은 옳다는 것이 증명되었다. 그러나 버클리의 지적은, 이것을 제외하는 것이 아니고, '운동'을 생각할 때 고려할 가치가 있다는 것이다. 그리고 이것은 제논의 역설과도 연결되고 있다. 어느 곳에 화살이 존재한다는 것은, '증가하는 거리나 시간이 포함되지 않는다.'는 것이 버클리의 논리이며, 제논이 지적하는 바이기도 하다. 그렇지만 운동하고 있는 화살은 그 순간의 속도로 무한소의 모양으로 그것들을 포함한다고 말할 수 있을 것이다. 그러한 의미로 운동하고 있는 화살은 '여기에 있고 동시에 여기에 없다.'는 모순을 포함한 존재이기도 하다. 어떤 순간에 여기에 있고 또 동시에 여기에 없다는 운동의 사실을 표현할 수 있는 것이 미분이다.

미분이라는 것은 '여기'와 '조금 앞'을 연결하는 것이다. 예를 들면, 시간 미분이 k이라는 것은

$$\frac{\Delta x}{\Delta t} = k \quad \text{즉,} \quad \Delta x = k\Delta t$$

(여기서는 변화가 작지만 유한한 값으로 하고 있다)

즉, 작은 시간 Δt가 지나면 x가 어떻게 변화하는 지를 나타내고 있다. 마찬가지로 공간 좌표 x에 대한 미분이라면, 공간의 변화에 대해서 목적의 양이 어떻게 변화하는가를 나타낸다. 이와 같이 이웃하는 시간이나 공간의 '변화'는 본질적으로 연결되어 있으므로 물리에 있어서 밀접한 관계가 있다.

019

법칙을 미분으로 표시하면 왜 좋은가?

순간의 속도를 표현하는 데에 미분이 필요한 것은 명백하다. 그런데 순간 속도뿐만 아니라 자연의 법칙도 미분으로 표시되는 것이 많다.

✪ 현상을 직접 나타내는 표현

예를 들어, 돌을 임의의 높이에서 임의의 속도로 연직 아래에 던지는 현상을 생각하자. 공기 저항 등은 무시할 수 있다고 하면, t초 후의 위치 x는

$$x = -\frac{1}{2}gt^2 + v_0 t + h \qquad (v_0 < 0) \qquad (1)$$

로 나타낼 수 있다. 여기서 중력 가속도 g, 처음 속도 v_0, 처음 높이를 h로 하였다. 어떤 특정한 낙하 운동을 나타내려면, h와 v_0에 구체적인 값을 대입하면(물론 지구상에서는 중력 가속도 g는 $9.8\ m/s^2$ 되고), 이 식으로 계산해서 t초 후의 높이 x를 올바로 예언할 수 있다. 속도를 구하려면 미분을 이용한다. 이 식이 있으면 운동을 기술하는 데 충분하지 않

은가? 물론 이 경우에 한해서는 그렇다. 그러나 첫째로 이 식은 물체의 처음 위치와 속도(초기 조건이라고 부른다)에 의존한다. 초기 조건이 다르면 다른 식이 된다. 그러나 돌을 던져 올리는 경우의 운동 법칙은 초기 조건에 의하지 않고 공통일 것이다. 둘째로, 만약 공기 저항을 고려하면 어떤가? 운동은 (1)과 전혀 다른 식이 된다. 이와 같이 무엇인가 다른 요인이 생길 때마다 새로운 식을 만들지 않으면 안 된다.

✪ 본질적 법칙을 나타내는 미분의 표현

그러면 어느 경우에도 적용되는 식으로 나타낼 수 있는가? 그것은 미분을 사용하면 할 수 있다. 그것이 뉴턴이 발견한 운동 방정식이다.

$$(질량) \times (운동의 \ 가속도) = 가해진 \ 힘 \tag{2}$$

이것을 앞의 경우에 적용해 보자. 여기서는 물체의 위치 x를 시간으로 미분한 $\dfrac{dx}{dt}$가 속도, 속도를 시간으로 또 한 번 미분한 $\dfrac{d^2x}{dt^2}$가 가속도와 같다는 것을 이미 안다고 가정한다. m을 질량으로 하면, 물체에 작용하는 힘은 연직 아래 방향의 중력 $-mg$이므로

$$m\frac{d^2x}{dt^2} = -mg$$

이고, m을 약분하면

$$\frac{d^2x}{dt^2} = -g$$

가 된다.

이 식은 미분으로 나타나 있으므로 이 식 자체로 운동을 나타낼 수는 없고, 적분해야 한다. 한 번 적분하면

$$\frac{dx}{dt} = -gt + c_1$$

을 얻을 수 있으며, 또 한 번 적분하면

$$x = -\frac{1}{2}gt^2 + c_1 t + c_2$$

가 된다. c_1과 c_2는 적분했을 때 나타나는 상수이다. 앞의 식에서는 처음부터 들어 있었던 초기 조건이, 적분할 때 임의 상수로 나타나는 것에 주목하자.

　어느 것도 결국 같은 내용이라면 (1)의 편이 직접적이고 '외우기 쉬우며 효과적이다!' 는 것이 아닐까? 그러나 미분을 쓴 표현이 '좋다' 는 것은 왜인가? (2)의 식은 우선 특정한 초기 조건에 의하지 않는다. 또 질량 × 가속도＝힘이라는 식이므로, 공기 저항을 무시할 수 없을 때는 힘에 공기 저항을 더해서

$$m\frac{d^2x}{dt^2} = -mg + 공기\ 저항력$$

이라고 고쳐 쓰면 기본적으로 처음 식을 살릴 수 있다.

　더욱이, 우변의 힘을 각각의 경우에 올바로 표현하면, 낙하 운동뿐만 아니라 진동이나 회전 운동, 그 외의 어떤 운동이라도 성립하는 식이다. 한편 (1)의 식은 초속도 v_0이고, 처음의 위치 h의 진공 중의 낙하 운동에만 성립한다. (1)은 특정한 현상을 나타내는 데에 사용될 수 있지만, (2)의 미분식은 일반적인 것이다. (2)의 미분의 표현은 힘과 운동의 관계를 나타내는 본질적인 법칙을 나타내며, 구체적인 현상은 그것을 구체적인 조건 하에서 적분하여, 적분 상수가 더해져서 초기 조건을 고려한 각각의 운동을 표현할 수 있는 것이다.

020

무거운 것과 가벼운 것은
동시에 떨어진다. 왜?

⚙ **무거운 것일수록 빨리 떨어진다?**

아직도 '무거운 물체가 가벼운 물체보다 빨리 떨어진다.'고 생각하는 사람이 있다. 이것은 학교에서 제대로 배우지 않았기 때문이라고 할 수만은 없다. 아직도 그렇게 생각하는 것은, 경우에 따라서 그렇게 될 수도 있다는 것을 우리들이 경험으로 알고 있기 때문이다. 대학자 아리스토텔레스는 "무게가 다른 물체를 같은 매질 가운데에 떨어뜨릴 때, 속도는 각각의 무게에 비례하며, 돌이 공기나 물속을 낙하할 때, 저항 때문에 무거운 것이 빨리 떨어진다. 또 모양에 따라서 속도가 다르다. 여러 가지의 조건하에서는 다양한 현상이 일어날 수 있다. 그렇다고 해서, 각각에 맞추어 법칙을 많이 만드는 것은 자연의 기본적인 법칙이라고 말할 수 없다. 경험 중에서 그 바닥에 존재하는 기본적인 법칙을 끄집어내서, 그것에 공기나 물의 저항 등 특수한 조건이 가해졌을 때의 결과도 예측할 수 있게 하는 것이 과학의 중요한 역할이다."고 말했다.

✪ 갈릴레이의 고찰

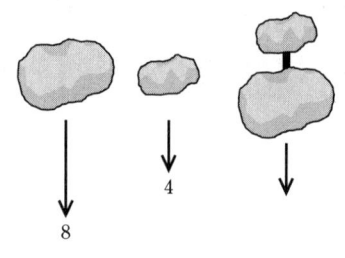

그러므로, 과학에서는 이론적 고찰이 중요하다. 물론 실험으로 확인하지 않으면 안 된다. 저항이 문제가 되지 않는 경우의 낙하에 대해서, 떨어지는 속도가 무게와 무관하다는 것을 논리적으로 고찰한 사람은 갈릴레이이다. 그는 《신과 학대화》에서 이렇게 생각했다. '무게가 클수록 빠르게 떨어진다고 하자. 큰 돌이 8의 속도로 떨어지고, 작은 돌은 4의 속도로 떨어진다고 하면, 둘을 끈으로 묶어, 묶인 돌은 8과 4사이의 속도로 떨어지게 된다. 그러나 그것은 8보다 무거우므로 8보다 빨라서 모순이다.' 그리고 그는 이렇게도 생각한다. '만약 돌 위에 삼[麻] 부스러기를 얹으면 그것은 돌을 누르던가 또는 당기던가' 할 것이다. 그래서 '무거울수록 빨리 떨어진다.'는 설명이 곤란해 진다. 멋진 추리가 아닐까?

그는 진자 운동에 대해서도 추가 무거울수록 속도가 빨라질 것이라고 생각했으나 관찰 결과는 그렇지 않았다. 진자(振子)는 중력으로 흔들리므로, 그 운동은 낙하 운동과 기본적으로는 같을 것이다. 무거운 납으로 된 추와 가벼운 코르크 추를 같은 조건으로 진동시키면 주기가 같은 것으로 보아 낙하할 때에도 무게에 관계없이 같은 속도로 떨어질 것이라고 예상하였다. 실제로, 공기 저항이 없는 진공 중에서 모든 물건이 동시에 떨어지는 것을 확인할 수 있다. 달의 표면상에서 우주 비행사가 깃털과 쇠공을 떨어뜨려서 동시에 떨어지는 실험을 한 일도 있다. 공기 중이라도 $2\,m$ 정도라면, 어떠한 물건이라도(단, 종이 등은 뭉친다) 동시에 떨어지므로 한 번 실험해 보기 바란다.

본질을 알면, 공기 중이나 수중의 운동은 각각의 저항을 고려하여 생각하면 된다.

그러나, 왜 동시에 떨어지는가? 갈릴레이는 여기에 대한 논의를 피했다. 가속의 원인이라는 것은 존재하며, 또 어쨌든 생각하지 않으면 안 되는 것이지만, 그것보다 먼저 가속 운동의 성질을 연구하는 것이 중요하다고 말한다. 갈릴레이에게도 가설은 있었다고 생각하지만, 중요한 힘과 질량과 운동의 일반적 관계가 아직 명백하게 되어 있지 않았다.

❂ 무게가 물체의 고유 성질은 아니다

무게가 다른 물체들이 같은 속도로 떨어지는 것을 알았다고 해서, '왜 같은 속도로 떨어지는가?' 라는 의문이 해결된 것은 아니다. 그것을 해

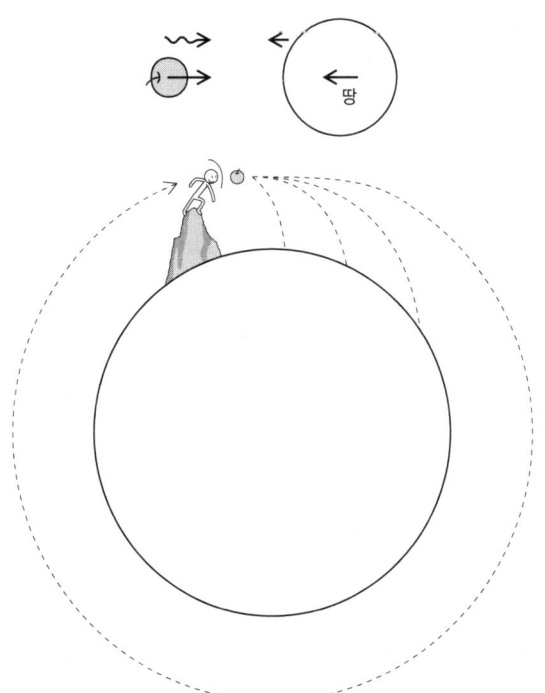

결하려면 무게란 무엇인가? 또 물체의 운동은 무엇에 의해서 어떻게 일어나는가? 라는 의문이 풀리지 않으면 안 된다. 예전에는 '무게'를 그 물체 자신이 갖는 고유한 성질로 생각하였다. 물체는 자기 자신이 '떨어지려고 하는 성질' 로 떨어지는 것을 의미한다. 그러나 그렇지는 않다. 무게는 지구와 물

건이 중력으로 서로 당김으로써 생기는 것이므로, 스스로 떨어지는 것이 아니고, 서로 가까워지는 것이라고 최종적으로 정식화한 것은 뉴턴이다. 달도 물질로 되어 있다고 하면, 달도 사과도 마찬가지로 떨어질 것이다. 그러면 왜 떨어지지 않는가? 그것은 바로 옆으로 움직이고 있기 때문이다. 사과를 수평으로 던지면 포물선을 그리면서 떨어진다. 만약 높은 산에서 굉장한 속도로 사과를 던지면 어떻게 될까? 빨리 던지면 던질수록 멀리까지 날아가며, 훨씬 빨리 던지면 지구에서 날아가 버릴 것이다. 그렇지 않으면, 지구의 주위를 돈다. 이것이 달이나 인공위성이다. 그래서 달이나 인공위성도 아래로 떨어지면서 돌고 있는 것이다. 달과 지구상의 물체에 작용하는 중력이 같은 것이며, 그 거리와 힘의 세기를 비교해서, 중력은 거리의 제곱에 반비례하여 약해지는 것도 알 수 있다. 그래서 중력의 의미에서 무게는 이미 물체 고유의 속성이 아니고, 물체끼리의 상호작용이 된다. 이것에 의해서 '하늘'과 '땅'도 구별 없이 우주의 모든 물체는 똑같은 물리 법칙의 적용된다는 것을 알게 된 것이다.

✱ 뉴턴의 운동 법칙과 관성 질량

그러면 낙하 운동과 자동차를 움직이는 운동도 같은 법칙으로 이해할 수 있게 된다. 다음에 필요한 것은 힘을 받았을 때 물체의 반응이다. 물체에 힘을 가했을 때를 생각해 보자. 우선 물체는 정지하고 있으면 계속해서 정지하며, 어떤 속도로 움직이고 있으면 그 속도와 방향을 유지하려고 한다. 이것을 물체의 관성이라고 부르며 뉴턴의 제1법칙이다. 위에서, 왜 달이 바로 옆으로는 계속 움직일 수 있는가에 대해서 설명하지 않았지만, 그것은 이 관성 때문이다.

만약 정지 또는 같은 속도로 계속해서 움직이는 물체에, 외부로부터 힘을 가해 운동을 변화시키려면 어떻게 되는가? 물체는 이 변화에 대해서 저항하게 된다. 즉, 물체는 힘이 가해졌을 때 '움직이기 어려움'을 나타내는 양을 갖는다. 이것은 관성력이라고 부르기도 하지만, 힘이 아니고 물질 고유의 관성 질량이라는 양이며 kg으로 표시한다.

☼ 뉴턴과 원자론

뉴턴의 《프린키피아》를 보면, 뉴턴은 다음과 같이 생각했다. 물체는 모두 같은 최소입자(最小粒子)의 모임이라는 사고방식으로, 이른바 원자론적 이해이다. 《프린키피아》의 유명한 제1장에서 '물질의 양은 그 밀도와 체적에 비례한다.'가 그것을 의미하고 있다. 예를 들면, 홀&홀(Hall & Hall) 편집의 뉴턴 원고에서 '물은 같은 부피의 금보다도 19배나 가벼우므로 만약 물이 금과 같은 밀도로 압축되면 물은 이전의 1/19로 작아진다. 따라서 물은 그 18배의 진공을 가질 것이다.'고 말하며, 명백히 뉴턴은 물도 금도 물질의 궁극 입자는 같은 원자라고 생각했던 것 같다(물과 금의 구성 요소의 성질까지 같은가 하면 거기까지는 아무 것도 말하고 있지 않다). 더욱 뉴턴은 역학적인 모든 성질은 미립자로 돌아간다고 생각했던 것 같다. 물체 전체의 벌어짐이라든가 단단함, 불가입성(不可入性), 가동성(可動性), 또 관성력 등은 물체 각 부분의 벌어짐, 불가입성, 가동성, 관성력으로부터 생긴다. 따라서 물체를 구성하는 최소 부분도 모두 벌어짐을 가지며, 단단하고, 불가입하고, 가동적이고, 관성력이 전수(傳受)되고 있다고 결론 내렸다. 그리고 이것은 모든 철학의 기초이다. 이른바 물체의 최소 부분인 원자는 모두 같은 관성을 가지며, 물질량의 대소는 원자의 수, 밀도에 의한다고 생각하였다. 이 물리량이 곧 질량이다. 뉴턴은 이 물질의 양을 관성 질량이라 하였고,

중력의 크기를 나타내는 무게와 같은 것이 아니다. 그러나 관성 질량은 무게에 비례하는 것을 실험으로 확인했다고 말했다.

✪ 뉴턴에 의해서 '왜'를 이해한다

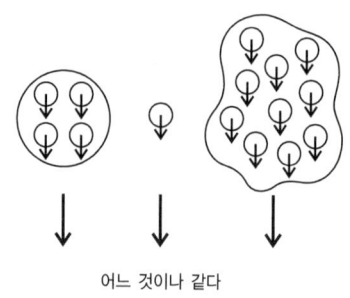

어느 것이나 같다

이 생각들을 바탕으로 물체는 왜 같게 떨어지는가를 고찰해 보자. 어떤 물체가 N개의 같은 입자로 되어 있다고 하자. 전체 중력(힘이 단순히 덧셈할 수 있다고 하면)은 1개의 입자에 걸리는 중력의 N배가 된다. 이 중력에 의해서 물체가 지구를 향해 가속하기 시작했다고 한다. 각각의 입자를 생각하면 어느 것이나 작용하는 중력은 같고, 그것에 대해서 입자는 '움직이기 어려움'(관성 질량)도 같으며, 그 균형으로 가속도(지상에서는 약 $9.8\,\mathrm{m/s^2}$)가 결정된다. 어느 구성입자도 이것은 공통이므로 그것을 연결한 물체가 떨어지는 가속도도 갈릴레이가 지적한 바와 같이 1개의 입자와 다르지 않다. 그렇다는 것은 N이 몇 개든지 모두 같게 떨어진다는 것이다. 이것으로 왜인가를 이해할 수 있었다. 단, 모두가 같은 원자로 되어 있다고 하였다. 물론, 오늘날에는 산소와 금 원자의 무게가 다르다는 것을 알고 있다. 그러나 그 무게의 주요 부분은 구성요소인 양자와 중성자의 수에 비례하므로 그것들을 구성입자로 생각하면 같은 입자로 구성되어 있다고 생각할 수 있다.

중력에 의한 운동이 아니고 사람이 밀고 당기는 힘이 작용할 때의 운동은 어떨까? 이 경우에도 힘이 작용하는 방향으로 운동이 변화한다.

중력과 마찬가지로 그 효과는 각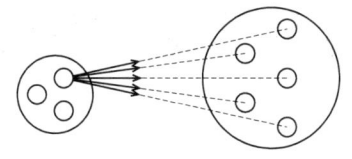
입자에 똑같이 분배된다고 하면,
구성입자 1개에 생기는 운동의 변
화는 '물질의 양'에 반비례할 것이
다. 다시 말하면 힘과 질량(지금은 구성입자의 수)의 비가 같다면 같은
운동 상태의 변화(가속도)가 일어난다. 이것이 뉴턴의 제2법칙이다.

중력은 물질끼리의 인력이라고 하자. 그렇게 하면 중력도 그것들을 구
성하는 궁극 입자 간의 중력의 합이다. 그렇게 하면 중력은 서로의 구성
입자의 수 즉, 서로의 질량에 비례할 것이다. 이것은 중력의 중요한 성질
이며, 실제로 어떤 행성 전체를 향하는 중력은 그 개개의 부분으로 향하
는 중력의 합이다. 물론 크기가 있는 물체의 경우, 중력의 방향은 흩어져
있어서 합치는 것은 간단하지 않다. 그것은 뉴턴에 의해서 이루어졌다.

❀ 올바른 운동 방정식

물질은 모두 같은 입자로 되어 있지 않으므로 입자의 수가 아니고,
'질량의 크기'를 사용하여서

가속도＝힘/질량

이라고 쓰지 않으면 안 된다. 전자와 양자는 질량이 다르지만 같은 운동
방정식이 성립되기 때문이다. 그렇게 나타내면 뉴턴이 말한 것은 질량
과 운동량이 어떠한 입자에 대해서도 공통이며, 가법성(加法性)이 적용
된다는 것을 의미한다. 그것은 어떤 것을 의미하는가? 그리고 수수께끼
는 더욱 모양을 바꾸어 발전해 간다. 그리고 거기에는 자연의 본성이 숨
겨져 있는지도 모른다.

021 : 달은 왜 떨어지지 않는가?

뉴턴은 사과나무를 보고 '사과 열매에 작용하는 중력이 하늘까지 계속되고 있다면, 그리고 달까지 다다른다면……' 이라고 생각하며

그림 1

만유인력의 법칙을 발견하였다(그림 1).

그러면, 나무에서 떨어진 사과 열매는 지면에 떨어지는데, 달은 왜 지구로 떨어지지 않는 것일까? 그것에 대해서는 몇 가지의 설명이 있지만, '달도 떨어지고 있다.' 는 것이 가장 멋진 답이다.

멈춰 있는 공을 손에서 놓으면, 공은 지면으로 낙하한다. 달도 멈춰 있는 상태에서 낙하하면 지구와 충돌해 버린다. 그러나 달은 옆으로 움직이고 있다. 옆으로 움직이고 있으면 왜 떨어지지 않는가? 공을 옆으로 던지면 그림 2(B)와 같이 옆으로 나아가며 낙하한다. 5 m의 높이에서 공을 놓으면, 그림 2(A)와 같이 약 1초 후에 지면에 닿는다. (B)와

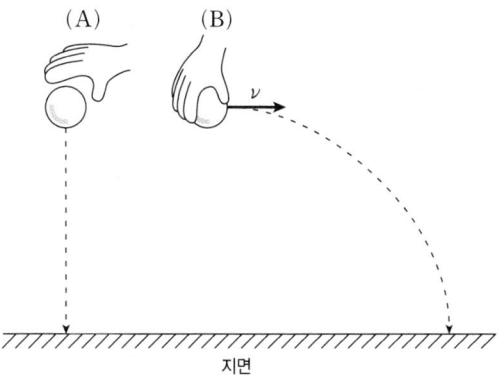

(A)　(B)

v

지면

그림 2

같이 옆으로 던져도 옆으로 나가면서 똑같이 1초 후에 지면에 닿는다. 어느 경우에도 지표면에서 1초 동안의 낙하 거리는

$$y = \frac{1}{2} gt^2 = \frac{1}{2} \times 9.8 \frac{m}{s^2} \times (1.0s)^2 = 4.9\,m \fallingdotseq 5\,m$$

라고 계산할 수 있다. 옆으로 던지는 속도를 점점 크게 하면 어떻게 될까? 옆으로 날아가는 거리는 증가하고, 충분히 큰 속도로 던지면, 지구를 한 바퀴 돌게 된다(그림 3). 이렇게 되면 공에 작용하는 지구의 인력 방향이 시시각각으로 바뀌게 되어서 귀찮지만, 사실은 이것이 인공위성이 계속 도는 이유이며, 수평 방향

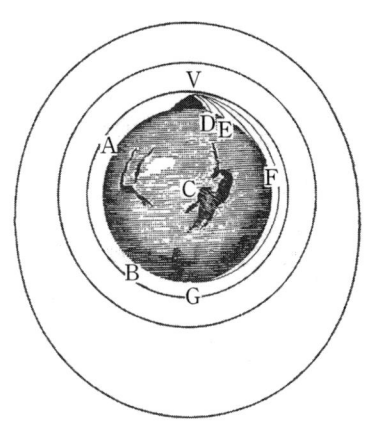

그림 3 • D · 그레고리(Gregory)의
1694년 5월의 메모랜덤에 있는 그림
(《세계의 명저 26 뉴턴》, 주오고론샤에서 전재)
(뉴턴이 그린 것으로 추정되는 그림)

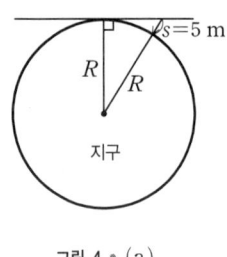

그림 4 • (a)

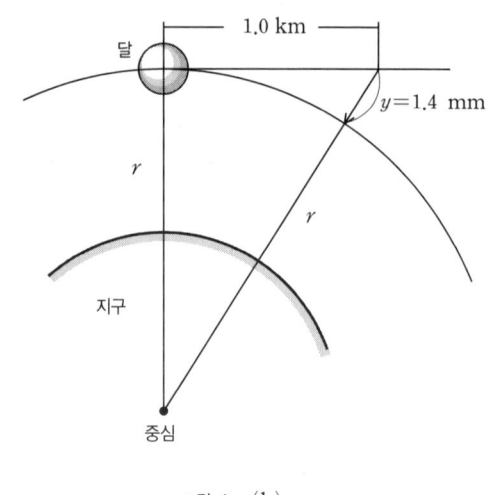

그림 4 • (b)

으로 7.9 km/s로 날려 보내면 되는 것이다. 이 때 인공위성은 옆 방향으로 1초에 7.9 km 나아가면서, 그림 4(a)와 같이 지구를 향해서 항상 5 m씩 낙하하고 있는 셈이 된다. 단, 실제의 인공위성은 공기 저항이 적은 300 km 이상의 상공을 날고 있다.

달은 어떤가? 달은 지구에서 옆으로 1초 동안 1.0 km씩 나아가서, 그 사이에 지구를 향해 1.4 mm '떨어지게 된다.'는 것이다(그림 4(b)).

지구로부터 38만 km나 떨어져 있으면 중력도 지상에 비해서 약해지므로 낙하 거리도 작아지며, 그만큼 옆 방향의 속도가 작아도 지구에 바로 떨어지지 않는 것이다. 달은, 지표에 스칠 정도로 도는 인공위성에 비해서

$$\frac{1.02 \text{ km/s}}{7.9 \text{ km/s}} = 0.129 \text{배}$$

의 속도로 움직이고 있는 것이며, 이것은

지구의 반지름과 달의 궤도 반지름의 비 $\dfrac{6400 \text{ km}}{380000 \text{ km}} = 0.0168$

의 제곱근($\sqrt{0.0168} ≒ 0.129$)과 같다. 이것으로부터 중력이 거리의 제곱에 반비례하고 있는 것을 알 수 있다.

✪ 달은 처음 어떻게 공전하게 되었을까?

그러면, 달이 옆으로 움직이는 속도를 가지고 있는 것은 왜일까? 태초에 '신의 일격'으로 공전하는 것은 아닐 것이다. 지구나 달은 성간(星間) 물질들이 서로 부딪쳐서 생겼다는 것으로 알고 있는데, 그때부터 공전하고 있었다는 것이 답이다. 그러면 왜, 어떻게 해서 움직이게 되었을까? 그것은 태양계를 만든 성간 물질이 처음에는 넓게 퍼져 있었고, 천천히 회전하고 있었지만, 수축함에 따라서 회전 속도가 증가하였다고 하는 것이다. 이런 식으로 생각하다 보면 태양계의 기원까지 이르게 된다.

✪ 계산

❶ 지면에 스칠 정도로 도는 인공위성을 만드는 데에 필요한 속도(제1 우주 속도)를 v라고 하면, 구심력＝중력이므로

$$m\frac{v^2}{R} = mg$$

로부터

$$v = \sqrt{R \cdot g} = \sqrt{6.37 \times 10^6 \, \text{m} \times 9.8 \frac{\text{m}}{\text{s}^2}} = 7.9 \, \text{km/s}$$

를 얻을 수 있다.

❷ 그림 4(a)에서 피타고라스의 정리로부터

$$(R+s)^2 = R^2 + (7.9 \, \text{km})^2$$

이다.

s는 R에 비해서 충분히 작으므로

$$(R+s)^2 = R^2 + 2Rs + s^2 \fallingdotseq R^2 + 2Rs$$

로 근사할 수 있으므로

$$R^2 + 2Rs = R^2 + (7.9 \text{ km})^2$$

$$\therefore \ s = \frac{(7.9 \text{ km})^2}{2R} = \frac{(7.9 \text{ km})^2}{2 \times 6400 \text{ km}} = 4.87 \times 10^{-3} \text{ km} = 4.9 \text{ m} \fallingdotseq 5 \text{ m}$$

이 된다.

바로 $s = \frac{1}{2}gt^2$이고 $t = 1$s로 하여서 얻는 값에 일치하고 있다. 공은 확실히 중력에 의해서 낙하하고 있는 것이다! $t = 1$s에서 정말로 t^2인지 아닌지 모른다고 한다면, 옆으로 나아가는 거리를 7.9 km/s $\times t$로 해서 계산을 다시 하면 된다.

❸ 달의 속도

$$v_{\text{M}} = \frac{2\pi r}{T} = \frac{2 \times 3.14 \times 3.84 \times 10^8 \text{ m}}{27.3 \times 24 \times 3600 \text{s}} = 1.02 \times 10^3 \text{ m/s} = 1.02 \text{ km/s}$$

❹ 달의 1초 동안 낙하 거리

지구의 질량을 M, 만유인력 상수를 G라 하면, 그림4(b)에서

$$y = \frac{1}{2} \times (\text{구심 가속도}) \times (1\text{s})^2$$

$$= \frac{1}{2} \times \left(G \cdot \frac{M}{r^2} \right) \times (1\text{s})^2$$

$$= \frac{1}{2} \times \left(6.67 \times 10^{-11} \frac{\text{Nm}^2}{\text{kg}^2} \right) \times \frac{5.97 \times 10^{24} \text{ kg}}{(3.84 \times 10^8 \text{ m})^2} \times (1\text{s})^2$$

$$= 1.35 \times 10^{-3} \text{ m} \fallingdotseq 1.4 \text{ mm}$$

022:

멈추어 있는 사람은 누구인가?

　움직이고 있는 기차 속에서 창밖을 보면, 건물이 움직이며 지나간다. 그러면 이 건물은 움직이고 있는가? 대부분의 사람들은 아니라고 대답할 것이다. 왜냐하면 기차는 곧 역에 멈추고 건물의 움직임도 멈추기 때문이다. 그러면 태양에서 관찰하면 어떨까? 건물은 지구와 함께 움직이고 있다! 이와 같이 어떤 쪽이 움직이고 있는가 하는 문제는 누가 어디서 보고 있는가에 따라 달라진다.

　물체가 하나만 존재하고 그 외에 아무 것도 없다면, 그것이 움직이고 있는가, 정지하고 있는가는 문제가 되지 않는다. 지금 두 로켓, A와 B가 있으면, A가 B에 대해서 얼마만큼의 상대적인 속도로 움직이고 있는가는 알 수 있다. 그러나 A가 멈춰 있고 B가 움직이고 있는가, B가 멈춰 있고 A가 움직이고 있는가는 결정할 수 없다. 어느 로켓에서도 물리 법칙은 같아지기 때문이다. 등속도로 움직이고 있는 기차 속에서 공을 떨어뜨려도, 멈추고 있을 때와 똑같은 현상을 관찰할 수 있는 것을 보면 알 수 있다. 우리들은 지구와 함께 거의 음속으로 움직이고 있는데

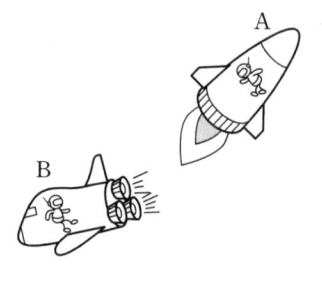

그림 1

그것을 느끼지 못한다. 그것이 상대성 원리라는 것이다. 따라서 일정한 속도로 움직이고 있는 것은 모두 동등하고, 누가 멈추고 있는가 하는 것은 무의미하다고 말할 수 있을 것 같다.

그러나, 상대성 원리는 일정한 속도로 움직이고 있을 때 성립하는 것이다. 만약 로켓 A가 가속을 하는 경우 전차가 급발진을 하면 사람이 비틀거리는 것처럼 타고 있는 사람은 로켓의 뒤쪽으로 밀어붙이는 것 같은 느낌을 받을 것이다. 가속되는 로켓 속에서 사람이 뒤로 쏠리는 힘을 받는 것을 관성력으로 설명한다. 타고 있는 사람이 관성력을 받으면 그 로켓은 가속하고 있는 것이며, 관성력이 작용하지 않으면 로켓은 등속도 운동을 하는 것으로 본다. 그렇지만 여기서 또 한 번 생각해 보자. 지금 A와 B밖에 없다면, A는 무엇에 대해서 가속하고 있는가? B에 대해서 가속하고 있는 것이라면, 마찬가지로 B는 A에 대해서 반대로 가속하고 있는 것이 되지 않는가? 그것은 이상한 이야기이다. 그렇다면 무엇에 대해서의 가속인가가 문제이다.

이와 같이 묻는다면, 어떤 기준계가 있으며, 그것에 대해서 일정 속도로 움직이는 계(系)가 관성의 법칙이 성립하는 관성계이며, 그것들이 관성계에 대해서 가속 운동을 할 때 관성력이 생긴다고 생각할 수 있다. 마흐(Ernst Mach, 1838~1916)는 1882년에 그 기준계는 '우주의 별 총체'가 구성하고 있다고 생각하였다. 즉, 우주의 별 전체에 대해서 가속할 때가 참된 가속으로 관성력이 작용한다는 것이다. 이것을 마흐 원리라고 부른다.

이것은 매력적인 사고방식이지만, 실험적으로 조사할 수 있을까? 최근 우주 배경 복사에 관한 실험은 이에 대해서 큰 진전을 보였다. 우주 배경 복사라는 것은 빅뱅(big bang) 자취의 전자파(배경복사)가 우주의 도처에 일정하게 채워져 있

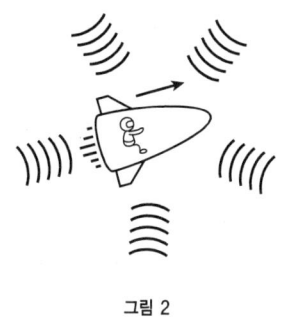

다는 것이다. 그러나 일정하고 등방적(等方的)이라고 하여도, 파동인 이상 그것에 대해서 운동하고 있는 사람에게서 본다면 그 방향과 속도에 따라서 도플러(Doppler) 효과가 일어난다. 즉, 배경 복사에 대해서 운동하면 복사는 방향에 의해서 다르게 보이므로, 완전히 복사가 등방적으로 보일 때 그 계는 배경 복사에 대해서 정지계(靜止系)가 된다. 배경 복사의 전체와 마흐 원리가 말하는 별의 전체가 같은 정지계가 될지는 아직 모른다. 그러나 우선 배경 복사에 대한 정지계를 찾아보자. 그것이 기준계가 될까?

실험은 1977년에 미국의 스무트(G. F. Smoot) 등이 하였다. 그들은 실험장치를 비행기에 태워서 20,000 m까지 들어 올려 측정하였다. 그림 3과 같이 두 안테나를 실은 장치를 빙글빙글 회전시켜, 그 방향에 따라서 다른 배경 복사의 도플러 효과에 의한 변화로부터 안테나 즉, 지구가 배경 복사에 대해서 움직이고 있는 속도를 구한 것이다. 과연 그 결과는, (390＋60) km/s라고 구해 진다. 이것이 우주 전체에 대한 속도인가?

이론적 설명은 이렇게 된다. 우리들의 지구는 태양의 주위를 돌고 있다. 그리고 태양은 은하계에 속하지만, 은하계는 별이 렌즈 모양으로 모여서 전체가 회전하고 있으므로 태양계는 은하계 중심에 대해서 약

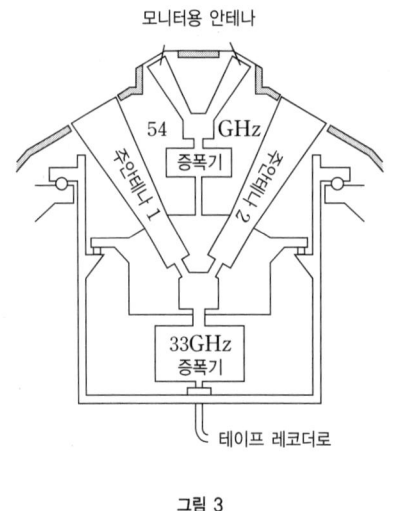

모니터용 안테나

54 GHz 증폭기

안테나 1

안테나 2

33GHz 증폭기

테이프 레코더로

그림 3

300 km/s의 속도로 운동하고 있다. 더욱이 은하계 성운은 많은 성운의 모임인 초은하계에 속하며, 그 초은하계는 처녀자리 성운단을 중심으로 회전하고 있다. 우리들의 은하계 성운이 초은하계에 대해서 회전하는 속도와 멀어지는 속도를 합성한 것은 650 km/s이다. 이 둘의 방향을 고려해서 벡터 합을 만들면, 태양이 은하계에 대해서 갖는 속도는 400 km/s로 계산된다. 이 계산은 1967년에 시아마(D. W. Sciama)가 하였다. 단, 이것은 우주 팽창에 의한 후퇴 속도를 끌어당긴 것이다.

이 계산치를 측정치와 비교하면 상당히 가깝다. 그렇다면 초은하계의

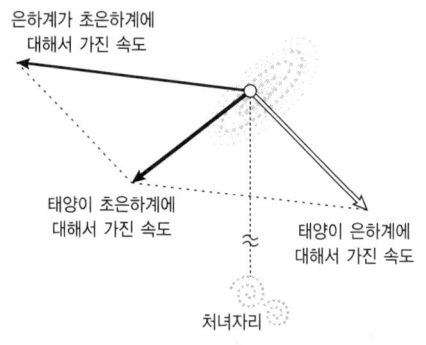

은하계가 초은하계에
대해서 가진 속도

태양이 초은하계에
대해서 가진 속도

태양이 은하계에
대해서 가진 속도

처녀자리

그림 4

중심은 배경 복사에 대해서 정지하고 있는 계에 상당히 가까워져 있다고 말할 수 있을 것 같다. 그렇지만, 처녀자리 성운단까지이고 우주 전체를 대표할 수 있다고는 생각할 수 없다. 더 멀리까지 가면 어떨까? 그 다음은 아직 모른다.

절대정지계가 있다는 가설은 상대성 이론의 절대정지계의 부정과 모순되는 것인가? 그러나 이 관찰의 처음 출발점은 물질이 없는 기하학적인 공간과 그 안의 운동이라는 관념적인 논의를 버리고, 물질끼리의 상호관계 중에서 운동이나 공간을 찾아내는 것이었다. 그렇다면 우주의 물질 전체에 대한 운동을 생각한다는 것은 당연할 것이다. 배경 복사라는 것을 이 우주 탄생에 의해서 생긴 복사의 흔적이라고 생각하면, 객관적 자연의 '절대성'과 법칙의 '대칭성'이 평면은 아니고 입체적 구조를 서로 만든다고 생각될 것이다.

023

운동량과 에너지,
어느 것이 보존되는가?

물체가 운동한다든지, 상태가 변화한다든지 할 때, 변하지 않는 물리량이 있으면, 그것은 현상의 본질을 꿰뚫어보는 데에 중요한 열쇠가 된다. 그래서 변하지 않는 양을 보존량이라고 부른다. 물체가 운동하며, 물체끼리 힘을 서로 가할 때 보존하는 양에는 '운동량'과 '에너지'가 있다. 왜 두 종류가 있는 것일까? 그것은 같은 것인가, 다른가? 다르다면 어떻게 다른가?

✪ 운동량

영어로 운동량은 momentum이고, 운동하는 능력을 나타내는 라틴어에서 유래되었다. 운동량은 에너지보다 약 200년 전에 사용하기 시작하였다. 그 기원은 14세기의 철학자 뷔리당(Jean Buridan, 1300~1358무렵)의 임피투스(Impetus) 이론에서 시작된다. 그때까지 아리스토텔레스의 이론에서는, 물체가 운동하고 있는 것은 물체 이외의 누군가에 의해서 움직여지고 있기 때문이라고 생각하였다. 그러나 그렇게 하면 활로 당겨진 화살이 아무 작용도 하지 않는데 그대로 계속 나가는 것을 이해할 수 없다. 그것을 설명하려면, 주위의 공기가 화살을 계속해서 밀고 있다는 무리한 생각을 도입해야 했다. 이에 대해서 뷔리당은 '움직이게 하는 것이 움직여지는 것에 주어지는 것.'이 있다고 하여, 그것을 임페투스라고 불렀다. 다른 것으로부터 계속 밀리지 않아도 물체 그 속에 그 임페투스가 유지되어서, 운동을 계속한다고 생각했다 (단, 동력이 매질이 아니고 물체에 새겨 넣어진다는 사고방식은 6세기의 필로포노스(Philoponos)로 거슬러 올라간다). 이 임페투스는 외부로부터의 구동력이나 저항력에 의해서 변화되지 않는 한, 영구히 유지된다.

단, 현재의 사고방식과 달라서 그는 임페투스도 본래 있어야 할 장소에 자리 잡는 경향에 의해서 차차 소멸하는 것으로 말하고 있다. 이 경향이라는 것은, 각각의 원소에는 본래의 장소가 있으며, 돌이 밑으로 떨어지는 것은 거기에 되돌아오려고 해서 일어난다는 의미이다. 그리고 물체가 불, 공기, 물, 땅으로 되어 있어서 본래의 장소로 되돌아오는 무게와 가벼움을 갖는다는 아리스토텔레스의 생각에 그도 붙잡혀 있었다. 천체의 운동은 이러한 것도 없으므로 영원히 불멸이라고 그는 생각했다.

어쨌든 그는 이 양이 물체의 속도와 물질의 양에 비례한다고 생각했다. 질량이 m, 속도가 v일 때 mv로 표시된다. '운동량'의 최초의 정의이며, 운동량보존량의 시작이다.

그 후 데카르트(Rene Descartes, 1596~1650)는(그의 철학에 의해서) 우주 전체를 지배하는 역학적 세계상을 구상하여, 우주에 존재하는 전운동량은 영원히 불변이라는 것을 자연의 최고 법칙이라고 생각했다 (1644). 그는 '운동하는 물체는 모두 직선 운동을 계속하려 한다.'고 말하고 있으므로 관성의 법칙에 도달하고 있다. 그러나 그는 이 법칙에 따라서 충돌 현상을 설명하려고 했지만 잘 되지 않았다. 그 이유의 하나는 운동량의 보존에 있어서 그 방향까지 포함해서 생각되지 않았다는 것이다. 그런 의미에서 그의 법칙은 틀린 것도 많다.

데카르트의 잘못을 바로 잡고, 갈릴레이의 상대성 원리를 이용함으로써 올바른 운동량의 보존 법칙을 유도한 과학자는 호이겐스(Christiaan Huygens, 1629~1695)이다. 그는 운동량을 방향과 크기를 갖는 양(오늘날의 말로는 벡터) mv이라고 해서, 충돌의 법칙을 바르게 구했다. 지금, 일직선상의 충돌에 한해서 생각해 보자. 질량 m_1 과 m_2 의 물체가 각각 속도 v_1과 v_2로 부딪쳤을 때, 올바른 법칙이 있으면 충돌 후를 예언할 수 있겠지만, 운동량 보존의 식만으로는 미지수 둘에 대해서 방정식이 하나이므로 충돌 후의 속도를 구할 수는 없다. 거기서 호이겐스는 또 하나의 식으로 (질량)×(속도의 제곱)도 보존한다는 식을 사용하였다 (1669). 이것이 운동 에너지의 시작이지만, 호이겐스는 이것을, 어떤 높이로부터 출발한 추는 같은 높이까지 올라간다는 진자의 연구로부터 유도한 것이다.

❂ 운동 에너지

데카르트에 반대하여서 운동 능력 (활력)은 (질량)×(속도의 제곱)으로 측정된다고 주장한 사람은 라이프니츠(Gottfried Wilhelm Leibniz, 1646~1716)이다. 그의 증명은 명쾌하다. 1의 무게인 물체 A를 4만큼 들어 올리는 것과, 4의 물체 B를 1만큼 들어 올리는 힘은 같을 것이다(그는 '힘'이라고 하지만, 그것은 현재의 힘이 아니고, 에너지이므로 오히려 능력이라고 불러야 할 것이다). 따라서 4의 높이에서 떨어진 A와 1의 높이에서 떨어진 B는 당연히 같은 힘(능력)을 얻을 것이다 라는 것은 떨어진 물체는 다시 같은 높이까지 올라가는 힘(능력)을 가지고 있기 때문이다. 그러면 운동의 양은 어떻게 되어 있는가? 4만큼 낙하한 물체의 속도는 1만큼 낙하했을 때 속도의 2배라는 것은 갈릴레이에 의해서 증명되었다. 그래서 데카르트식으로 질량과 속도의 곱을 만들면, A의 2에 대해 B는 4가 되므로 이것으로는 물체의 힘(능력)을 올바로 평가한 것이 되지 않는다. 만약 질량과 속도의 제곱의 곱 mv^2을 잡으면 이것은 같다. 그래서 라이프니츠는 '우리들이 행한 논증만큼 간단한 것은 없는데, 그것을 데카르트나 그의 신봉자들이 생각도 하지 않았다는 것은 불가사의한 일이다. 그러나 적어도 데카르트는 자기의 재능에 대해서 너무나도 강한 자신을 가졌기 때문에 길을 잘못 든 것이며, 다른 사람들도 그에 대한 과신 때문에 길을 잘못 든 것이다.' 라고 썼다.

이로 인해 그 후 약 40년간 계속되는 격한 논쟁이 시작되었다.

또한 mv^2을 에너지라고 부른 사람은 영(Young)이다. 또 코리올리(Coriolis)는 힘과 거리의 곱을 일이라고 부르며, 일과 같게 하기 위하여 mv^2을 $\frac{1}{2}mv^2$로 고쳐서 지금의 운동 에너지의 모양을 확립했다.

✪ 논쟁, 그 이후

속도 v에는 차원이 있으므로, 1이라고 놓을 수는 없다. $v=1$ m/s 이면 mv와 mv^2은 계산값(숫자)은 같아도 같은 물리량은 아니다. kg · m/s와 kg · m^2/s^{2}은 차원이 다른 것이다. 어느 것이 운동의 세력(능력)을 올바로 나타내고 있는 것일까? 철학자 칸트까지 참가한 두 파의 논쟁은, 1743년 달랑베르(d'Alembert)의 《역학론》의 서문에서 결론 내려진 것으로 되어 있다. '어느 것이라도 좋다.', '문제 삼아서는 안 된다.'는 것이 그의 결론이다. 그는 운동의 힘은 그것이 장애물에 부딪쳐서 저항을 극복하는 작용으로 측정되는 것이라고 생각한다. 그래서 물체가 어떤 속도로 한 개의 용수철에 부딪쳐서 수축시켰다면, 두 배의 속도로 부딪히면 두 배로 수축시킬 수 있다. 활력(에너지)의 신봉자는 물체의 힘이 질량과 속도의 제곱에 비례한다고 결론 내린다. 그러나, 힘을 운동을 방해하는 절대량이 아니고 저항의 총합으로 측정한다면, 힘을 질량과 속도의 곱으로 간주하는 것이 성립한다. 여기서 말하는 저항의 총합이란 저항과 그 지속 시간의 곱이다. 달랑베르는 "후자 쪽이 보다 자연스러운 측정 방법이며 각자 좋은 대로 하면 된다."고 말했다.

달랑베르가 말한 것을 수식으로 나타내면 이런 것이 될 것이다. 지금 질량 m과 속도 v로 운동하고 있는 물체가 장애물에 부딪쳐 그것을 극복하는 동안에 장애물로부터 힘 f를 받았다고 하자. 이 힘은 짧은 시간 t 동안 작동하여 물체가 거리 s만큼 움직이는 동안 작용하였다고 한다. 또 부딪친 후의 속도를 u라고 하자.

뉴턴의 운동 방정식 (힘)＝(질량)×(가속도)를 전제로 하여서, (가속도)＝(단위시간당의 속도 변화)로 하면, 장애물에 부딪치고 있는 동안에 대한 운동 방정식으로부터

$$f = m\frac{u-v}{t} \quad \text{따라서} \quad ft = mu - mv$$

ft는 힘의 시간적 축적이라고 부르는데, 그것을 저항의 총합이라고 생각하면 그것이 운동량의 변화와 같다.

다음에 이 시간 동안의 평균 속도는 $\frac{1}{2}(v+u)$라고 쓸 수 있다. 따라서 나아간 거리는 $s = \frac{1}{2}(v+u)t$가 된다. 이것을 운동량의 식에 대입하면

$$fs = \frac{1}{2}mu^2 - \frac{1}{2}mv^2$$

을 얻을 수 있다. fs는 일이라고 부르는 양이고 그것이 운동 에너지의 변화량과 같다.

따라서 운동량은 장애물을 극복하는 능력을 시간적으로 축적한 것이고, 에너지는 공간적으로 축적한 것이다. 예를 들면, 자동차에 브레이크를 걸어서 정지시킬 때, 자동차의 속도가 2배로 되면, 정지하기까지의 시간은 2배가 되고, 그 거리는 4배가 된다는 것이다. 달랑베르와 같이 어느 쪽이라도 좋다고는 생각하지 않으나 같은 현상에 대한 다른 측면이라고 생각할 수도 있겠다.

✿ 보존량으로서의 의미

그러나 달랑베르와 같이 생각하고 운동량과 에너지의 구분을 하지 않는 것은 잘못된 것이다. 거기에는 질적인 차이도 존재한다. 운동량 mv는 벡터지만, 운동 에너지 $\frac{1}{2}mv^2$은 스칼라(scalar)이다. 그 외에, 충돌할 경우 언제든지 양쪽 모두 보존되는 것은 아니다. 예를 들면, 탄환이 모래주머니에 박힐 때, $\frac{1}{2}mv^2$의 합은 감소한다. 에너지의 일부는 내부의 열에너지 등으로 바뀌어버리기 때문이다. 그러나 이 경우라도 운동량 mv의 합은 보존된다. 물체의 충돌에서 운동량도 보존되고 운동 에너지도 보존된다고 한 호이겐스의 생각은, 특별한 경우(완전 탄성 충돌인 경우)에만 성립하는 것이었다. 열은 분자 운동이므로 운동 에너지가 열에너지로 바뀌는 것이라고 할 수 있다. 에너지는 그 외에도 여러 가지의 형태가 있으며, 서로 전환될 수 있다. 따라서 $\frac{1}{2}mv^2$은 운동이 다른 여러 가지 에너지가 서로 전환될 때의 척도라고 말할 수 있다($\frac{1}{2}$에도 이유가 있다).

그러나 운동량인 mv는 어떠한 경우에도 변하지 않는다. 물체의 운동량만이 운동의 척도라고 말할 수 있다.

024

총 만드는 기술에서 나사를 알게 된다.

다네가시마(種子島)의 이야기

✿ 일본으로 총이 전해진 과정

화약의 발견은 인류의 역사에 큰 영향을 주었다. 초기의 흑색 화약은 초석, 유황, 목탄의 혼합물이었다. 초석 KNO_3 는 질소를 포함하는 유기물을 분해해서 만들어진 것이며, 화약은 주변의 가까운 곳에서 발견되었다고 말할 수 있다. 그럼, 총이 일본에 전해진 것이 언제였는가에 대해서는, 1606년의 사쓰마 다이류지(薩摩大龍寺)라는 절의 난포 겐쇼(南浦玄昌) 스님의 찬술(撰述)에 의한 《철포기(鐵砲記)》가 비교적 신뢰할 수 있는 자료이며, 그것은 1543년 전래설의《다네가시마 가후(種子嶋家譜)》에 의거하고 있다.

《철포기》에 의하면, 남만(南蠻)이 와서 섬의 영주 도키타카(時堯)에게 두 자루의 화승총(火繩銃)을 기증하였다. 도키타카는 이것을 배워, 대장장이에게 잘 보고 만들게 한다. 그렇지만 새로이 이것을 만들어 그 모양이 매우 비슷하더라도, 그 바닥을 왜 막았는지 몰랐다.

화약을 폭발시키려면 총알의 반대쪽을 밀폐해야 하지만, 총의 바닥 부분(미전, 尾栓)을 어떻게 막는지 몰랐던 것이다.

그 다음해, 만종(蠻種)의 고코(賈胡)[1]가 또 우리 섬 요키노(能野)의 히토우라(一浦)에 온다. 고코 중에 다행히도 한 사람의 대장장이가 있었다. 그래서 곤베에 이세이테이(金兵衛尉淸定)를 시켜서, 그 바닥 막는 법을 배우게 하였다. 그리고 얼마 후 완성되었다.

당시 일본에는 나사가 알려져 있지 않고, 여기서 비로소 배우게 된다. 총이 무력(전쟁) 이외에 어떤 공헌을 하였는지도 모른다. 그러나 어떤 사람은 그 정도는 스스로 깨우칠 수 있는 것이며 총 만드는 기술에서 나사를 배웠다는 것은 과장된 것이라며 말하기도 한다.

❂ 멀리서 쏘아 적을 공격하는 무기의 파워

멀리서 쏘아 적을 공격하는 무기의 시초는 바람총(짤막한 화살을 대통에 넣고 입으로 불어 쏘는 것)이다. 말레이 반도 사카이(Sakai)족의 바람총은, 3 m 전후의 대나무통에 종려나무의 잎맥(葉脈)을 화살로 사용했는데, 약 30 m는 날아간다고 한다. 같은 숨의 힘을 계속 가하면, 힘을 가한 거리가 길수록 에너지도 커지므로 멀리 날게 된다.

표 1.

활의 종류	화살의 강도
타겟용	25~50파운드
헌팅용	40~80파운드
플라이트용	60~90파운드

다음 단계는 활과 화살이 된다. 현재의 궁술(archery)은 날아가는 거리가 평균 200 m, 최고 기록은 851 m라고 말한다. 여기서 활의 에너지를 보자. 활의 강도는 줄을 활로부터 66 cm 당겼을 때의 힘을 파운드로 나타내고 있다. 표1에서 지금

---

1 서역(西域)의 상인.

50파운드를 취하면 1파운드가 약 0.45 kg중이므로 N의 단위로 고쳐서 220 N이다. 용수철의 에너지 $\frac{1}{2}kx^2$로 해서 변위 x를 66 cm로 계산하면 에너지는 73 J이 된다. 화살의 무게는 약 30 g로 하여서 이것이 모두 운동 에너지 $\frac{1}{2}mv^2$가 되었다고 하면,

$$v = 70 \text{ m/s}$$

실제로는 50~60 m/s라고 말한다. 긴 거리를 당길 수 있는 활은 화살에 힘을 가하는 거리가 길고, 더 멀리 잘 날아가게 할 수가 있다. 줄의 탄성력이 강하면 조금밖에 당길 수 없으면, 오히려 멀리 날아가게 할 수 없다.

✪ 총포의 에너지

총은 그림 1에서 공이 a가 약포(藥包) 바닥의 뇌관 b를 치면 불꽃 c가 발생하여 화약 d가 급속하게 연소한다. 어떤 데이터에서는 2700 ℃가 되어, 화약은 체적 1400배의 가스를 발생하여, 압력은

$$3586 \text{ kgf/cm}^2 = 3.5 \times 10^8 \text{ Pa}$$

에 달한다고 말한다. 그 압력으로 탄환 e는 발사된다(표 2).

발사된 총알의 에너지에 대해서 알아보자. 예를 들면, 308윈체스터

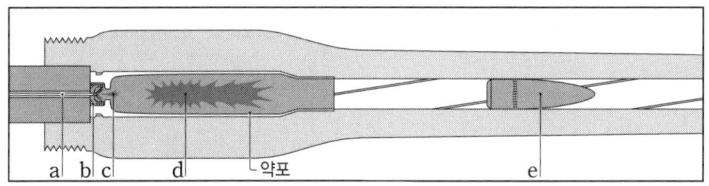

그림 1 • 〈다이어그램 그룹 편 《무기》 마르사(Maar Com)를 기초로 그렸다〉

표 2.

	초속	457.2 m 지점	914.4 m
탄환의 속도[m/s]	822.9	508.4	325.5
비행 시간[s]	–	0.709	1.864
관통력(오크재, oak)[cm]	86.4	35.5	데이터 없음

(Winchester)라는 탄환은 중량 9.7 g, 초속 860 m/s로 되어 있다. 운동 에너지는 3,590 J이다. 그때까지의 무기와는 월등하게 큰 힘이다.

역시 멀리 날아가게 하려면 포신이 길어진다. 1918년 독일군이 파리를 포격하기 위해서 사용한 포는 수십 미터나 되며, 120 km 떨어진 파리까지 날아갔다. 포신과 포탄의 마찰 때문에 처음에 21 cm 였던 구경이 70발 발사 후 23.2 cm가 되었다고 한다(그림 2).

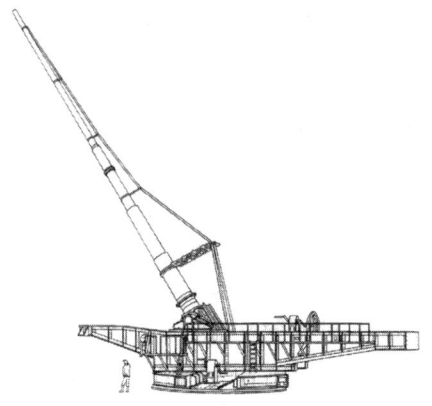

그림 2 • 파리포(다이어그램 그룹 편 〈무기〉 마르사 (Maar Com)에서 전재)

025: '일을 한다'는 것은 무엇을 말하는가?

　물체가 일을 할 수 있는 능력을 가지고 있을 때, 그 물체는 에너지가 있다고 말한다. 수평한 마루 위에서 운동하고 있는 무거운 짐차를 생각해 보자. 그 짐차가 벽에 나와 있는 못에 충돌하면, 못을 벽에 박아 넣는 일을 할 수 있다. 이것은 일상적인 것으로 움직이고 있는 물체는 에너지를 가지고 있다. 이 에너지를 운동 에너지라고 말한다.

　운동 에너지 외에도 위치 에너지라는 것이 있다. 높은 곳에 있는 물체가 낙하해서 마루에 나와 있는 못에 충돌하면, 못을 박을 수 있다. 이것으로부터, 높은 곳에 있는 물체도 에너지를 가지고 있다는 것을 알 수 있다. 그것이 위치 에너지이다.

　정지하고 있는 물체에 운동 에너지를 갖게 하려면 어떻게 해야 할까? 손으로 밀어서 물체를 운동시키면 된다. 이때, 물체는 손으로부터 힘을 받으면서 힘의 방향으로 움직인다. 다시 말하면, 손은 물체에 일을 하고, 물체는 손으로부터 일이 하여지고 있다. 물체는 일을 받았기 때문에 운동 에너지를 갖게 된다.

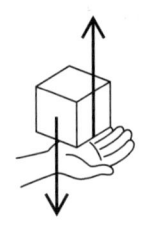

그림 1

마루에 놓인 물체가 위치 에너지를 갖게 하기 위해서는, 손으로 물체를 높은 곳까지 들어 올려야 한다. 손은 물체에 연직 위쪽 방향의 힘을 가하여, 힘의 방향으로 움직이고 있다. 손은 일을 한 것이 된다(그림 1). 이때 손이 한 일은 운동 에너지로 변하지 않고 위치 에너지로만 축적된다.

물체에는, 손에서 연직 위로 향하는 힘이 가해지는 동시에 아래로는 중력이 가해진다. 양쪽의 힘이 서로 상쇄되면, 물체에는 가하는 힘은 0이다. 따라서 물체에 하는 일은 없다. 일은 하고 있지 않은데, 위치 에너지를 가지게 된다. 이것이 가능할까?

에너지를 생각할 때에는 —물리 외의 문제에서도 마찬가지이다.— 생각하는 대상을 명확하게 한정할 필요가 있다.

물체와 지구를 합쳐서 계 O_1(대상, object)라고 하면, 사람은 O_1의 밖에 있어서 O_1에 작용하게 된다는 상황이 된다. 사람이 물체에 힘을 가해서 움직이는 일을 하면 O_1의 에너지가 증가한다. 그 증가량은—이것이 O_1의 안을 들여다보아서 말하는 것이지만—물체의 위치 에너지와 운동 에너지가 된다. 말하자면 위치 에너지는, 물체가 가지고 있는 것처럼 말하는 경우가 많지만, 진실은 물체와 지구의 상호작용의 에너지인 것이다. 즉, 물체와 지구 사이에 보이지 않는 용수철(중력장)에 비축된 에너지이다.

O_1의 안을 들여다보면, 물체에는 지구가 중력을 미치고 있는데, 그 반작용의 힘을 물체가 지구에 미치고 있다. 그것들이 하는 일을 합하면 두 배가 되는가? 아니다. 물체는 움직이지만 지구는 거의 움직이지 않기 때문이다. 이 일의 합은

(힘의 크기)×(물체-지구 간의 거리의 변화)

가 되며, 거의

(힘의 크기)×(물체의 변위)

와 같다(그림 2).

물체와 지구와 사람을 통틀어서 대상 O_2라고 할 수도 있다. 이 경우, 사람이 물체에 힘을 가해서 움직일 때, 물체에는 동시에 중력도 작용한다. 어느 것도 O_2 안의 것이므로 O_2의 에너지에 증감은 일어나지 않는다. 이때 안을 들여다 보면 무엇이 보일까?

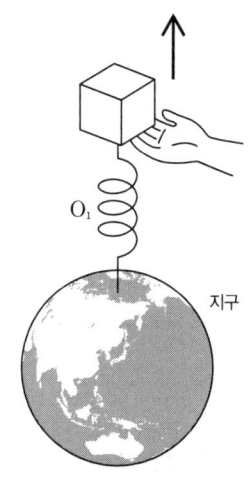

그림 2

반대로 물체만을 대상으로 취해서, 사람도 지구도 외계라고 볼 수 있다. 그렇게 하면 무엇이 보이는가 생각해 보기 바란다.

026: 스윙바이란 무엇인가?

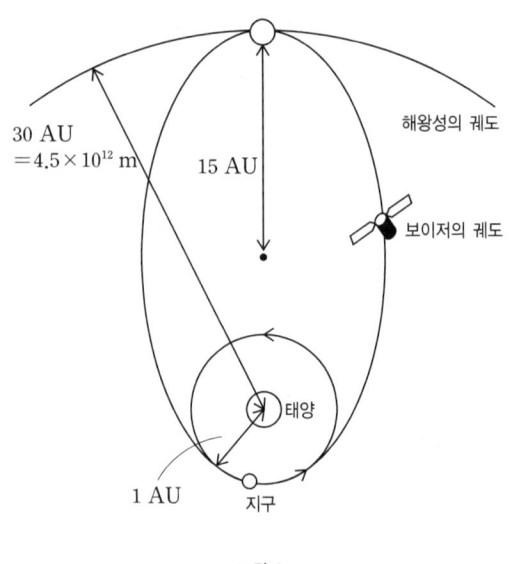

30 AU
$= 4.5 \times 10^{12}$ m

15 AU

해왕성의 궤도

보이저의 궤도

태양

1 AU

지구

그림 1

✺ 그랜드 투어 계획

1977년 8월 20일에 보이저(voyager) 2호가, 9월 5일에는 보이저 1호가 지구에서 우주로 날아갔다. 그랜드 투어 (Grand Tour)계획의 시작이다. 목성을 포함하여, 이것보다 밖의 토성, 천왕성, 해왕성의 외행성을 우주선 1회의 비행으로 둘러보는 대여행(그랜드 투어)은, 이들 외행성이 지구에서 볼 때거의 같은 방향으로 모여 있기 때문에 가능하게 된다. 왜냐하면 우주선도 그림 1과 같이 행성과 마찬가지로, 태양이 도는 궤도면에서 돌기 때문이다. 이러한 기회는 100년 이상에 한 번의 비율로밖에 오지 않는다고 한다. 보이저는 바로 그러한 기회를 이용하여 출발한 것이었다.

우주선을 공전 반지름 4.5×10^{12} m 즉, 30 AU(1 AU는 지구의 공전 반지름)의 해왕성에 직접 도달하도록 쏘아 올리려고 할 것이다. 케플러의 제3법칙은 공전 주기의 제곱과 긴반지름(長半徑) 3제곱의 비는 태양을 도는 모든 행성에 대해서 일정하다는 것을 말하고 있다. 보이저 궤도의 긴지름은 앞의 해왕성 공전 반지름의 절반이 되므로 15 AU라고 하면, 그 주기는 지구의 주기 $15^{3/2}$ 즉, 58년이 된다. 해왕성에 도착하기까지의 시간은 이 절반인 29년이다. 그런데, 보이저 2호는 1989년 8월 24일에 해왕성의 48,000 km까지 가까이 접근하여, 위성 트리톤(Triton)의 선명한 영상을 지구에 보내온 것은 아직도 기억이 생생하다. 여기까지 12년이다. 이것은 보이저 2호가 목성이나 토성에 의한 인력을 잘 이용하는, 스윙바이(swingby) 또는 슬링쇼트(slingshot, 장난감 핀볼기)라고 부르는 기술을 사용해서 여행 도중에 가속했기 때문이다. 나온 김에 말하지만, 보이저는 지구가 공전하고 있을 때 속도의 방향으로 쏜다. 그러면 지구의 공전 속도 30 km/s를 이용할 수 있기 때문이다.

✪ 덤프카와 공의 충돌

스윙바이는 예를 들면, 목성에 가까워졌을 때 보이저가 목성에 끌려서 가속하여 가까워진 후, 또 멀어져 갈 때에 속도를 증가하는 기술이다. 목성의 인력에 끌려서 가속하고, 또 떨어질 때는 감속하므로 결국 같아지지 않는가? 그렇지 않다. 왜냐하면 목성은 움직이고 있기 때문이다. 그 원리는 덤프카(dump car)와 공의 충돌을 생각하면 알기 쉽다. 그림 2와 같이, 속도 V로 달려오는 덤프카를 겨냥해서 공이 속도 v로 정면충돌한다. 지금 충돌 전후에서 운동 에너지는 보존된다고 하자(이럴 때 완전 탄성 충돌이라고 말한다). 만약, 테니스공의 속도가 증가하

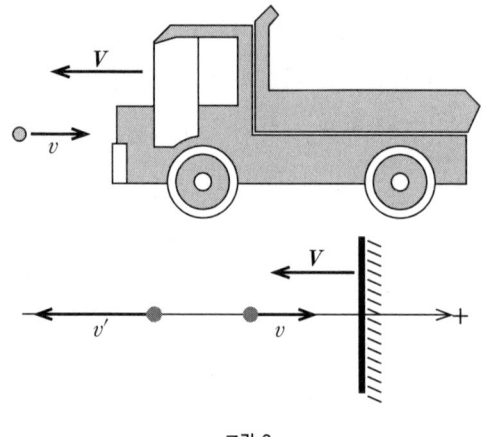

그림 2

면 덤프카는 그 만큼 에너지를 잃는다. 그러나 공과 덤프카의 충돌이다. 공이 충돌한 것으로 덤프카의 속도 증가량은 무시해 버리자. 덤프카는 공에 충돌해도 그 속도는 V로 일정하다고 하자.

완전 탄성 충돌에서는, 충돌 전후에 덤프카에 대한 공의 상대 속도의 크기는 바뀌지 않는다. 충돌 후 공의 속도를 v'라고 하면 충돌 전의 덤프카에 대한 공의 상대 속도는 $v-V$이며, 충돌 후는 $v'-V$가 된다. 충돌 후의 공은 바로 반대방향이 되므로, $v-V=-(v'-V)$ 이것으로부터 $v'=-v+2V$를 얻는다. 속도 10 m/s로 가까워지는 덤프카를 향해

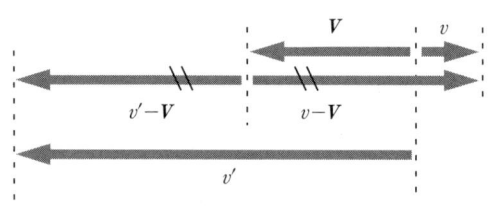

그림 3

서 5 m/s로 충돌하는 공은, v=5m/s, $V=-10$ m/s를 대입하여서, 충돌 후에는 $v'=-25$ m/s, 이른바 반대방향으로 25 m/s로 되돌아온다. 공은 빨라져 있다. 그림 3은 이들의 속도 관계를 나타낸 것이다.

✪ 보이저의 스윙바이

덤프카가 목성이고, 공이 보이저이다. 단, 목성과 보이저는 정면충돌하지 않았으며, 또 두 물체 사이의 상호작용은 척력(斥力)이 아니고 만유인력이라는 차이가 있다.

그림 4는 보이저 1호, 2호의 그랜드 투어의 궤적이고, 그림 5에 목성에서 본 보이저의 스윙바이를 표시한다. v, v', V는 태양계에 고정한 좌표에서 본 목성 접근 전후의 보이저와 목성의 속도 벡터, u, u'은 목성에 대한 보이저의 목성 접근 전후의 상대 속도이다. 덤프카와 공의 설명과 같은 현상이 나타난다.

$$u = v - V,$$

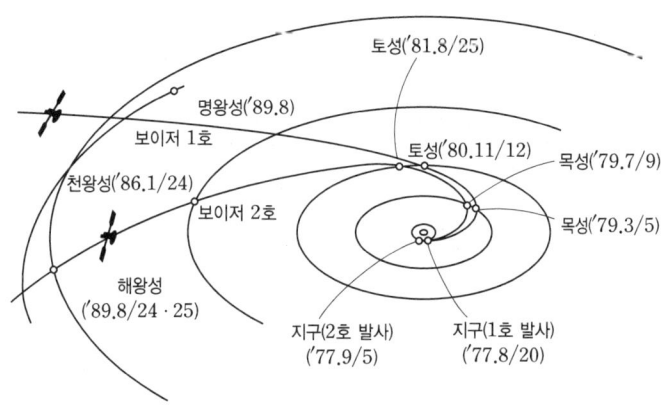

그림 4 ◦ (에자와 히로시 《알기 쉬운 역학》 도쿄도서에서 전재)

$$u' = v' - V,$$
$$|u| = |u'|$$

이 된다. 목성에 대한 보이저의 처음 속도 u를 고정했을 경우, 떨어져 가는 속도 u'의 방향이 목성의 속도 V와 꼭 같은 방향일 때 v'은 최대가 된다. 또, 바로 반대방향일 때 v'은 최소가 된다. 스윙바이의 에너지원은 무엇인가? 물론 목성이나 토성이다. 보이저의 운동

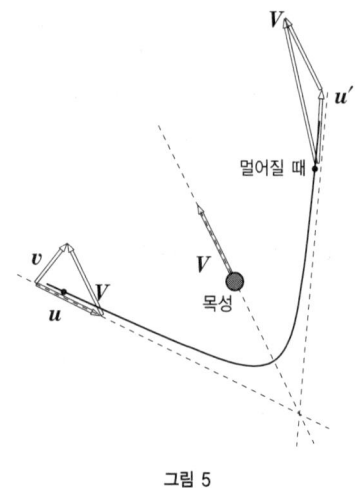

그림 5

에너지의 증가분 만큼 목성이나 토성은 운동 에너지를 잃고 있다.

그림에서 알 수 있듯이, 가속하는 것은 우주선이 행성의 운동 방향의 뒤쪽을 통과하는 경우이다. 만약 우주선이 행성의 진행 방향의 전방을 통과할 때는, 우주선이 감속된다. 즉, 우주선은 행성의 중력을 이용하는

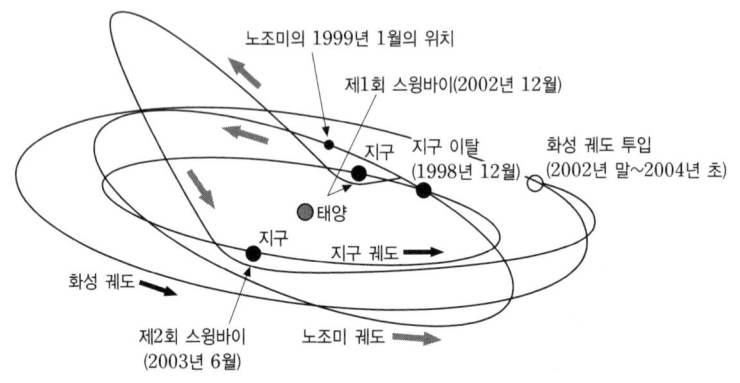

그림 6 • (기노시타 히로시(木下宙) 「스윙바이의 역학」,
《수학 세미나》, 1999년 7월호에서 전재)

것으로, 연료를 소비하지 않고 궤도를 제어할 수 있게 된다. 일본이 1998년 7월에 쏘아 올린 화성 탐사기 '노조미(희망)'는, 1999년 8월에 도착 예정이었는데, 지구의 중력 작용권을 탈출하는 데에 연료를 너무 사용하여, 그대로 화성에 가면 연료 부족으로 화성을 선회하는 궤도로 옮겨갈 수 없게 될 것으로 계산되었다. 그래서 당초의 예정을 변경했다. 지구의 중력을 이용하는 2회의 스윙바이로 궤도를 수정하여, 화성 선회 궤도에 투입하기로 하고 그대로 실시하였다(그림 6).

027

인공위성이 앞의 다른 인공위성을 추월하려면 속도를 줄여야 한다. 왜?

앞에서 걸어가는 사람을 추월하려면 걷는 속도를 증가시킨다. 그러면 인공위성이 앞에 있는 인공위성을 추월하거나 도킹(docking)하기 위해서는 속도를 증가시키면 될까? 로켓에서 연료를 분사하여서 속도를 증가시키면 어떻게 될까? 그런데 이 경우는 '연료를 분사하지 않고 속도를 줄인다.' 가 정답이다. 왜 그렇게 되는 것일까?

✪ 속도를 바꾸면 궤도가 바뀐다

사람의 추월과 다른 점은, 속도를 바꾸면 궤도가 바뀌어버리는 것이다. 인공위성과 지구는 거리의 제곱에 반비례하는 중력으로 서로 당기고 있으며, 인공위성은 지구를 하나의 초점으로 타원 궤도를 그린다(사실은 지구와 위성을 합친 전체 중심의 주위를 지구와 위성이 도는 것인데, 지구의 질량이 압도적으로 크므로 근사적으로 지구의 주위를 위성이 돈다고 말하는 것이다). 이 궤도의 모양은 인공위성을 궤도로 진입시키는 순간의 위치와 속도에 의해서 정해진다. 그래서 궤도상의 위성을

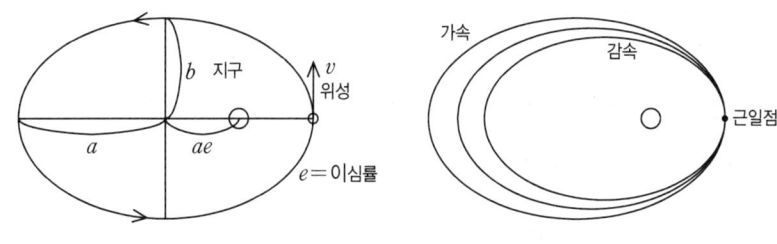

그림 1

가속하면 위성은 현재의 궤도보다 큰 타원 궤도로 옮겨가고, 감속했을 때는 보다 작은 타원 궤도로 옮긴다고 예상할 수 있다(그림1). 지금 어떤 타원 궤도상의 인공위성이, 로켓을 분사 또는 역분사하여 앞에 있는 인공위성을 추월하려고 한다고 하자. 이 위성은 앞지른 후 원래의 궤도로 돌아오는 것이므로, 아마 그림 1과 같이 근일점(近日點)에서 속도를 줄이면 궤도 반지름이 줄어들고 짧은 주기로 1회전하여 처음 위치로 돌아오게 된다. 처음 위치(근일점)에서 처음 속도로 되돌리면 다시 원래 궤도로 회전하게 된다.

❂ 속도의 변화에 의해서 주기는 어떻게 변하는가?

중력장 속에서 인공위성의 운동은 어떻게 되는가? 각운동량과 에너지 두 가지로 생각할 수 있다.

지구의 중력은 중심력이므로, 이 두 가지는 보존된다. 케플러의 법칙에서 면적 속도 f도 일정하지만, 이것은 각운동량 L과

$$f = \frac{L}{2m}$$

의 관계가 있으며(m은 위성의 질량), 면적 속도 일정과 각운동량의 보

존은 같다는 것이다.

다음은 에너지인데, 중력에 의한 위치 에너지의 크기는 무한히 먼 곳을 기준점(기준점에서 위치 에너지는 0이다)으로 하고, 중력 상수를 G, 지구의 질량을 M, 위성의 질량을 m, 거리를 r라 하면,

$$E_{\text{위치}} = -\frac{GMm}{r}$$

로 표시된다. 그러면 위성의 속도를 v로 할 때 역학적 에너지는

$$E_0 = \frac{1}{2} mv^2 - \frac{GMm}{r}$$

로 표시된다. 무한히 먼 곳의 위치 에너지를 0이라고 하였기 때문에, 위성의 역학적 에너지가 플러스이면 중력장을 탈출해서 날아가 버린다. 따라서 지구의 중력장 속에서 타원 궤도를 유지하는 상태는 에너지가 ($-$)이다. ($-$)의 에너지에 거부감을 가질지도 모르지만, 위치 에너지는 기준을 정해서 거기서부터 측정하는 것이므로 ($-$)가 될 수 있는 것이다.

만약 위성의 속도가 Δv만큼 증가하였다면, 위성의 역학적 에너지는

$$E = \frac{1}{2} m(v + \Delta v)^2 - \frac{GMm}{r}$$

$$= \frac{1}{2} mv^2 + mv\Delta v + \frac{1}{2} m\Delta v^2 - \frac{GMm}{r}$$

$$= E_0 + mv\Delta v + \frac{1}{2} m\Delta v^2$$

로 된다. Δv는 가속이면 ($+$), 감속이면 ($-$)이며, 가속 전의 에너지 E_0에 비해서 작다고 하면, 최후의 항은 무시할 수 있어서, 결국 에너지의 변화는

$$\Delta E = E - E_0 = mv\Delta v$$

가 된다. E_0은 앞서 말한 바와 같이 (−)라는 것에 주의하라.

그런데 행성의 중력에 의한 운동은 에너지의 보존과 각운동량의 보존에 의해서(물론 그것도 뉴턴의 운동 법칙에 의해서 말할 수 있는 것이지만) 계산할 수 있으며, 타원 궤도의 경우 긴반지름 a와 짧은 반지름 b는

$$a = \frac{GMm}{-2E} \qquad\qquad b = \frac{L}{\sqrt{-2mE}}$$

이다. 이를 통해 위성의 에너지가 증가하면($|E|$가 감소하게 됨) 타원의 크기가 증가하게 된다(에너지가 (−)인 것에 주의).

위성의 운동방정식 $m\dfrac{v^2}{r} = +G\dfrac{mM}{r^2}$ 에서 $\dfrac{1}{2}mv^2 = +G\dfrac{mM}{2r}$ 을 p152의 두 번째 식에 대입하면

$$E = +G\frac{mM}{2r} - G\frac{mM}{r} = -\frac{GmM}{2r} \qquad \therefore \ r = -\frac{GMm}{2E}$$

각 운동량 $L = rmv$와

$$\frac{1}{2}mv^2 = \frac{(mv)^2}{2m} = G\frac{mM}{2a} = -E$$

$$\therefore \ mv = \sqrt{-2mE} \text{ 를 이용하면 } L = r\sqrt{-2mE}$$

$$\therefore \ r = -\frac{L}{\sqrt{-2mE}}$$

이 타원 궤도를 일주하는 시간 즉, 주기를 T라 하면, (면적 속도)×(주기)가 타원의 면적과 같다는 것 즉,

$$\frac{L}{2m}T = \pi ab$$

로부터

$$T = \frac{2\pi m}{L} \times \frac{GMm}{-2E} \times \frac{L}{\sqrt{-2mE}} = \pi GMm\sqrt{\frac{m}{-2E^3}}$$

를 얻을 수 있다. 따라서 E의 변화가 작으면, 그것에 의한 주기의 변화는

$$T = \pi GMm^{3/2} \frac{1}{\sqrt{-2E_0^3}} \left(1 - \frac{3\Delta E}{2E_0}\right)$$

$$= \pi GMm^{3/2} \frac{1}{\sqrt{-2E_0^3}} \left(1 - \frac{3mv\Delta v}{2E_0}\right)$$

이다. E_0는 원래 $(-)$이므로 속도가 증가하면 주기가 길어지고, 감속하면 주기가 짧아지는 것을 알 수 있다. 따라서 속도를 줄이면 앞의 인공위성을 앞질러서 빨리 돌아올 수 있다.

028
왜, (팔의 길이)×(힘)을 힘의 모멘트라고 말하는가?

'지레의 원리'를 알고 있는가? 저울이나 시소(seesaw)가 평형을 유지하려면 회전 중심으로부터의 거리와 무게의 곱이 같으면 된다. 이 거리와 힘의 곱을 '힘의 모멘트' 또는 '토크(torque)'(라틴어의 torquere, '돌린다'로부터 온

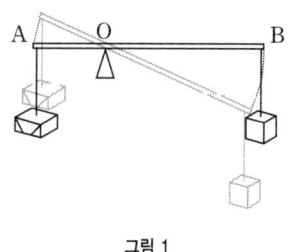

그림 1

말)라고 한다. '모멘트(moment)'란 라틴어의 movimentum '운동'으로부터 온 말이며 운동을 나타낸다. 지금도 운동량을 모멘텀(momentum)이라고 말한다.

처음으로 이 말을 사용한 것은 갈릴레이지만, 그는 《레 메카니케(Le meccaniche)》중에서 '모멘트란 운동 물체의 무게만에 의해서 야기되는 것이 아니라 물체 상호 간의 위치에도 의존한다.'고 말했다. 그는 '통로를 따라서 하강하려는 모멘트', '운동하는 물체가 가지고 있는 모멘트'라는 표현 방법을 사용하기도 하였다. 그리고 갈릴레이는 그림과

같은 경우, 지레가 움직이면 같은 시간에 A와 B가 움직이는 거리 즉, 속도는 팔 길이의 비가 되어, 거기서부터 질량과 속도의 곱이 같은 것을 유도하고 있다. 말하자면 정력학적인 힘의 모멘트로부터 동력학적인 운동량으로서의 모멘트(현재의 모멘텀)로 갈릴레이는 연결해서 생각하고 있는 것이다.

029:

자동차는 왜 앞으로 나아가는가? 그리고 타이어의 마찰은 무엇인가?

✪ 바퀴가 달린 탈 것이 전진하려면?

자동차, 자전거가 진진히려면 앞으로 향하는 힘이 외부로부터 가해지지 않으면 안 된다. 자기가 자신을 미는 것은 아니기 때문이다. 자동차가 닿고 있는 것은 지면뿐이므로, 자동차가 전진하려는 힘은 지면과 타이어의 마찰력에 의해서 주어진다. 마찰은 자동차 무게에 의해서 타이어와 노면이 서로 접촉되어 생기며, 거기서 바퀴가 지면을 밀어서 자동차는 달릴 수 있다.

자전거가 나갈 때를 좀더 보자. 자전거를 예를 들어, 바퀴에 작용하는 힘을 생각해 보자. 페달을 밟으면 그 힘은 체인에 의해 전해져, 바퀴의 기어에 힘 K

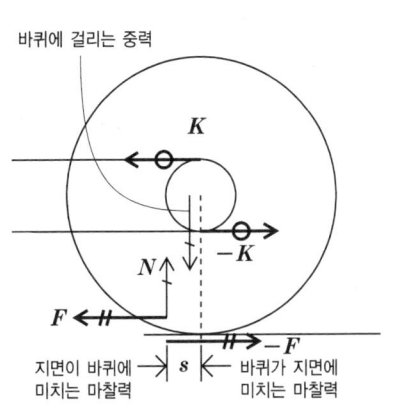

바퀴에 걸리는 중력

K

N ↑ ↓ $-K$

F ← ‖

‖ → $-F$

지면이 바퀴에 미치는 마찰력 → s ← 바퀴가 지면에 미치는 마찰력

그림 1

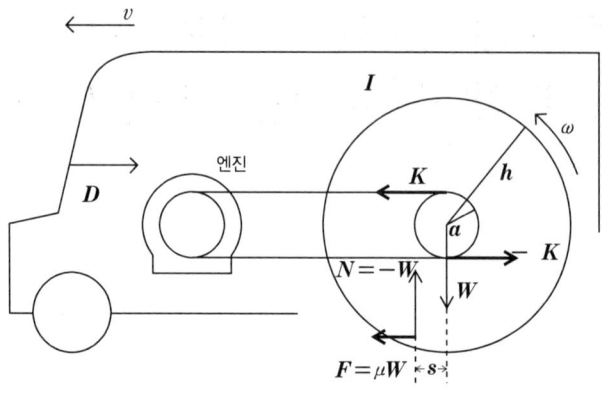

그림 2

와 $-K$(크기가 같고, 반대 방향인 한 쌍의 힘)의 벡터를 만들어낸다. 바퀴가 지면에 닿으면, 바퀴가 지면 위에서 미끄러지는 것을 마찰력이 저지한다. 그래서 지면과 바퀴는 서로 그림과 같이 F와 $-F$의 마찰력을 서로 미치게 한다(그림 1). 이 중 F가 바퀴에 작용하는 외력으로 자동차는 전방으로 나아간다. 수직 항력 N의 작용점이 s만큼 앞에 있는 것처럼 그려져 있지만, 타이어와 노면이 연직(鉛直) 방향으로 서로 미치게 하는 힘은, 타이어의 접지면에 분포하고 있다. 그것들을 하나의 힘 N에 합성할 때, 지면에서 힘은 타이어가 돌지 않도록 작용하고 있으므로, 접지면에서도 앞쪽에서 강하다는 것을 고려한 것이다. 그 결과 N의 작용점이 앞으로 다가서게 된 것이다.

수직 항력 N은 작용점이 앞으로 이동함으로써, F와 함께 오른쪽으로 도는 토크(torque)를 만들어내며, K에 의해 바퀴가 돌려고 하는 토크에 대항하는 것이라고 생각하면 된다(그림 2).

자동차는 노면이 앞으로 미는 힘에 의해 나아간다. 여기에 엔진의 출력과 같은 것은 직접 들어 있지 않다. 엔진은 마찰력을 매개로 해서 간접적으로 자동차를 앞으로 나가게 하고 있다. 직접적으로 구동력과 운동의 관계를 보기 위해서는 타이어에 대한 운동 방정식을 생각해 보는 것이 필요하다. 운동의 법칙에 의하면, 물체의 운동은 그 중심의 병진(竝進) 운동과 물체의 회전 운동으로 나눌 수 있다. 회전 중심의 속도를 v, 자동차의 질량을 M, 공기 등의 저항력을 D, 회전축에 걸리는 무게를 W(이것은 Mg의 일부분), 마찰 계수를 μ라 하자. 그러면 중심의 병진 운동은

$$M\frac{dv}{dt} = \mu W - D$$

여기서는 회전축이 아닌 바퀴와 지면 사이의 마찰은 생각하지 않는다. 또 타이어의 회전 운동 방정식은, 타이어의 관성 모멘트(돌기 어려움을 나타낸다)를 I, 회전의 각속도를 ω, 차축과 지면의 거리를 h라고 하면

$$I\frac{d\omega}{dt} = 2Ka - Ws - \mu Wh$$

타이어의 병진 속도와 회전의 각속도의 관계식 $v = h\omega$(타이어의 미끄러짐은 무시한다)를 사용하여 μ를 소거하면

$$\left(M + \frac{I}{h^2}\right)\frac{dv}{dt} = \frac{2Ka}{h} - \left(\frac{Ws}{h} + D\right)$$

이 식은 마치 엔진이 구동력이라는 관계식으로 되어 있다. 이것을 운동 방정식으로 보면 질량이 타이어의 관성 모멘트 증가량과 같은 것처럼 되어 있는 것도 알 수 있다.

❂ 마찰력은 어떤 것인가?

두 물체가 접촉하고 있을 때 한쪽을 움직이려고 하면 저항이 생긴다. 이 저항을 마찰력이라고 말하며, 옛날부터 인간은 이 마찰력을 늘이거나 줄이면서 여러 가지 기구를 고안하였다.

여러 가지 현상의 관찰을 통해서, 보통 물체의 마찰은 다음과 같이 정리되어 있다. 이것을 '쿨롱의 마찰 법칙' 이라고 부른다.

❶ 마찰력은 겉으로 드러나는 접촉 면적에 의존하지 않는다.

❷ 정지 마찰력 F_0는 움직이려고 하는 힘에 따라서 바뀌지만, $\mu_0 N$을 넘지 않는다. 운동 마찰력은 μN과 같고 상대 속도에 따라서 변하지 않는다.

여기서 N은 수직 항력이다. μ_0를 정지 마찰 계수, μ를 운동 마찰 계수라고 말한다. 이들은 표면의 상태에 따라 달라진다. 예를 들면, 주철과 건조한 떡갈나무에서는 정지 마찰 계수가 0.62, 운동 마찰 계수가 0.48이다. 이 쿨롱의 마찰 법칙은 금속, 돌이나 플라스틱과 같이 거의 강체(剛體)라고 간주되는 경우에 성립하는 경우가 많으나, 고무와 같이 탄성을 나타내는 재료의 경우 쿨롱의 마찰 법칙에 따르지 않는 것이 대부분이며, 그 이론은 매우 복잡하다. 또한 상세히 관찰할 경우 운동 마찰력도 물체의 속도에 따라 달라진다.

❂ 마찰은 왜 일어나는가?

마찰이 생기는 원인으로는 옛날부터 요철설(凹凸說)이 있었다. 이것은 고체의 표면에 존재하는 거친면이 서로 맞물려서, 누르는 힘이 있을 때 두 물체가

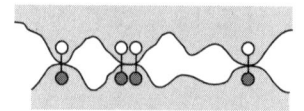

그림 1

서로 반대 방향으로 이동하려면 거친면을 타고 넘기 위해서는 힘이 필요하며, 그것이 마찰력이라는 것이다. 그런데 실제로는 표면을 정성스럽게 닦아도 그만큼 마찰력은 낮아지지 않고 반대로 닦을수록 증가하기도 한다. 현재 가장 유력한 의견은 접촉면 사이의 순간적인 접촉으로 마찰력이 생긴다는 것이다. 고체 표면을 아무리 매끈하게 깎아도 약간의 요철이 남기 때문에, 두 면을 접촉시켰을 때 정말로 접촉하고 있는 면적은 겉보기 접촉 면적의 1000분의 1 이하라고 생각된다. 실제 접촉 면적은 물체의 무게가 클수록 커지며, 참된 접촉부에서는 두 면 사이에서 분자 간 힘이 작용한다. 이 분자 간의 인력(응착)을 끊는 데에 필요한 힘을 마찰력이라고 말하는 것이 응착설이다. 실제 접착에 의한 마찰에는 표면의 요철의 대소가 큰 영향을 미친다.

예를 들면, 공장 등에서 길이의 기준으로 사용되고 있는 블록 게이지(block gauge)라는 직육면체의 기준기(基準器)가 있으며, 특수강이나 초합금으로 만들어져 있다. 그 기준이 되는 면은 거울과 같이 매우 미끄럽게 연마되고 있다. 보통 이 면에는 기름이 칠해져 있는데, 기름을 제거해 장시간 밀착시키면 떼어놓는 것이 곤란해진다.

✪ 타이어에 사용하는 고무는 왜 마찰력이 큰가?

고무의 경우, 마찰 계수는 미끄럼속도나 온도로부터 큰 영향을 받는다. 그리고 다행한 것은, 고무는 다른 재료에 비해서 마찰 계수가 크고, 제동력, 구동력이 우수한 타이어를 만들 수 있다. 왜 고무가 다른 재료에 비해서 마찰 계수가 높은 것일까? 고무의 블록을 콘크리트나 아스팔트 등의 노면 위에 밀어붙여 보면, 탄성이 있는 고무는 그 노면의 요철을 메우도록 변형하여서 파고들어 간다. 고무가 끊임없이 노면의 요철에 끼워져서 변형을 되풀이하고 있다는 사실을 포함한 고무 분자의 성질이 큰 마찰력을 만들어내고 있다고 생각된다.

칼럼 5 ** 우회전과 좌회전은 어떻게 정의하는가?

선생님이 학생에게 회전을 설명하고 있다. 그런데 아무리 설명해도, 우회전과 좌회전의 구별이 잘 되지 않는다.

초등학교 선생님이 어린이들에게 '오른쪽으로 원을 그리듯이 걸으세요.' 라고 말했다면, 어린이들은 어떻게 할까? 혼란스러우면서도 '오른쪽으로, 오른쪽으로 둥글게 원을 그리며 돌면 된다.' 는 것을 우회전이라고 생각할 것이다. 여기서 '오른손이 원의 중심을 향하도록 하여 도는 것이 우회진.' 이라고 하는 방법이 있다. 이것은 어떤가?

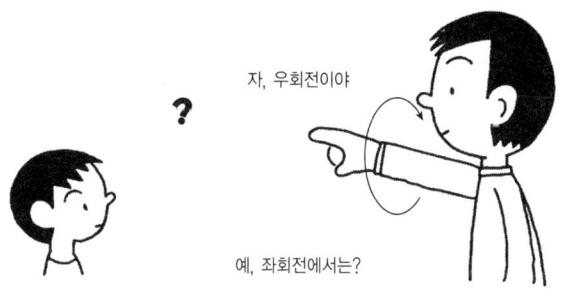

자, 우회전이야

?

예, 좌회전에서는?

그림 1

그림 2와 같이 높은 빌딩의 옥상에서, 오른손을 중심으로 향하고 원을 그리며 걷고 있는 사람이 있을 때, 이 사람은 우회전으로

그림 2

걷고 있다고 말할 수 있을까? 지상에 있는 사람이 보면 '좌회전'으로 보인다. 결국 우회전, 좌회전은 보는 사람의 입장에 따라 바뀌는 것이다.

자연계 중에는 회전하고 있는 것이 많으며, 그 방향을 객관적인 말로 나타낼 필요가 있다. 어떻게 하면 좋은가?

그 힌트는 역시 그림 1에 있다. 선생님과 학생은 자기의 시선 방향을 기준으로 하는 것이다. 이른바 '축을 결정해서, 그것을 기준으로 하면 된다.'는 것이다. 물리학에서는 오른 나사를 돌렸을 때, 그 나사가 축의 방향을 향해서 돌리는 방향을

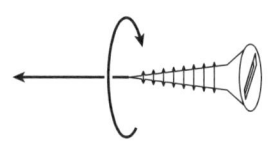

그림 3

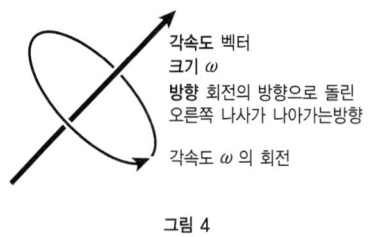

각속도 벡터
크기 ω
방향 회전의 방향으로 돌린
오른쪽 나사가 나아가는방향

각속도 ω 의 회전

그림 4

'우회전'이라고 정의하고 있다(그림 3).

일상생활에서도 이것은 무의식적으로 행해지고 있어서, 자기 시선의 방향을 축으로 하고 있다. 그러므로 바닥 위에 그린 우회전과 천정에 그린 우회전은 달라진다. 태풍의 소용돌이는, 보통 일기도 위에서 보므로, 상공에서 아래로 향하는 시선을 축으로 하여서 좌회전, 시계 바늘의 회전은 우회전이라고 한다. 물리학에서는 '각속도 벡터' 등 회전 그 자체를 축(벡터)으로 나타내 버린다(그림 4).

시계나 트랙 경기의 회전 방법은?

시계 바늘은 왜 우회전하는가? 시계의 원조는 해시계이다. 시계의 문명은 북반구에서부터 발달하였고, 거기서는 해시계의 그림자를 우회전이라고 정했다. 시계가 발명되었을 때, 해시계의 움직임과 합쳤다고 한다(그림 5).

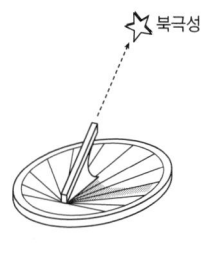

북극성

그림 5

트랙(track) 경기의 도는 방향은 어떻게 결정되었는가? 심장을 지키기 위해서 라고 말하지만, 사실 심장은 거의 가운데에 있다. 고대 그리스의 올림픽에서는 '우회전'이고, 근대 올림픽 제1회(1894년)부터는 지금처럼 '좌회전'으로 바뀌었다. 그 이유는 무엇이었을까?

왜 태풍의 회전 방향은
좌회전(반시계 방향)인가?

O선생에게 대학생 A군, 재수생인 B군, 고등학교 2학년 학생인 C양
이 놀러 왔다.

C 양   선생님, 어제 수업 시간에 태풍의 바람은 북반구에서는 좌회전,
남반구에서는 우회전으로 들이친다고 말씀하셨는데, 그 이유를
듣지 못했습니다. 좀 더 자세하게 설명해 주세요.

B 군   그것과 관계되는지 모르겠지만, 중학교에서는 확실히 고기압의
바람은 우회전으로 불기 시작하고, 저기압의 바람은 좌회전으로
들이친다고 배웠는데, 우회전으로 불어 나온다면, 우회전으로
불어넣어도 괜찮을 것 같은데요…… 항상 궁금했습니다.

O 선생   미안하구나. 이야기가 지구과학에서 빗나가기 때문에 수업시간
에는 말하지 않았단다. 어느 쪽도 같은 원리로 설명할 수 있지.
이 문제는, 고등학교의 물리에서도 그리 상세하게 설명되어 있
지 않은 전향력(코리올리의 힘)이 관계된다.

C 양 그 전향력에 대해서 좀더 자세하게 가르쳐 주세요.

O 선생 전향력은 19세기 전반에 프랑스의 코리올리(Coriolis)에 의해서 의논된 것이며, '관성력' 의 일종이란다. 관성력의 예를 들면, 버스가 급브레이크를 한다든지 급발진하면, 인간의 몸은 지금까지의 상태를 유지하려고 하는 관성이 있으므로, 푹 고꾸라지거나 뒤로 나자빠지게 된다. 이것은 중력과 같이 '무엇인가가 잡아당기는 힘' 이 아니고 관성에 의한 것이므로 '관성력' 이라고 부른다. 물건끼리 서로 미치게 하는 상호작용만을 '참된 힘' 이라고 부르면, 이것은 상대가 없는 '겉보기의 힘' 이다. 원운동을 하고 있는 물건 위에서는 원심력이 생기지만 이것도 '관성력' 이다. 코리올리의 힘도 원운동을 하고 있는 물건 위에서 생기지만, (원운동하고 있는 물체 위에서 볼 때) 물체가 운동하여 속도를 가질 때만 볼 수 있는 것이 특징이다.

B 군 어렵지만 재미있는 것 같군요.

O 선생 어렵기 때문에 차근차근 설명하겠다. 우선, 그림 1과 같이 매끄럽게 반시계 방향으로 도는 원반을 지구에 비유하여, 이 위에 공을 중심에서 밖으로 굴려보자. 만약 마찰이 없다면 공은 어떻게 진행될까?

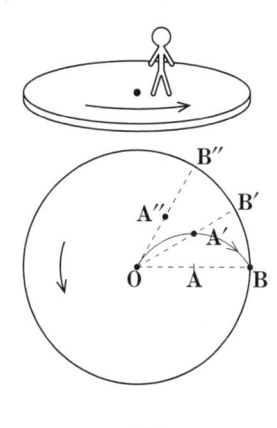

B 군 힘이 작용하지 않기 때문에 똑바로 나갈 것입니다.

O 선생 맞았다. 지금 공은 2초간에 OAB를 따라 나아간다고 하자. 이것을

그림 1

원반 위에 타고 있는 사람이 보면, 공은 어느 방향으로 빗나갈까?

C 양   오른쪽 방향으로 빗나가지만……?

O 선생   원반과 함께 회전하고 있는 사람으로부터 $OA'B$와 같이 보일 것이다. 만약 1초간에 θ 회전한다고 하면, 처음 방향에서 2θ 오른쪽으로 빗나간 B''의 방향에 있는 것이 된다. 따라서 원반 위의 사람은 진행 방향인 오른쪽으로 힘이 작용하여 구부러진 것처럼 보인다. 이것을 코리올리의 힘이 작용하였다고 보는 것이다.

C 양   그렇지만 바깥쪽에서 중심으로 향하는 공은 반대로 구부러지지 않습니까?

O 선생   바깥쪽에 있는 공은 원반과 함께 움직이고 있으므로 처음에 공은 접선 방향의 속도를 가지고 있다. 그래서 실제로 처음의 속도는 그림 2와 같이 합성한 것이 된단다. 그래서 역시 오른

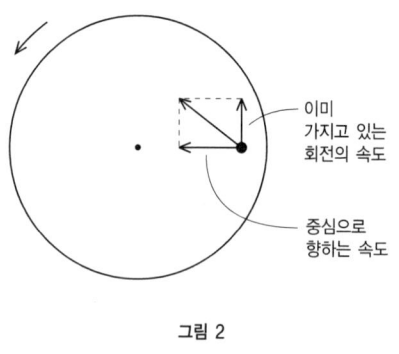

이미 가지고 있는 회전의 속도

중심으로 향하는 속도

그림 2

쪽으로 구부러진다. 전차 안에서 점프를 하면 바로 위로 뛰었다고 생각하더라도 실제로는 관성으로 지금까지의 속도를 유지하였기 때문에 비스듬히 전차가 나가는 방향으로 뛰게 되는 것과 마찬가지란다. 실제 어느 방향으로 나가더라도 북반구에서는 오른쪽으로 빗나가는 것을 알 수 있다. 지구상에서 북극이 아닌 곳은 지면이 순수하게 회전한다고는 말할 수 없지만 기본적인 사

고방식은 같다. 실제로 힘이 가해지고 있지 않아도, 우리들이 회전하는 지구상에서 관측하고 있기 때문에, 마치 오른쪽 방향의 힘이 작용하고 있는 것 같이 보이는 것이다.

■ **주1** ■ 코리올리의 힘의 크기

각속도 ω로 회전하는 원반 위에서, 중심 O로부터 v로 나아가는 물체를 생각해 보자(그림 3). 시간 t 사이에 물체는 O로부터 Q에 달하며, 동시에 회전해서 P라는 곳에 Q가 왔다고 하면, OP $= vt$이고 각 POQ $= \omega t$, 따라서 호 PQ

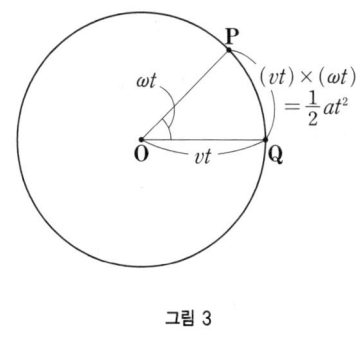

그림 3

는 $\omega v t^2$이 된다. t를 작다고 하면 PQ는 거의 v에 수직이고 가속도를 a라 하면 PQ $= \frac{1}{2} at^2$, 그래서 $a = 2\omega v$이다. 따라서 $ma = 2m\omega v$의 힘이 작용한 것과 같게 된다. 이것이 코리올리의 힘이란다.

B군 그렇군요. 그래서 고기압은 위에서 내려오는 공기가 중심으로부터 바깥쪽으로 불어 나오므로 우향으로 힘을 받아서 우회전이 되는군요. 그렇지만 태풍 같은 저기압에서는 왜 오른쪽으로 힘을 받는데, 우회전이 되지 않는

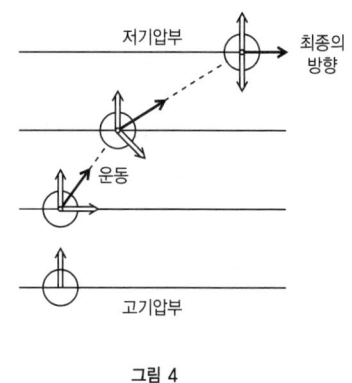

그림 4

것입니까?

O 선생 그림 4를 보아라. 태풍은 저기압이므로, 주위로부터 공기가 중심으로 밀치고 들어오지만, 북반구에서는 반시계 방향으로 회전하는 지표면 위에서 일어나기 때문에 오른쪽으로 풍향이 빗나가는 것이다.

C 양 바람이 우회전으로 빗나가는데, 어째서 반시계 (좌)회전의 소용돌이가 생기는 것입니까?

O 선생 거기가 재미있는 곳이다. 우선 기압의 차에 의해서 공기는 기압이 높은 곳에서 낮은 곳으로 힘을 받는다. 이것을 기압 경도력(傾度力)이라고 말한다. 공기는 그 방향으로 가속해서 빨라진다. 그런데, 속도를 얻음에 따라서 오른쪽이 코리올리의 힘을 받게 되어, 차차로 구부러진다. 구부리면서 속도를 증가함에 따라 코리올리의 힘도 커지고, 드디어 기압 경도력과 코리올리의 힘이 균형을 이루어 바람은 등압선에 평행하게 안정된다. 이때 바람은 저압부를 왼쪽으로 놓고서 부는 것이 된다. 이것을 보이스 발로트

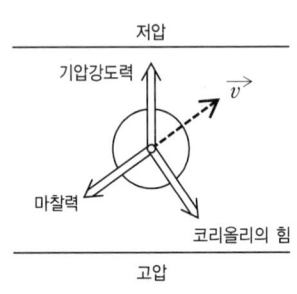
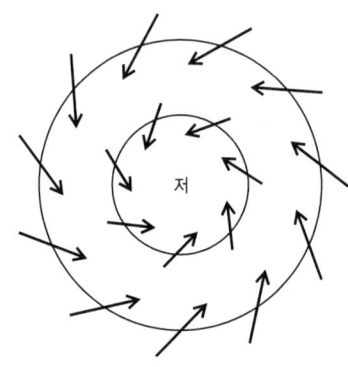

그림 5

(Buys-Ballot)의 법칙이라고 말한다. 실제로 600 m의 상공보다 높은 곳에서 바람은 이와 같이 불고 이를 지형풍(地衡風)이라고 부른다. 그러면 지상에서는 지면과의 사이에 마찰이 작용한다. 그림 5와 같이 바람이 등압선과 평행하게 되기 전에 3개의 힘이 균형을 이루어서 등압선에 비스듬히(평균 25도라고 말한다) 즉, 바람은 왼쪽 비스듬히 앞쪽으로 저압부가 있는 것처럼 불게 된다. 따라서 저기압 주위의 풍향을 써넣어서 이것을 연결하면 좌회전이 된다.

이 원운동은 장시간에 걸쳐서 안정되어 있기 때문에, 해수로부터 증발한 수증기가, 상승기류를 타고 상공으로 갈 때, 응축해서 잠열(潛熱)을 방출하여 큰 에너지를 태풍에게 주는 것이다.

B 군 그렇군요. 그렇지만 만약 태풍이 우회전으로 분다고 하더라도, 최종 상태만 보면, 기압 경도력(傾度力)과 코리올리 힘의 합력이 구심력이 되어서 원운동을 하면 되기 때문에(그림 6), 문제가 없을 것 같은데요.

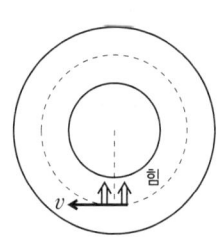

그림 6

O 선생 꽤 좋은 질문이구나. 태풍이나 바람의 발생 원인에 따라서는 역회전도 일어날 것이다. 단, 그와 같은 소용돌이는 기압 경도력과 코리올리 힘이 반대 방향으로 균형을 유지하는 것이 아니므로 안정되어 있지 않아서 수명은 짧다. 태풍에 대해서는 앞의 예를 든 적이 없지만, 소형 태풍이라는 회오리바람(토네이도(tornado))은 가끔 우회전으로 불 수도 있을 것이다. 좌회전의 회오리바람도, 태풍에 비해서 백분의 1정도의 크기

이므로 코리올리 힘의 효과가 작고, 그러므로 태풍과 같이 장시간에 걸쳐서 성장할 수 없다. 마찬가지 이유에 의해서, 코리올리 힘의 효과가 적은 적도 부근에서 생긴 태풍의 알은, 성장하지 않고 소멸해 버리는 경우가 많다.

A 군 태풍 이외에도 코리올리 힘과 관계있는 현상이 있을까요?

O 선생 푸코(Foucault)의 진자라고 부르는 것이 있다. 1851년 푸코는 파리 판테온(Pantheon)의 큰 돔(dome)에서 28 kg의 추를 70 m 철사의 아래쪽 끝에 매달아서 흔들게 하였다. 지구 자전에 의한 코리올리의 힘 때문에 오른쪽의 힘을 받아, 진자는 32시간 동안 시계 방향으로 1회전하였다. 그 외에 해류의 큰 흐름도 코리올리의 힘이 관계하고 있단다. 저위도 지역에서 무역풍의 영향으로 동에서 서로 흐르는 북적도 해류는 필리핀 앞 바다에서 코리올리 힘의 영향으로 오른쪽으로 꺾이면서 북상하여 일본의 태평양 연안을 흐르는 쿠로시오(黑潮) 해류가 되는데, 그 후 또 한 번 오른쪽으로 꺾어서 북태평양 해류가 되고, 편서풍의 영향으로 서에서 동으로 흐른다.

B 군 그러면, 지구상에서 운동하는 물체에는 대소의 차는 있어도 코리올리의 힘은 작용하고 있는 것일까요?

O 선생 바로 그대로다. 몇 가지 재미있는 예를 보자.

❶ 1 km 상공에서 정지하고 있는 헬리콥터에서 물체를 낙하시켰을 때, 지면에 달하기까지 약 56 cm 동쪽으로 빗나간다.

❷ 500 t의 기차가 200 km/h의 속도로 동에서 서로 움직이는 경우와, 서에서 동으로 움직이는 경우에는, 후자가 전자보다 약 671 kg중이나 가벼워진다.

❸ 140 km/h의 속도로 투수가 수평하게 북쪽 방향으로 공을 던졌을 때, 동쪽으로 약 1.4 cm 빗나간다.

❹ 포탄을 수평하게 북쪽 방향으로 120 m/s의 속도로 발사하여, 1 km 앞의 표적에 맞출 때, 약 46 cm 동쪽으로 빗나간다.

이상은 도쿄의 위도이며, 공기 저항이 없을 때의 이야기이다.

O 선생 재미있는 문제를 하나 생각해 보자.

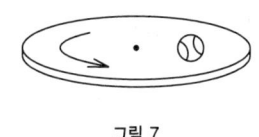

그림 7

그림 7과 같이, 미끄러운 반시계 회전으로 도는 미끄러운 회전 원판 위에 공이 놓여 있다. 판과는 마찰이 없으므로, 판밖의 우리가 보면 정지하고 있지만, 이것을 회전 원판 위에서 보면 시계 방향으로 원운동을 하고 있는 것이 된다. B군, 이때의 힘은 어떻게 됩니까?

B 군 원심력 $mr\omega^2$이 작용해서 원운동을 하고 있는 것이지요?

O 선생 상당히 많은 학생이 그렇게 대답해 버린단다. 원심력은 중심에서 바깥 방향으로 $mr\omega^2$인 것이다. 이 경우 원판 위를 보면 운동하고 있으므로 코리올리의 힘도 작용하며, 크기는 중심을 향해서 $2mr\omega^2$이 된다. 그 차인 $mr\omega^2$의 힘이 구심력이 되어서 공은 원운동을 하고 있는 것이다.

■ **주2** ■ 코리올리 힘 등 관성력은 어디까지나 보는 방법의 문제이다. 그래서 비행기를 예로 그것을 나타내 보자.

질량 m인 비행기가 적도 위에서 속력 v로 동쪽에서 서쪽으로 날아갈 때를 A, 서쪽에서 동쪽으로 날아갈 때를 B라고 하자. A에서 지표면의 속도를 $-u$, B에서 지표면의 속도를 $+u$라고 하자.

❶ 지구 외의 정지하고 있는 관측자로부터 보면

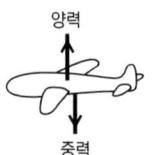
양력
중력

그림 8

　　구심력 = 지구의 중력 − 양력

따라서

$$\frac{m(v \mp u)^2}{R} = G\frac{mM}{R^2} - (양력) \quad 단, \quad v = R\omega$$

로 본다. 따라서

$$(양력) = G\frac{mM}{R^2} - \frac{mv^2}{R} \pm \frac{2muv}{R} - \frac{mu^2}{R}$$

　이 중 1, 2항은 속도가 0일 때 m을 지지하는 데에 필요한 힘이며, 속도가 u로 되었기 때문에 생긴 무게의 변화는 제3, 4항이다. 4항은 어느 쪽으로 나아가도 무게의 감소, 3항에서 동으로 달리면 무게는 속도와 함께 경감되어, 서로 날으는 경우 무게가 속도와 함께 증가한다.

❷ 지상의 관측자로부터 보면

　　구심력 = 지구의 중력 ± 코리올리의 힘 − 원심력 − 양력

$$\frac{mu^2}{R} = G\frac{mM}{R^2} \pm \frac{2muv}{R} - \frac{mv^2}{R} - (양력)$$

으로 보인다.

❸ 비행기에 타고 있는 관측자가 보면

　　합력 0 = 양력 + 원심력 − 중력

$$0 = (양력) + \frac{m(v \mp u)^2}{R} - \frac{GmM}{R^2}$$

으로 보인다.

　즉, ❷의 지상의 관측자로부터 보는 코리올리의 힘은 ❶의 지구 외의

관측자에 있어서는 구심력의 식으로부터 나오는 항에 지나지 않으며, ❸의 관측자에 있어서 비행기는 정지하고 있으므로 코리올리의 힘은 존재하지 않고 원심력만 작용한다. 즉, 현상은 같지만 관측자의 입장과 보는 방법에 따라서(수학적으로는 좌표 변환) 따로따로 의미 부여가 되는 것이다.

실험 1 ▶ 간단한 부메랑을 만드는 법

누구든지 어렸을 때 부메랑(Boomerang)을 보며 흥미를 느낀 기억이 있을 것이다. 그러나 실제로 던져보면 생각한 것처럼 돌아오지 않는다. 던지는 법이 잘못되었는지 모르나, 시판되는 부메랑은 조잡한 것이 많다.

여기서는, 두꺼운 종이를 사용해서 간단하게 부메랑 만드는 법을 소개하겠다. 일본에는 던지는 법을 연습할 수 있는 적당한 장소가 흔하지 않으나, 이것이라면 실내에서도 던질 수 있다.

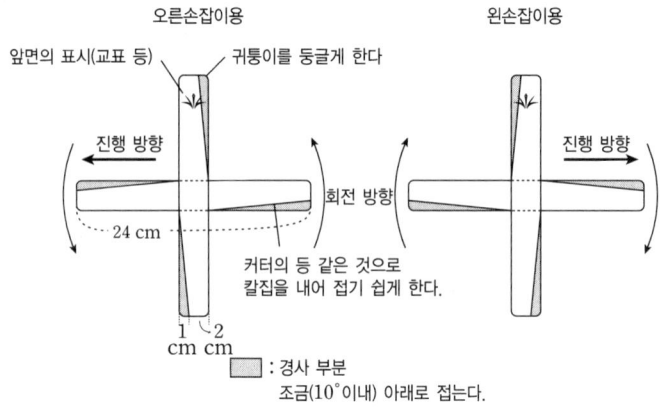

그림 1 ● 부메랑을 만드는 방법

'간단한 부메랑' 을 만드는 법

그림 1과 같이, 미농지(거름종이)를 여러 장 겹친 두꺼운 종이를

3 cm×24 cm 정도로 2장 잘라내어서, (＋) 모양으로 고정시킨다. 그리고 칼로 가볍게 칼집을 내서 그림의 사선 부분을 아래로 조금 접으면 완성이다.

여기서 주의할 것은 너무 많이 접지 말아야 하며, 접는 각도는 10° 이내로 한다. 또, 사용하는 두꺼운 종이는 젖혀지거나 찌그러져서는 안 된다. 종이의 귀퉁이는 위험 방지를 위해 둥글게 한다.

부메랑을 던지는 법

그림 1에서 좌우의 화살표는, 부메랑의 회전 방향을 나타낸다. 부메랑에는 앞뒤가 있으므로, 교표 등으로 앞이라는 표시를 한다. 앞뒤 표시를 잘못하면 돌아오지 않는다. 던지는 법은 그림 1의 부메랑을 오른손으로 세워서 교표가 보이도록 잡은 후(사진 참조), 스냅(snap)을 넣어서 오른쪽으로 비스듬히 던진다.

왼손잡이인 사람은, 그림 1의 왼손잡이용을 참고로 해서 만들고, 왼쪽으로 비스듬히 던진다. 이 경우, 회전 방향은 반대가 된다. 그리고 부메랑을 수평으로 던지는 사람이 있는데, 이것은 옳지 않다.

잘 되돌아오면, 4개의 날개 바깥쪽에 헝겊으로 만든 고무테이프를 날개에서 떨어지지 않도록 붙여서 던지면 멀리까지 날릴 수 있다.

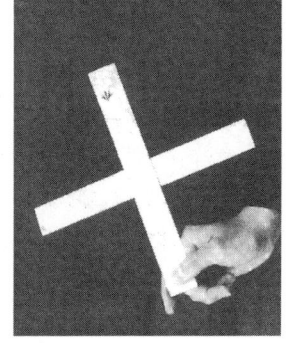

또, 몇 번 던지고 나면 종이가 약해지거나 때로는 생각지도 않는 방향으로 날아가는 일이 생긴다. 던지기 전에, 날개가 아래로 접힌 곳 외에 다른 부분들이 똑바로 되어 있는가, 전체적으로 젖혀지거나 찌그러지거나

않는가를 확인하자. 그리고 사람이 없는 실내에서 던져야 한다.

부메랑이 되돌아오는 이유?

왜 부메랑은 되돌아오는 것일까? 그 원리는 비행기가 하늘을 나는 것과 같다. 부메랑의 날개는, 두꺼운 종이를 접어 구부렸으므로 비행기의 날개와 비슷한 단면이다.

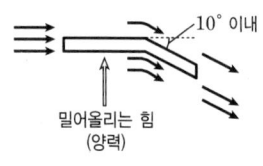

그림 2

그것이 바람을 끊는 비행기의 날개라면 공기를 아래로 밀어주므로, 그 반작용으로 위를 향하는 힘을 받는다. 그 덕분에 비행기는 떨어지지 않는다(그림 2). 부메랑은 세로로 던지므로 이 힘 F는 부메랑에 수평 방향으로 작용하여, 수평면 내에서 원운동시킨다. 그러므로 빙빙 돌아서 되돌아오는 것이다.

부메랑이 되돌아오는 원리는, 수백 년 전부터 많은 사람들이 생각해 왔다. 1968년에도 네덜란드의 F. 헤스(Franz Hess)라는 사람이 상세한 실험을 하고 학위 논문으로 제출하였다.

또 보통, 부메랑이라고 하면 'ㅅ' 자형의 날개 2개를 생각하는데,

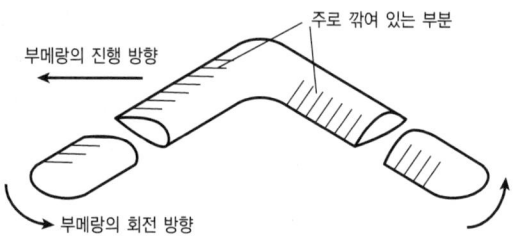

그림 3 • 일반적인 부메랑의 단면

이것도 되돌아오는 원리는 날개 4개와 마찬가지이고, 날개의 단면에 그 비밀이 있다(그림 3). 'ㅅ'자형으로 되어 있는 것은, 던질 때 회전을 쉽게 하기 위한 것에 지나지 않는다.

종이로 만들 경우, 가벼우므로 날개를 3매 이상으로 하지 않으면 되돌아오지 않는다. 날개의 수를 늘리면 늘릴수록 부메랑의 회전 반지름은 작아진다. 날개에 고무테이프를 붙이면 멀리까지 날아가는 이유는, 질량이 증가하고, 구심력의 크기는 같으므로, 회전 반지름이 커지기 때문이다. 정확하게 말하면, 이상적으로 부메랑의 궤도 반지름은, 면 밀도에 비례한다.

자전거를 타면 넘어지지 않고
잘 달릴 수 있다. 왜?

자전거를 겨우 탈 수 있게 된 사람의 경우, 지그재그(zigzag)로 움직이면서 나아간다. 익숙한 사람의 경우에도, 똑바로 나가고 있는 것 같지만, 잘 보면 작게 지그재그로 나아가고 있다. 자전거가 좌우로 기울면 작게 핸들을 꺾으면서 균형을 유지한다. 타는 사람이 판단해서 핸들을 조작하는 것보다, 거의 무의식적으로 하고 있다. 아니, 자전거 자신이 자동적으로 그것을 하도록 되어 있는 것이다. 그것은 양손을 놓고도 달릴 수 있는 것을 보면 명백하다. 자전거의 이 자기안정성은 도대체 어떠한 구조 때문일까?

✪ 앞바퀴의 중심이 핸들의 축보다 앞에 있으므로…… 라는 설

주변에 있는 두 세 권의 책을 보면, 모두 다음과 같이 쓰여 있다. 보통의 자전거에서는, 핸들이 붙어 있는 포크(fork)가 그림 1(a)와 같이 구부러져 있어서, 핸들의 회전축보다 앞바퀴의 중심(重心)이 앞에(앞쪽에) 나와 있다. 그렇기 때문에 만약 자전거가 왼쪽으로 기울어지면 앞바퀴

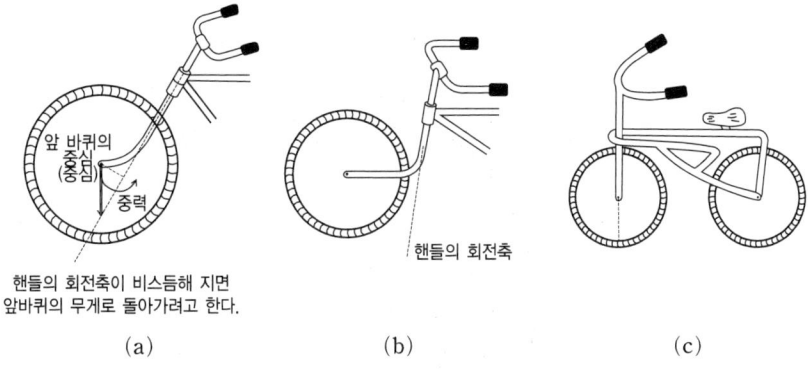

앞 바퀴의
중심
(중심)

중력

핸들의 회전축이 비스듬해 지면
앞바퀴의 무게로 돌아가려고 한다.

(a)

핸들의 회전축

(b)

(c)

그림 1 • 핸들의 회전축과 앞바퀴의 중심

의 무게로 핸들은 자연히 왼쪽으로 틀어지는 것이다(그림 2).

핸들을 왼쪽으로 꺾으면, 앞바퀴의 접지점이 왼쪽으로 변하며, 전후 바퀴의 접지점을 연결하는 직선(앞뒤바퀴 접지선)보다 '자전거＋타는 사람'의 중심(重心) G가 오른쪽으로 나온다. 그 결과, G에 작용하는 중력은 '자전거＋타는 사람'을 앞뒤바퀴 접지선의 주위에서 오른쪽으로 돌리고자 한다. 이것은, 왼쪽으로 넘어지려는 자전거를 당겨 일으키려고 하는 방향이다.

이렇게 하여서, 자전거 자기안정성의 열쇠는 자전거가 왼쪽으로 (오른쪽으로) 넘어지려 하면 (1) 앞바퀴가 왼쪽으로 (오른쪽으로) 방향을 바꾸어, (2) 앞뒤바퀴 접지선을 중심 G의 바로 밑에서 벗어나는 곳에 있다. 그리고 (1)과 (2)도, 핸들의 회전축보다 앞바퀴의 중심이 그림 1(a)와 같이 앞에 나와 있는 덕분에 일어날 수 있는 것이다.

과연, 초기의 자전거에서 볼 수 있었던 그림 1(c)와 같은 모양에서 안정성은 얻을 수 없을 것이다.

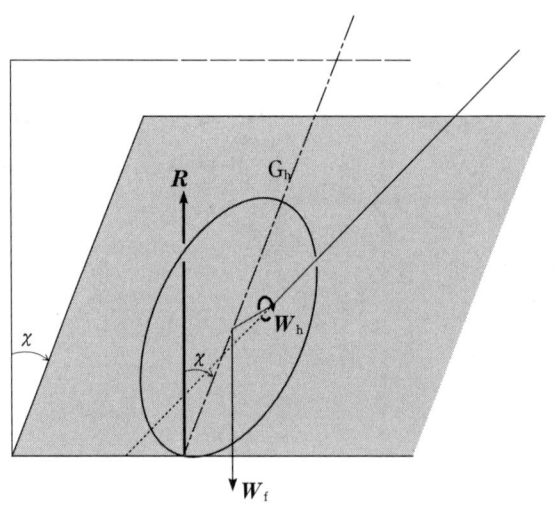

그림 2 • 자전거가 왼쪽으로 각 χ만큼 기울면

책에 따라서는, 핸들의 회전축보다 앞바퀴의 중심이 앞에 나와 있는 것을 강조하기 위해, 그림 1(b)가 붙어 있었다. 이것은 의자나 급식 운반차에 붙어 있는 캐스터(castor)를 연상시킨다. 밑 부분 주변에 자유로이 좌우로 흔드는 그림 3과 같은 바퀴이다. 그렇지만, 의자나 운반차가 기우는 것이 아니므로, 자전거의 안정성과 직접적으로는 연결되지 않는다. 그래도 강제로 자전거와 비교한다면, 양손을 놓고 주행하는 경우이다.

그때, 그림 1(b)의 자전거를 달리게 하는 것은 그림 3의 차체를 왼쪽으로 미는 경우에 해당하며, 캐스터는 방향을 바꾸어버릴 것이다. 자전거의 앞바퀴에서도 같은 일이 일어나며, 달릴 수 없게 된다.

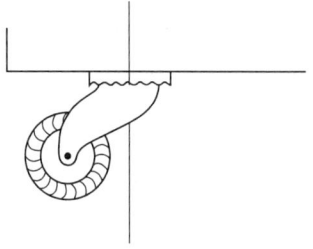

그림 3 • 캐스터

위의 설명과는 다르게, 자전거가 넘어지지 않는 것은 바퀴가 회전하고 있는 자이로(gyro) 효과에 의한다는 설도 있다. 그러나 적어도 자전거가 저속으로 달리고 있는 경우에는, 이것으로 설명되지 않는다.

✪ 실제 자전거의 치수

저속이라는 것은 얼마 이하인가 등의 이야기를 정량적으로 하려면 자전거의 사이즈를 알아야 한다.

그림 4를 보라. a_1은 포크 오프셋(fork offset)이라고 부르며, $a_1 > 0$은 앞 절에서 말한 '앞바퀴의 중심이 핸들의 회전축의 앞쪽에 있다는 것'을 나타낸다. a_2는 트레일(trail)이라고 부른다. 핸들의 회전축이 비스듬히 되어 있어서($\theta < 90°$), 또한 a_1이 너무 크지 않으면 $a_2 > 0$이 되며,

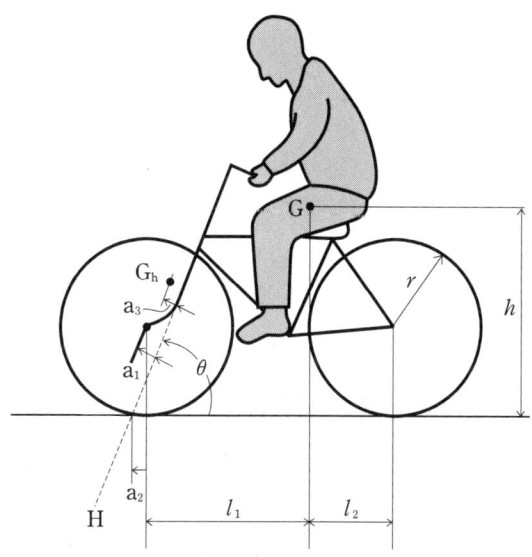

그림 4 • 자전거의 사이즈. G : 타는 사람도 포함한 전체의 중심, G_h: 핸들계의 중심,
H : 핸들의 회전축, a_1 : 포크 오프셋, a_2: 트레일, a_3: G_h와 H와의 거리.

앞바퀴의 접지점은 핸들의 회전축 뒤쪽에 온다.

그림 1(b)의 구조에서는 반대로, 앞바퀴의 접지점은 핸들의 회전축의 앞쪽에 와 있다.

자전거 사이즈의 한 예를 든다(표 1).

표 1. 자전거의 사이즈(26인치 실용차)

전체중량	W	86.1 kgf (사람의 무게 58 kgf를 포함한다)
핸들계의 무게	W_h	7.0 kgf
전체 중심의 위치	l_1	0.60 m
	l_2	0.51 m
	h	0.84 m
포크오프셋	a_1	0.081 m
트레일	a_2	0.049 m
핸들계 중심의 위치	a_3	0.050 m
캐스터각	θ	67.5°
바퀴의 반지름	r	0.33 m
바퀴의 관성 모멘트	I	0.22 kg·m² (회전축 주위)

✪ 핸들계

앞 절에서는, 핸들의 회전축 주위에서 앞바퀴가 회전한다고 말하지만, 그때 핸들과 포크도 함께 회전하는 것이다.

바퀴 자신의 축 회전은 따로 고려하자. 그렇게 결정하면 '앞바퀴＋핸들＋포크'의 전체(핸들계[系]라고 부른다)가 하나의 강체(剛體)로 핸들의 회전축 주위에서 회전하게 된다.

이 핸들계는, 자전거의 다른 부분에 경첩처럼 연결되어 있지만, 이 경첩은 마찰이 작고 자유롭게 회전할 수 있다. 이야기를 간단히 하기 위해서, 양손을 놓고 주행하는 경우를 생각하자. 이러한 경우에 핸들계의 회전은, 자전거의 다른 부분과 떼어 놓고 생각해도 된다. 그것에 작용하는 힘과 그 회전을 운동의 법칙에 비추어서 생각할 수 있다.

그래서 자전거는 자기안정성의 구조이지만, 그림 1(a)의 설 중

명제 A 자전거가 왼쪽으로(오른쪽으로) 넘어지려 하면, 앞바퀴가 왼쪽으로(오른쪽으로) 방향을 바꾼다.

명제 A가 옳다면 그 결과로 앞바퀴의 접지점이 왼쪽으로 변위하며, 앞뒤바퀴의 접지점을 연결하는 직선(앞뒤바퀴 접지선)보다 '자전거＋타는 사람'의 중심 G가 오른쪽으로(왼쪽으로) 이동한다는 것은 틀림없다.

그리고 그 결과로 G에 작용하는 중력은 '자전거＋타는 사람'을 앞뒤바퀴 접지선의 주위에 오른쪽으로(왼쪽으로) 돌리려 하지만, 이것은 왼쪽으로(오른쪽으로) 넘어지려는 자전거를 당겨 일으키려고 하는 방향이다. 이것도 틀림없다.

이렇게 해서, 명제 A가 올바르면 자전거의 자기안정성을 얻을 수 있다. 그리고 명제 A가 성립하기 위한 조건을 찾자.

그것을 명백히 하면 첫째 질문인 '왜 자전거로 넘어지지 않고 잘 달릴 수 있다. 왜?'의 그 이유도 답할 수 있을 것이다.

✪ 앞바퀴의 방향을 바꾸는 토크

지금, 자전거가 각 x만큼 왼쪽으로 기울어 졌다고 하자(그림 5). 이 때, 앞바퀴를 왼쪽으로 향하게 하는 토크(torque, 회전시키는 힘)는 어떻게 생기며, 얼마만큼의 크기인가? 단, 토크라는 것은 힘의 모멘트를 말하며

(힘 벡터의, 회전축과 힘의 작용점을 포함하는 평면에
   수직한 성분)×(회전축으로부터 힘의 작용점까지의 거리)

라고 정의된다. 이것이 클수록 큰 회전각은 가속도를 일으킨다.

핸들계를 회전시키는 토크를 구하려면, 이 계에 작용하는 외력의 토
크를 하나하나 구하면 된다. 외력은 표 2의 4가지가 있다.

이 중 (4)의 힘은, 축받이가 앞바퀴의 자유로운 회전을 허용하도록 되

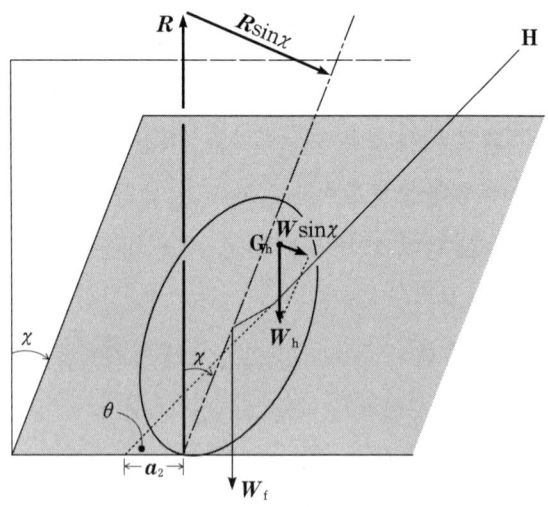

그림 5 • 자전거가 연직면으로부터 각 χ만큼 왼쪽으로 기울어진 경우

표 2. 핸들계에 작용하는 외력

힘	작용점	크기	방향·향
(1) 핸들계에 작용하는 중력	G_h	W_h	연직 하향
(2) 지면으로부터의 수직 항력	앞바퀴의 접지점	R	연직 상향
(3) 지면으로부터의 마찰력	앞바퀴의 접지점	F	수평·접지선에 수직
(4) 핸들축의 축받이로부터의 힘	축받이		앞바퀴의 면 내

어 있으므로, 앞바퀴를 회전시키는 토크에는 기여하지 않는다. 그러나 핸들계의 병진 운동을 생각할 때에는 중요하다.

이것으로부터 (1), (2), (3)의 힘이 각각 앞바퀴를 왼쪽으로 돌리는 토크를 계산하여, 앞 절의 명제 A가 성립하기 위한 조건을 찾자. 그리고 각각의 힘의 크기를 계산하는 것부터 시작하자.

✿ 힘의 크기

❶ 핸들계에 작용하는 중력의 크기는, 표 1로부터

$$W_h = 7.0 \text{ kgf} \tag{1}$$

❷ 지면으로부터의 수직 항력은, 자전거의 앞바퀴, 뒷바퀴에 작용하는 것을 합하면, 타는 사람도 포함한 자전거의 전 중량 $W = 86.1 \text{ kgf}$와 같다. 그것이 앞바퀴와 뒷바퀴에 그림 4의 길이 l_1, l_2의 역비로 배분된다. 따라서 앞바퀴에 작용하는 몫은 다음과 같다.

$$R = \frac{l_2}{l_1 + l_2} W = \frac{0.51 \text{ m}}{0.60 \text{ m} + 0.51 \text{ m}} \times 86 \text{ kgf} = 40 \text{ kgf} \tag{2}$$

❸ 마찰력의 크기는 추정하지 않으면 안 된다. 강체(剛體)의 운동은 회전과 병진으로 나누어진다는 정리를 기초로 다음과 같이 생각해 보았다.

자전거가 연직면으로부터 기울어져 가는 도중을 상상해 보는 것이다. 단, 자전거와 타는 사람을 합쳐서 강체로 간주한다. 이때, 표 2의 (4)의 힘은 내력이 되며, 고려할 필요가 없게 된다.

그 강체가 그림 5와 같이 기울면 중심 G에 작용하는 중력 W가 바퀴의 접지선을 벗어나, 더욱 기울기를 증가시키는 토크가 증가한다. 이리하여 기울기는 가속하여 증가하게 되는데, 이것은—바퀴의 접지점에서 미끄러짐이 일어나지 않는다고 가정할 때의 이야기이지만—중심 G가 거의 수평으로 가속도를 가지고 움직이는 것을 의미한다. 따라서 강체에는 수평 방향으로 외력이 작용하고 있으며, 이 힘이야말로 두 바퀴의 접지점에서 작용하는 마찰력에 지나지 않는다.

자전거가 왼쪽으로 기우는 경우라면, 그 마찰력도 왼쪽으로 향한다. 그리고 앞바퀴의 접지점에서 작용하는 마찰력 F는 핸들 회전축의 주변에 핸들계를 돌리는 토크가 생긴다. 도는 방향은, 그림 4와 같이 접지점이 핸들의 회전축 뒤쪽에 있는 경우, (1), (2)의 힘이 도는 방향과는 반대이다.

한편, 마찰력 F의 크기를 계산해 보자. 먼저, 자전거의 기울기각 x가 증가해 가는 모습을 조사하자. 자전거의 기울기를 증가시키는 것은, 자전거에 작용하는 중력 W와 지면으로부터의 항력으로 된 짝힘이고, 그 토크는

$$N = Wh \ \sin x$$

이다. 자전거+타는 사람 접지선 주위의 관성 모멘트의 계산은 표의 데이터만으로는 할 수 없다. 가령 질량 W/g, 길이 $2h$의 막대기로 생각하면, 접지선 주위의 관성 모멘트는

$$I = \frac{4}{3}\frac{W}{g}\,h^2$$

로 주어진다. 자전거 회전의 운동 방정식은

$$I\frac{d^2x}{dt^2} = Wh \sin x \tag{3}$$

이 된다. x가 작은 경우에 한해서, $\sin x \sim x$로 근사하면

$$\frac{d^2\chi}{dt^2} = \frac{Wh}{I}\chi = \frac{3}{4}\frac{g}{h}\chi$$

를 얻을 수 있다. 이 미분 방정식의 일반해는

$$\chi(t) = Ae^{at} + Be^{-at}$$

이다. 여기에

$$\alpha = \sqrt{\frac{3}{4}\frac{g}{h}}, \quad A, B는 임의 정수$$

예를 들면,

시각 $t=0$에 $\chi=0$, $\dfrac{d\chi}{dt}=\dot{\chi}_0$

였다고 하면

$$\chi(t) = \frac{\dot{\chi}_0}{2\alpha}(e^{at} - e^{-at}) \tag{4}$$

가 된다.

$\chi(t)$가 바뀌는 시간은 $1/\alpha$이다. 표 1의 수치를 넣어보면

$$\frac{1}{\alpha} = \sqrt{\frac{4h}{3g}} = \sqrt{\frac{4 \cdot (0.84\,\text{m})}{3 \cdot (9.8\,\text{m/s}^2)}} = 3.4\text{s} \tag{5}$$

이라는 값을 얻을 수 있다.

실제로는, 자전거가 기울면 앞바퀴가 방향을 바꿔서 기울기를 작게 하려고 한다. 그러므로 (4)와 같이 기울기가 한없이 증가하는 일은 없다. 기울기의 역학은 그것까지 생각해야 하지만 지금은 보류한다.

측정에 의하면, 자전거는 달리고 있을 때, $\text{v}=0.5\,\text{Hz}$ 정도의 진동수로 흔들린다고 말한다(그림 6). 그 주기는 $1/\text{v}=2\text{s}$이고, χ가 0부터 최대

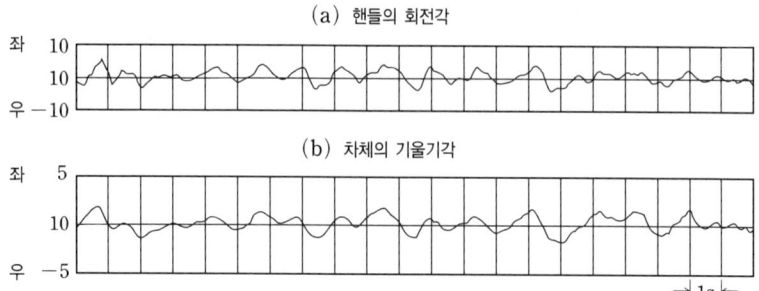

(a) 핸들의 회전각

좌 10

10

우 -10

(b) 차체의 기울기각

좌 5

10

우 -5

→| 1s |←

그림 6 ● 자동차 주행 중의 흔들림. 차 속도 10 km/h의 경우의 한 예이다. 차체의 기울기각보다 핸들의 회전각의 편이 0.1s만큼 늦어져 있다. 타는 사람의 반응이 늦은 것인가?

치가 될 때까지 0.5 s 걸린다. 이 값이 위의 계산 (5)와 거의 일치하고 있는 것은 흥미롭다.

그림 6으로부터 기울기각 x의 진동의 진폭은 2°정도이므로, 대략적으로

$$\chi(t) = 2° \sin[2\pi\nu t] \tag{6}$$

로 놓고 보자. 그러면, 중심이 수평 방향으로 가진 가속도는

$$\frac{d^2}{dt^2} h \frac{\pi}{180°} 2° \sin[2\pi\nu t] = -(2\pi\nu)^2 (0.035h) \sin[2\pi\nu t]$$

이 된다. $(\pi/180°) \times 2° = 0.035$는 2°를 라디안(radian) 단위로 고친 것이다. 가속도의 크기를 실효치로 나타내면

$$G는 \ 가속도의 \ 실효치 = \frac{1}{\sqrt{2}} (2\pi\nu)^2 (0.035h)$$

$$= \frac{1}{\sqrt{2}} \cdot (2\pi \cdot 0.5 \ \mathrm{s}^{-1})^2 \cdot (0.035 \cdot 0.84 \ \mathrm{m})$$

$$= 0.20 \ \mathrm{m/s}^2$$

이 된다. 이것에(자전거＋타는 사람)의 질량을 곱하면 마찰력이 담당해야 할 힘의 실효치가 나온다. 그것을 앞바퀴와 뒷바퀴가 담당하므로, 앞바퀴의 몫은, (2)와 마찬가지로

$$F = \frac{l_2}{l_1 + l_2} \times (86 \text{ kg} \cdot 0.20 \text{ m/s}^2) = 8.0 \text{ N} = 0.82 \text{ kgf} \qquad (7)$$

를 얻는다. 이것이 앞바퀴에 작용하는 마찰력의 견적이다. 이렇게 해서, 표 2의 모든 힘의 크기가 계산되었다.

✪ 핸들계의 방향을 바꾸는 토크

자전거가 연직면으로부터 각 x만큼 기울어졌을 때, 위의 (1), (2), (3)의 힘 각각이 앞바퀴의 방향을 바꾸려고 하는 토크를 구해 보자. 수치는 $x = 2°$로 가정하여 계산한다.

❶ 핸들계에 작용하는 중력은 연직 아래 방향으로 W_h이지만, 앞바퀴의 방향을 바꾸고자 하는 것은 앞바퀴의 면에 수직한 성분 $W_h \sin x$이다. 그것이 핸들의 회전축으로부터 앞에 a_3만큼 떨어진 G_h에 작용하므로, 앞바퀴를 왼쪽으로 돌리려고 하는 토크는

$$N_1 = W_h a_3 \sin x \qquad (8)$$

가 된다. 표 1의 수치를 넣으면, $x = 2°$일 때

$$N_1 = (7.0 \text{ kgf}) \cdot (0.05\text{m}) \cdot \sin 2° = 0.0122 \text{ kgf} \cdot \text{m} \qquad (9)$$

을 얻는다. $\sin 2° = 2\pi/180 = 0.035$를 사용하였다.

❷ 지면으로부터의 수직 항력은, 연직 위의 방향으로 R이어서, 앞바퀴의 방향을 바꾸고자 하는 것은 앞바퀴의 면에 수직한 성분 $R \sin x$ 이

다. 그 작용점은 핸들의 축으로부터 뒤에 $a_2 \sin\theta$만큼 떨어져 있으므로, 앞바퀴를 왼쪽으로 돌리려고 하는 토크는

$$N_2 = Ra_2 \sin \chi \sin\theta \tag{10}$$

가 된다. 표 1과 (2)의 수치를 넣으면, $\chi = 2°$일 때

$$N_2 = (40 \text{ kgf}) \cdot (0.049 \text{ m}) \cdot \sin 2° \sin 67.5°$$
$$= 0.063 \text{ kgf} \cdot \text{m} \tag{11}$$

을 얻는다. $\sin 67.5° = 0.92$를 사용하였다.

여기서, 캐스터각 θ를 바꾸었을 때 토크 N_2가 어떻게 바뀌는가를 보려면 (10)은 적합하지 않다. 그림 4로부터 알 수 있듯이 θ를 바꾸면 a_2도 바뀌기 때문이다. 그것을 고려해서

$$a_2 \sin \theta = r \cos \theta - a_1$$

으로 하지 않으면 안 된다. 그래서

$$N_2 = R(r \cos \theta - a_1) \sin \chi \tag{12}$$

가 된다. 특히 $\theta = 90°$인 그림 1(b)의 경우에는 $N_2 < 0$이 눈에 보여서 명백하며

$$N_1 + N_2 = (W_h a_3 - Ra_1) \sin \chi \quad (\theta = 90°) \tag{13}$$

는 $(-)$로도 될 수 있다. 실제로, 표 1과 (2)의 수치를 대입하면

$$N_1 + N_2 = \{(7.0 \text{ kgf}) \cdot (0.050 \text{ m}) - 40 \text{ kgf} \cdot (0.081 \text{ m})\} \cdot \sin 2°$$
$$= -0.101 \text{ kgf} \cdot \text{m} \quad (\theta = 90°) \tag{14}$$

가 된다.

❸ 마찰력은 수평으로 작용하며, 작용점은 ❷의 수직 항력과 마찬가

지이다. 이것이 핸들축의 주위에 앞바퀴를 왼쪽으로 돌리려고 하는 토크는 (−)이어서

$$N_3 = -Fa_2 \sin\theta \cos x \tag{15}$$

가 되며

$$N_3 = -(0.82 \text{ kgf}) \cdot (0.049 \text{ m}) \cdot \sin 67.5° \cdot \cos 2°$$
$$= -0.037 \text{ kgf} \cdot \text{m} \tag{16}$$

을 얻는다.

이렇게 하여서, 자전거가 왼쪽으로 $x=2°$만큼 기울였을 때 앞바퀴를 왼쪽으로 향하고자 하는 토크는, 합계

$$N_1 + N_2 + N_3 = (0.0122 + 0.063 - 0.037) \text{kgf} \cdot \text{m} \tag{17}$$

이라고 계산된다. 표 1의 수직 항력에 의한 N_2가 다른 것을 눌러서 크다.

✪ 핸들계의 회전 운동

자전거가 달리고 있을 때에는, 바퀴가 자신의 축 주위를 회전하고 있으며, 그 각운동량 벡터 L은 바퀴의 면에 수직으로, 진행 방향의 왼쪽으로 향하고 있다. L의 존재는, 이제까지 생각해 오지 않았지만, 바퀴

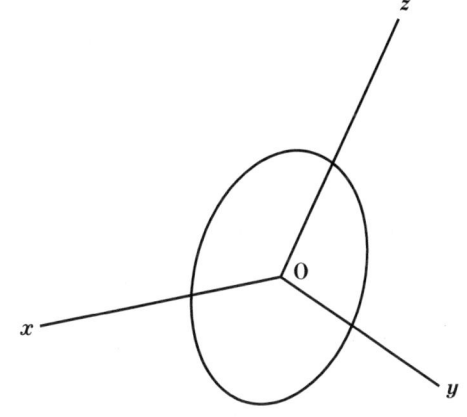

그림 7 • 직교좌표계. 축은 연직면 내에 있다.
x축은, 캐스터각이 $0 < \theta < 90°$의 경우,
진행방향보다 위를 향한다.

를 기울이는 것은 L을 기울이는 것이기도 하며, 그 변화를 일으키기 위해서 토크가 필요하다.

⊙ 바퀴의 각운동량

지금 자전거는 기울어지지 않고 달리고 있다. 핸들 회전축의 방향인 위쪽 방향으로 z축, 앞바퀴 회전축의 방향인 왼쪽 방향으로 y축, 그리고 양쪽에 수직 진행의 방향으로 x축을 취한다(그림 7).

바퀴가 자신의 회전축 주위에 가지는 관성 모멘트는, 표 1로부터 $I_y = 0.022 \text{ kg·m}^2$이다. 바퀴의 회전 각속도는, 바퀴의 반지름이 표에서 $r = 0.33 \text{ m}$이므로, 자전거가 속도 10 km/h로 달리고 있다면

$$\omega_y = \frac{10 \text{ km} / (60 \times 60 \text{ } s)}{0.33 \text{ m}} = 8.4 \text{ rad/s} \tag{18}$$

가 된다. 따라서 바퀴는 각운동량 $L = (0, \ L_y, \ 0)$을 갖는다. 여기서

$$\begin{aligned} L_y &= I_y \omega_y \\ &= (0.22 \text{ kg·m}^2) \cdot (8.4 \text{ rad/s}) = 1.85 \text{ kg·m}^2/\text{s} \end{aligned} \tag{19}$$

이다.

⊙ 자전거가 기울면……?

자전거가 왼쪽으로 기울어서 가는 과정을 생각해 보자. 그 각속도 ω_x는, 앞에서도 설명한 그림 5(a)의 흔들림에 대해서, 아마 — 이라는 것은 x축이 수평이 아니기 때문이지만 —

$$\omega_x = -\frac{0.035 \text{ rad}}{0.5 \text{ s}} = -0.070 \text{ rad/s} \tag{20}$$

이어서, 그것에 수반하는 각운동량은 z성분을

$$L_y \omega_x = -(1.85 \text{ kg} \cdot \text{m}^2) \cdot (-0.07 \text{ rad/s}) = 0.13 \text{ kg} \cdot \text{m}^2/\text{s}$$
$$= 0.013 \text{ kgf} \cdot \text{m} \tag{21}$$

의 속도로 증가하는 것이 된다. 그에 관해서는, 그만큼의 토크가 z방향에 작용하고 있겠지만, 이것은 핸들축의 주위에 도는 토크와 같은 것이고, 모두 앞에서 계산되었다. 그 총량 (17) —단, $x=2°$일 때—로부터 (21)을 사용한 나머지의

$$N_1 + N_2 + N_3 - L_y \omega_x$$
$$= (0.0122 + 0.063 - 0.037 + 0.0130) \text{kgf} \cdot \text{m} \tag{22}$$

이 앞바퀴는 핸들축의 주위에 왼쪽으로 도는 토크가 된다. 앞바퀴의 각운동량의 변화는 $(+)$의 기여를 하고 있지만, 그 크기에 있어서 N_2에 당길 수 없다. 자전거의 속도를 증가시키면 $-L_y \omega_x$는 커지겠지만, 그림 6에 상당하는 데이터가 없으므로 정량적인 의논은 할 수 없다.

⊙ 자기안정성의 조건

앞 절에서 자전거의 자기안정성은 명제 A의 성립 여부에 달려 있다는 것을 확인하였다. 위의 연구에 의하면, 명제 A가 성립하는 것은, 자전거가 왼쪽으로 기울어진 경우 (22)의 $N_1 + N_2 + N_3 - L_y \omega_x$가 $(+)$가 되는 것과 마찬가지이다. 표 1의 데이터에 기초하는 위의 계산에서, 이것은 확실히 $(+)$가 되었다. 자전거가 오른쪽으로 기울어졌을 경우에도, 거의 마찬가지이다.

4개의 항 중 N_2가 특히 크므로, 이것이 $(+)$가 되었다는 것이 결정적이지만, 그것은 (10)에서 $a_2 > 0$이었다는 것에 의한다. a_2는 트레일이고, 그림 4에서 보는 바와 같이 '앞바퀴의 접지점'으로부터 '핸들 회전축의 연장이 지면과 교차하는 점'에 이르는(방향이 있는) 거리이기 때문에

이것이 (＋)라는 것은

안정 조건 : '핸들 회전축의 연장이 지면과 교차하는 점'이 '앞바퀴의 접지점'보다 앞에 있는 것을 의미하고 있다. 이것이 자전거의 자기안정성의 조건이다―고 말하여도, ⑿의 4항 중 절대치에 있어서 N_2가 다른 것을 누르고 있을 때 성립한다.

지금까지 자전거가 왼쪽 또는 오른쪽으로 기울어진 경우의 것만을 생각해 왔다. 그러나 그림 1(b)와 그림 3에서 언급한 것처럼 자전거가 기울어져 있지 않아도, 캐스터와 같이 바퀴가 방향을 바꿀 가능성도 생각해 두지 않으면 안 된다. 여기서도 위의 안정 조건이 성립하고 있으면 다리바퀴가 돌지 않는 것을 알 수 있다.

그래서 새롭게 그림 4를 보면, 자전거의 자기안정성 때문에 포크가 앞으로 구부러져 있는 것이 필요 없음을 알 수 있다. 그러나 사실, 최근에는 똑바른 포크도 자주 볼 수 있다.

포크가 반대로 뒤로 구부러져 있는 경우라도 안정 조건은 만족될 수 있다고 생각했었는데 실제로 그와 같은 자전거가 판매되고 있었다!(그림 8)

그림 8 ● 포크가 뒤를 향해서 구부러져 있다
(촬영/지카다 시게루(近田茂), 자료제공/ 'BE-PAL' 편집부)

032: 스키의 회전은 어떻게 가능한가?

스키와 같은 긴 기구로, 어떻게 방향을 바꿀 수 있는 것일까? 그 불가사의한 현상에 대해 여러 가지 설명이 있다.

✿ 잘못 투성이의 통설

현재, 일반적으로 널리 알려져 있는 설명은 거의 잘못된 것이다. 대표적으로 잘못된 설명들을 살펴보자.

❶ 사이드 커브로 회전할 수 있다

스키를 위에서 보면 그림 1과 같이, 중앙부가 좁다. 스키의 측면이 설면(雪面)에 닿으면 깊게 들어가므로, 이 커브에 따라서 구부러진다는 것이다. 그렇지만, 이 반지름은 대단히 크고, 현실적으로 턴(turn)이 이것보다 작은 반지름이거나

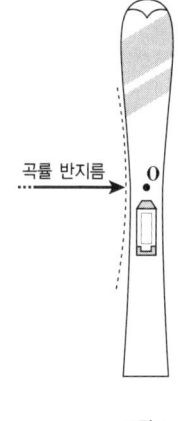

곡률 반지름 ·········▸

그림 1

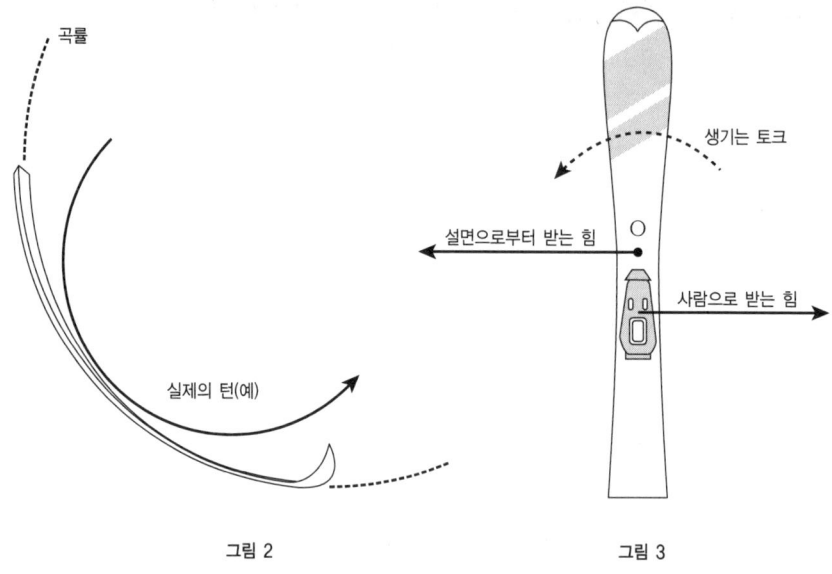

곡률

설면으로부터 받는 힘

생기는 토크

사람으로 받는 힘

실제의 턴(예)

그림 2   그림 3

또한 여러 가지로 복잡하게 변화하는 곡률로 행해지고 있는 것을 설명
할 수 없다. 더욱 결정적인 것은, 중앙부가 굵은 스키판이 실제로 존재
하여(니시자와제, 西澤製), 그것을 사용해도 마찬가지로 회전할 수 있는
것이다. 이것은 실험으로 증명되었다.

❷ 휨에 따라서 구부러진다?

스키의 앞쪽에 사람의 중심(重心)이 옮겨지면 판이 휜다. 그것을 설면
에 내리누르므로, 그 깊게 눌린 커브에 따라서 구부러진다는 것이며, 이
설명을 믿고 있는 사람이 많다. 그러나 이것도, 실제 턴의 반지름은 휨의
곡률 반지름보다도 작은 경우가 많고(그림 2), 턴을 할 때마다 호의 바깥
쪽에 눈보라가 날리는 것을 설명할 수 없다. 커빙 턴(curving turn)이
라고 하더라도, 그것은 작으면서 옆으로 밀림을 동반하는 턴인 것이다.

❸ 원심력으로 구부러진다

턴을 해야 원심력이 생기므로 원심력이 먼저 생기는 것은 아니다.

❹ 구두의 위치가 뒤쪽이므로 구부러진다

스키화는 판의 중앙이 아니고, 조금 뒤쪽에 붙어 있다. 그러면 왼쪽의 에지(edge)를 세웠을 때, 스키에 작용하는 힘은 설면으로부터의 저항력과 사람의 힘이지만, 각각은 그림 3과 같이 되며, 토크가 생겨서 판에 회전이 일어난다는 것이다. 그러나 이 의견도, 뒤쪽 방향으로 플루크보겐(pflugbogen)이 실제로 될 수 있다든가 바인딩(binding)의 위치를 움직여서 판의 전반부에 신발의 위치를 가지고 와도 턴을 할 수 있다는 것(이들의 사실도 실험을 통해 확인하였다)을 설명할 수 없다. 또 턴을 멈추는 구조도 설명할 수 없다.

✪ 그러면 올바른 설명은?

스키는 긴 하나의 물체이며, 턴은 그 운동이므로, 역학 법칙에 따른다. 역학을 순수하게 적용해 가면 올바로 해명할 수 있다. 물체를 단순하게 하기 위해서 평지에서 예를 들어, 차례로 기술해 가자.

❶ 스키의 턴은 그림 4와 같이, 중심 운동인 공전 운동과 중심 주위에서 판 자신이 도는 자전 운동과의 조합이다. 이 두 운동이 어떠한 구조로 행해지는가를 나타내면 되는 것이다.

❷ 직진하고 있는 스키어(skier)가 턴을 하기 위해서는, 그 사람의 중심을 안쪽에 가지고 온다(그림 5). 안쪽으로 넘어지려고 하면서 눈을 옆으로 깎는다. 그때 설면으로부터 저항력(수평 저항)을 받으므로, 이 힘이 어느 정도 이상의 크기라면 넘어지는 것을 멈추는 작용을 하고 또한 그것은 안쪽 방향의 힘이므로 원운동에 필요한 구심력과 같은 역할을 하며,

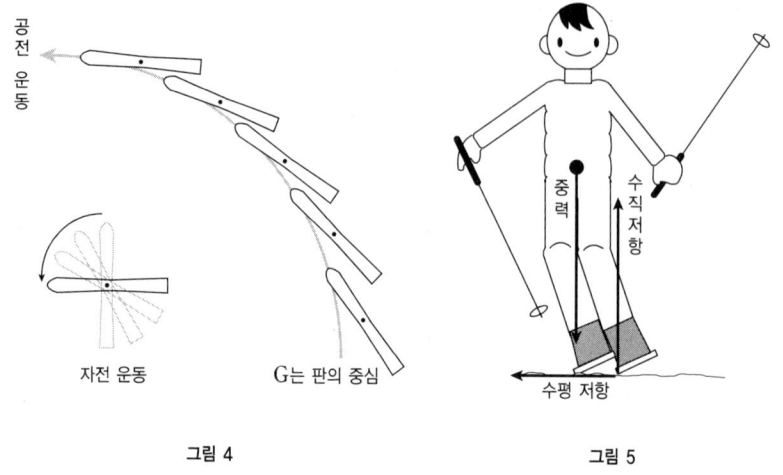

공전 운동

자전 운동

G는 판의 중심

중력

수직 저항

수평 저항

그림 4

그림 5

왼쪽으로 구부러져 갈 수 있다. 이와 같이 눈을 옆으로 깎으면서 구부러지는 것이 스키의 독특한 점이다.

❸ **여기서, 옆으로 깎으면서** 저항을 받는 것이라면, 머지않아 바깥 방향의 속도는 없어져서 결국은 넘어져 버리는 것이 아닌가 하는 의문이 생길 것이다. 그러나 이때, 스키판은 세로 방향으로 미끄러져 있으며, 옆으로 밀림을 수반해서 자전(自轉) 운동이 연속적으로 일어난다면, 판은 진행 방향에 대해서 각도(이것을 영각[迎角, 또는 반음각]이라고 말한다)를 갖게 되며, 이어서 바깥쪽 옆으로 향한 속도와 회전중심으로 향한 수평 저항을 얻을 수 있는 것이다.

❹ **그러면 자전은** 어떻게 해서 일어나는 것일까? 이것을 알아보기 위해 인체와 판을 따로따로 떼어 놓고 생각해 보자. 우선, 인체의 중심을 앞쪽으로 가지고 간다(앞으로 기울인다)면, 판이 사람으로부터 받는 힘은 그림 6과 같이 되며 그 결과 스키가 휜다.

❺ **이어서 이 사람의** 중심이 옆으로 이동하면, 그 휨에 따라서 눈을 깎는

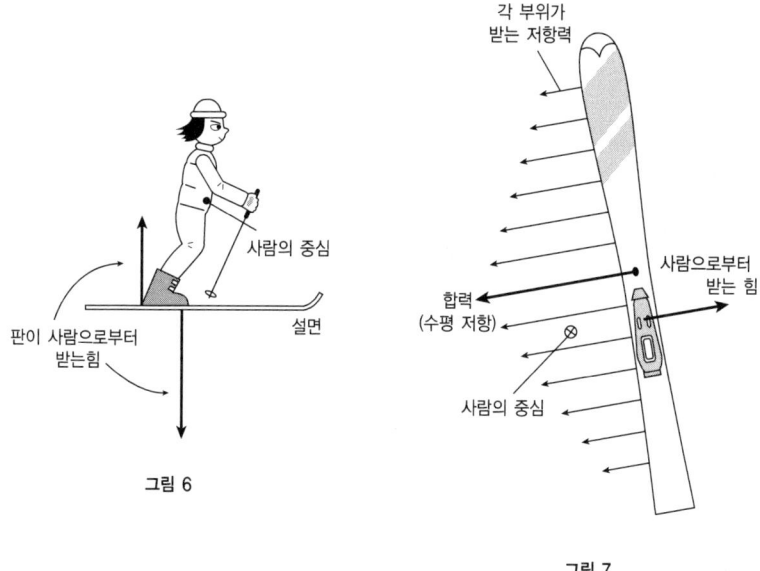

각 부위가
받는 저항력

사람의 중심

판이 사람으로부터
받는힘

설면

그림 6

사람으로부터
받는 힘

합력
(수평 저항)

사람의 중심

그림 7

다. 이때 판이 받는 저항력은 깎는 깊이가 깊을수록 크므로, 판의 각 부위가 받는 힘의 분포는 그림 7과 같으며, 그 결과 합력의 작용점도 앞에 온다. 스키는 중앙이 두껍기 때문에, 그 점은 사람의 중심보다도 앞이 된다. 한편, 판이 사람으로부터 받는 힘도 작용하며 그것은 바로 중심의 위치가 된다. 이 두 힘에 의한 토크의 대소로, 어느 쪽으로 자전이 일어나는가가 결정된다. 보통 에지(edge)를 세우면, 수평 저항은 크므로, 스키의 앞부분이 안쪽으로 돌아 들어가는 자전이 생기게 된다.

❻ **스키의 방향을 바꿀 때**에는 몸을 앞으로 기울여서 중심을 앞에 두고, 회전하는 것을 멈추려면 몸을 뒤로 젖혀 중심을 뒤쪽으로 이동시키는 '앞뒤 운동' 과, 중심을 안쪽으로 이동시키는 '안쪽 기울임' (보통의 스키의 책에서는 좋지 않은 폼의 예가 되는 일이 많으나)을 조합하여, 그림 8(a)와 같이 적절하게 중심을 이동시키면, 그것만으로 그림 8(b)와

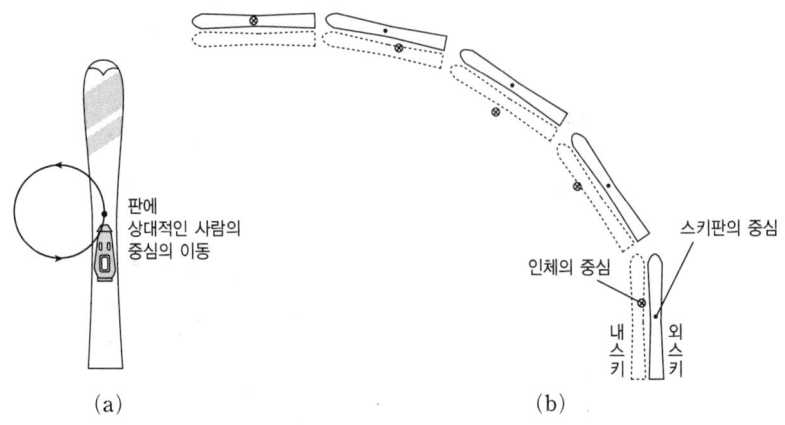

판에
상대적인 사람의
중심의 이동

스키판의 중심

인체의 중심

내
스
키

외
스
키

(a)

(b)

그림 8

같이 턴을 할 수 있는 것이다(턴을 종료할 때에는 자전을 멈추기 위해서
반대 방향의 토크가 필요).

칼럼 6 ** 시험 공부는 사람을 속이는 것

니시나 요시오의 편지―――

니시나 요시오(仁科芳雄) 박사는, 1890년에 오카야마(岡山)현 아사구치(淺口)군 신조무라(新庄村, 지금의 사토쇼초[里庄町])에서 출생하였다. 유럽에 유학하고, 귀국 후에 노벨상을 수상하게 되는 유카와 히데키(湯川秀樹), 도모나가 신이치로(朝永振一郎)를 비롯하여 많은 과학자를 가르치고, 일본의 소립자(素粒子) 물리학을 세계적 수준으로 끌어올린 제1의 공로자이다.

니시나 박사는 1910년 3월, 구제 오카야마 중학교(현 오카야마 아사히[朝日] 고등학교)를 졸업하고, 9월의 제6고등학교 입학 시험 때문에 공부를 하고 있었다. 그 해 4월 7일에, 자기의 경험을 바탕으로 가장 사랑하는 동생에게 공부하는 방법에 대해 편지를 썼다. 그 편지의 요점을 《니시나 요시오 박사 서한집》에서 인용한다.

'전날에 다음 날의 것을 예습해서 수업시간에 집중해서 듣고(될 수 있는 한 수업시간에 바로 외우도록 해야 한다), 돌아와서는 반드시 복습한다. 이 3가지를 실행하면 쉽게 외울 수 있다.

그래서 1주일 후에는, 전과목을 대략 복습하여야 한다. 이것은

니시나회관 정면(사토쇼초)

토요일 밤이나 일요일 아침에 하면 좋다.', '교과서 이외의 참고서를 읽어야 한다. 우리들이 학교에서 배우는 것은, 참고서를 읽을 수 있는 힘을 줄뿐이다. 참고서를 읽고, 스스로 공부하지 않으면 안 된다. 지금 내가 말하는 참고서는, 반드시 학술적인 것만을 말하는 것이 아니고, 수양이 될 만한 책도 포함된다. 현재와 옛날 위인들의 전기를 모두 읽는 것은, 무엇보다도 좋은 일이다. 학교 공부에 쫓겨서, 이것을 게을리 하면, 학교 성적은 좋아도 사회에 나가서 도움이 되지 않는다.'

'시험 공부는, 특히 큰 해가 된다. 특히 밤에 오래 공부하는 것은 가장 어리석은 일이다. 이렇게 공부해도, 곧 잊어버려서 아무런 도움도 되지 않는다. 다만 시험의 성적이 좋을 뿐이다. 시험 성적이 좋다고 하여 아무 것도 되지 않는다. 시험은 다만 실력이 어느 정도 인지를 교사가 시험하는 것이다. 우리들은 학력을 쌓는 것이 필요하다. 시험 전에 벼락 공부를 하는 것은, 실력이 없는 것을 있는 것처럼 교사에게 보이기 위한 것이라면, 큰 잘못이다. 사기이고 죄악이며 교사를 속이는 것이다. 이와 같은 잘못을 저지르며, 게다가 몸을 해치면서까지 벼락 공부를 해서는 안 된다. 평소에 공부해서 실력을 향상시키는 것이 중요하다.'

이 편지에 기술된 학습 태도는 지금도 통한다. 생가가 있는 동네의 사토쇼 중학교에서는 《니시나 요시오 박사로부터 동생에게 보낸 편지》, 모교 오카야마 아사히 고등학교에서는 《권학(勸學)》이라는 책자에 수록하여 배포하고 있다. 과학 진흥 니시나재단(사토쇼초)에서 정리한 《니시나 요시오 박사 서한집》은, 이 이외에도 남아있는 수많은 편지가 있으며, 니시나 선생의 사람 됨됨이나 마음의 움직임을 알 수 있는 자료이다.

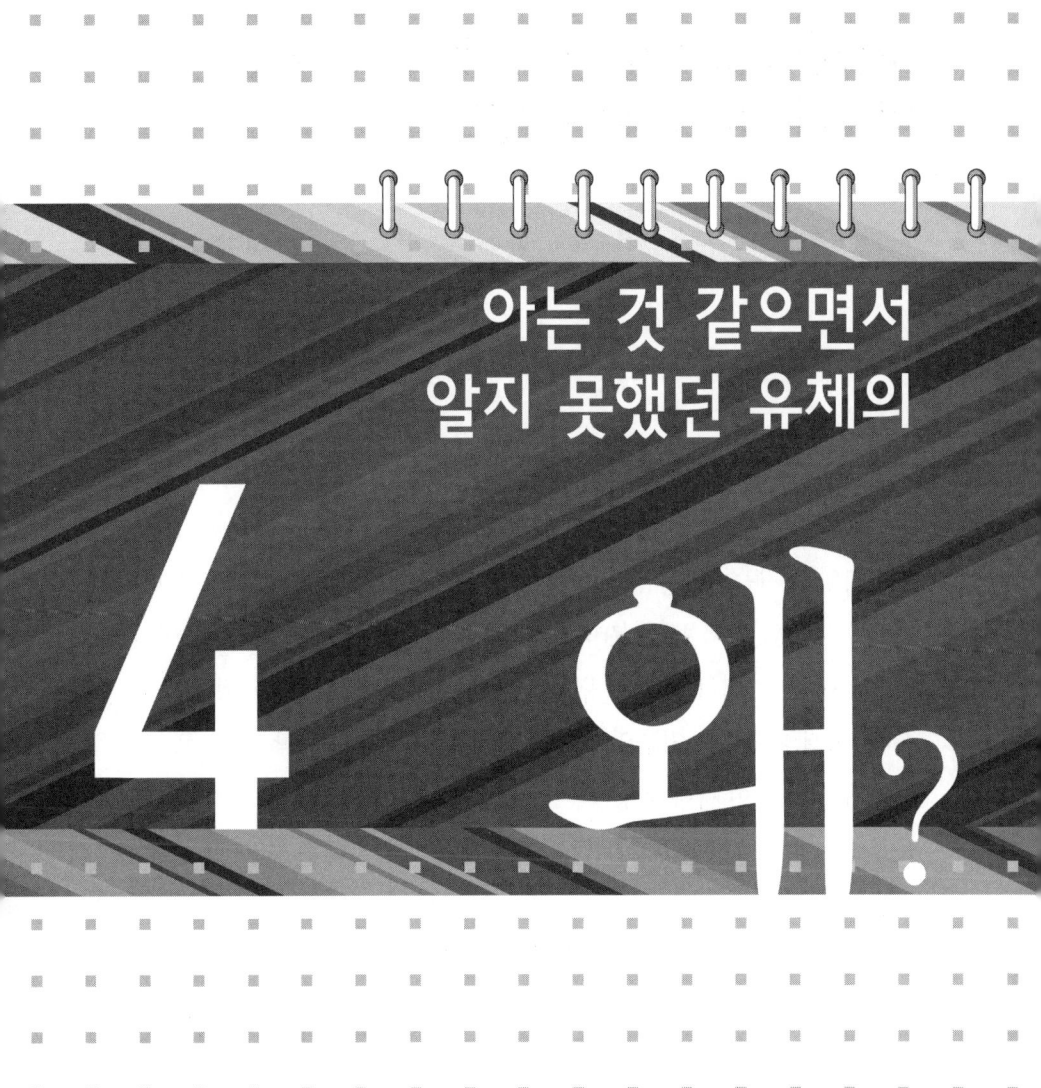

아는 것 같으면서
알지 못했던 유체의

4 왜?

033:

하늘을 날고 있는 기체 분자의 무게를 어떻게 저울로 잴 수 있는가?

기체의 분자는 뿔뿔이 흩어져서 하늘을 제멋대로 돌아다니고 있다. 고체나 액체와 같이 모든 분자가 용기의 바닥을 누르고 있는 것은 아니다. 그 대신, 기체의 분자는 용기의 바닥이나 벽에 부딪쳐서 튀어 돌아온다. 이때의 충격은 저울의 접시를 밀어 내리는 힘으로 작용하므로, 기체의 무게와 같이 나타난다. 그러나 이렇게 해서 무게와 같이 보이는 힘은, 그 기체가 액체나 고체가 됐을 때의 무게와 일치하는 것일까?

✪ 당신이 분자가 되었다고 생각한 후 체중계의 사고 실험을 해 보자

여기서, 당신이 분자가 되었다고 생각한 후 사고 실험을 하자. 체중계에 올라가서 당신의 체중을 두 가지 방법으로 재어 보자. 우선 고체의 분자가 저울에 올라가는 경우와 마찬가지로, 조용히 저울에 올라가서 무게를 차분하게 잰다. 다음에 기체 분자가 되어 체중계 위에서 올라갔다 내려갔다를 되풀이한다. 이 두 가지의 무게 측정 결과가 일치할까?

당신의 질량을 m(40 kg)이라고 하자. 차분하게 올라갔을 경우에는,

저울의 눈금에 당신의 체중(40 kgf)이 표시될
것이다(이것은 지구의 중력 mg와 체중계의
면에서 당신에게 작용하는 힘 N이 균형을 이
루어 그 힘의 반작용으로, 당신이 체중계의 면
을 누르는 힘 R이 눈금에 나타나, 그것이 당
신의 체중을 나타내는 것이다).

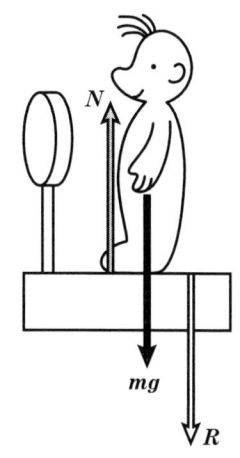

자, 당신이 체중계 위에서 도약 운동을 한
다고 하자(정말로 하면 체중계가 고장 날 염려
가 있으므로 주의!). 저울의 바늘은 심하게 진
동할 것이다. 평균을 내면 당신이 기체 분자가 되어서 용기의 아래 면에
부딪치는 경우와 같다. 당신이 뛰어 올라갈 때의 속도를 V_0라 하자. 중
력 가속도 g에 거슬러서 상승하는 당신의 속도는 시간 t와 함께 V_0-gt
로 바뀌고(낙하할 때는 1s마다 g(지구에서는 9.8 m/s^2)씩 가속하며, 상
승할 때는 g씩 감속한다), 시간이 $t=\dfrac{V_0}{g}$ 경과했을 때 속도가 0이 되어
서 최고점에 달하여 낙하하기 시작하며, 상승과 같은 시간 $\dfrac{V_0}{g}$ 경과하
면 최초와 같은 크기(방향은 반대)의 속도 V_0로 체중계의 면에 충돌한
다. 그리고 그 면에 충격을 주고, 그 면으로부터 발은 충격을 받아 위쪽
방향으로 V_0의 속도로 다시 뛰어오른다. 이때 충격량의 크기를 충격량=
힘×시간으로 나타내면, 그것은 당신의 운동량의 변화와 같으므로

$$mV_0-(-mV_0)=2mV_0$$

가 된다. 이러한 운동을 되풀이한다(그림 1).

이 '쿵'을 익숙하게 해서, 면에 평균적으로 계속 작용하면 어떠한 힘
이 되는가를 생각해 보자.

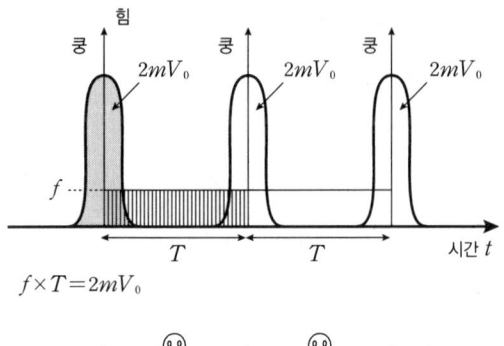

그림 1

    기체 분자 입장에서 보면 당신은 거대한 걸리버(Gulliver)이다. 당신의 체중은 40 kgf 정도일까? 기체 분자, 예를 들면 산소 분자 O_2라면, 분자량이 32이므로, 1몰(mol) 즉, 6.02×10^{23} 개가 32 g이라는 것이며,

$$O_2 \text{ 분자 1개의 질량} = \frac{32 \text{ g}}{6.02 \times 10^{23}} = 5.3 \times 10^{-23} \text{ g}$$

이다. 어쩌면 당신 체중(정확하게는 질량!)의 10^{27}분의 1밖에 안 된다.

    그래도 기체 분자는 빠르다. 빠르거나 느린 것도 있지만, 평균적으로 말해서, 실온의 산소라면 400 m/s 정도이다. 이에 대해, 당신이 저울의 면에 충돌하는 속도는, 가령 $h=1$ m까지 뛰어올랐다가 떨어졌다고 해도

$$\sqrt{2gh} = \sqrt{2 \times (9.8 \text{m/s}^2) \times (1 \text{ m})} = 4.4 \text{ m/s}$$

정도의 것이다.

    문제는 운동량이었다. 기체 분자는 가볍지만 빠르다. 걸리버는 무겁

지만 늦다. 운동량의 크기로 비교한다면, 어느 쪽이 이겼는가? 계산해
보자.

역시 걸리버, 아니 당신이 이겼다. 압도적인 승리이다.

	기체 분자	걸리버
질량 (kg)	5.3×10^{-26}	40
속도 (m/s)	400	4.4
운동량 (kg m/s)	2×10^{-23}	180

그러면, 운동량이 이렇게 작은 기체 분자는 저울이 감지하지 못하는
가? 그렇지는 않다. 저울 면에 충돌해 오는 기체 분자의 수가 매우 많기
때문이다. 하나의 분자가 충돌해서 약간이라도 저울을 누르면, 곧 다음
의 분자가 충돌해 온다. 또 다음, 다음…… 면이 원래의 위치에 되돌아
오는 틈도 있으면 안 된다.

기체가 담긴 용기를 저울에 얹으면 저울의 바늘은 일정한 무게를 가
리키며 멈춘다. 사실은 분자가 충돌할 때마다 실룩실룩 움직이고 있을
것이다. 그렇지만 가늘고 빠른 움직임은 인간의 눈으로는 볼 수 없을 것
이다.

그래서 기체 분자가 되고 싶다면, 거대한 당신은 움직임이 둔한 저울
에 올라가야 한다. 뛰어올라갔다가 내려오는 것을 여러 번 되풀이하는
동안, 저울대가 내려앉아서 되돌아오지 않는 둔하고 무거운 저울이다.

그와 같은 저울의 접시에, 시간 T 사이에 당신이 가하는 충격량은,
접시를 받치는 용수철이 가하는 힘—만약 접시가 실룩실룩 움직이는
것이 걱정되면, 그것을 균등하게 한, 평균 힘—의 충격량과 평형을 이
루고 있는 것이다. 다시 말하면, 시간 T 사이에 당신이 접시에 주는 운

동량은 용수철이 주는 운동량으로 지워진다.

당신이 한 번의 충돌로 접시에 주는 운동량은 $2mV_0$, 시간 T 사이의 충돌 횟수는

$$\frac{T}{\left(\frac{2V_0}{g}\right)} = \frac{gT}{2V_0} \text{ 이므로}$$

(시간 T 사이에 당신이

$$\text{저울면에 주는 운동량)} = 2mV_0 \cdot \frac{gT}{2V_0} = mgT$$

또 한편, 저울의 용수철을 누르고 있는 힘의 크기를 F라 하면

(시간 T 사이에 용수철이 저울면에 주는 운동량$)=-FT$

단, 아래쪽 방향을 $(+)$로 결정하고 마이너스 부호를 붙였다. 이 운동량은 위쪽 방향이므로 운동량을 서로 지워서

$$mgT-FT=0, \ \ \text{즉,} \ \ F=mg$$

저울의 용수철이 이만큼의 힘을 내고 있다는 것은, 저울의 지침이 질량 m을 가리키는 것이다. 그럭저럭 기체의 무게에 대해 안심해도 좋을 것 같다.

✪ 실제 기체 분자의 경우에는—용기의 윗면과 바닥면에도 충격을 가한다

기체 분자의 경우도 마찬가지로 생각하면 된다. 기체 분자 1개의 질량을 m, 기체 분자의 총수를 N이라 하자(그림 2). 그러면 우선, 최초에 분자 1개가 용기의 바닥면으로부터 수직 상향으로 V_0의 속도로 상승하기 시작한 때를 생각하자. 당신이 뛰어올라 갔을 경우와 마찬가지로 속도는 시간과 함께 V_0-gt로 변화한다. 용기의 위쪽 방향으로 L만큼 상

승해서 용기의 윗면에 속도 v_L로 충돌하여($v_L = V_0 - gt$), 운동량이 위쪽 방향의 mv_L로부터 아래 방향으로 mv_L 즉, $2mv_L$ 변화하는 것으로 윗면에 충격력을 준다. 이번에는 아래 방향으로 초속도 v_L로 시작하여 마지막 속도 $v_L + gt$까지 운동하며, L만큼 낙하해서, 최초와 마찬가지의 크기로 방향이 반대인 속도 V_0로 바닥면에 부딪쳐, 바닥에 충격력을 주며, 다시 수직 방향으로 속도 V_0로 운동을 시작한다. 결국, 분자는 윗면에 $2mv_L$, 바닥

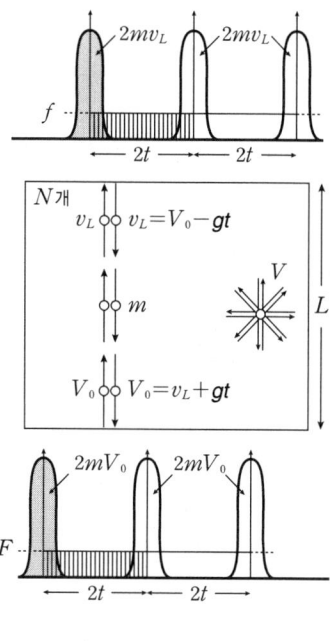

그림 2

면에 $2mV_0$의 충격량을 주므로 이 충격을 평균해서 작용하는 힘에 치환한 각각의 힘의 차가 이 분자 1개의 '무게'가 되는 것이다. 한편 윗면에 주는 평균의 힘을 f라 하면

$$f \times 2t = 2mv_L$$

바닥면에 주는 평균의 힘을 F라 하면

$$F \times 2t = 2mV_0$$

이것으로부터

$$F - f = \frac{(mV_0 - mv_L)}{t}$$
$$= \frac{m(V_0 - v_L)}{t}$$

$$= \frac{m(gt)}{t} = mg$$

기체 분자의 경우에는 체중계로의 도약과는 달라서, 분자의 속도는 굉장히 빠르므로 충격과 충격의 간격은 매우 짧고, 평균의 힘이 실제로 눈금에 나타난다고 생각해도 될 것이다. 이렇게 해서, 상하 방향으로 운동하는 질량 m의 분자의 용기에 주는 힘은 분자의 속도에 관계없이 이 분자의 무게와 같다는 것을 알았다. N개의 분자가 되면 평균 효과는 더 현저할 것이고, 전 분자의 무게가 안정하여서 잴 수 있는 것이라고 결론 내릴 수 있다. 그러나 좀 걱정되는 일이 있다. 분자는 제멋대로 날아다니는 것이 아닌가? 그것을 전부가 상하 방향으로 운동하고 있는 것처럼 생각한 것으로, 실제와는 너무 다른 것이 아닌가? 고등학교의 교과서에서, 기체의 압력을 설명하고 있는 부분에서는, 기체의 운동을 X, Y, Z의 3방향으로 나누어서 설명하고 있다. 그렇다면, 상하 방향(Z방향으로 하자)으로 운동하고 있는 것은 분자 총 수의 $\frac{1}{3}$로 하는 것이 합리적이다. 그러면 바닥면에 평행한 X축, Y축 방향의 남은 $\frac{2}{3}$의 분자는 기체의 무게에 관계없이 되어 버리는 것일까? 결론은 걱정하지 않아도 된다. 수평 방향으로 운동하는 분자에도 중력은 틀림없이 작용하므로, 반드시 수직 방향의 낙하 운동과 바닥면에 충돌한 후의 상승 운동이 수평 운동과 독립적으로 생기고 있어서, 결국 윗면, 바닥면에 힘을 주는 상하 방향의 운동이 생기게 된다.

034: 기체 분자와 소리는 어느 것이 더 빠른가?

소리는 여러 가지를 전한다. 소리가 전하는 속도는 공기 중 15 ℃에서 340 m/s라는 값이 유명하지만, 일반적으로 기온이 t ℃일 때에는 $(331.5+0.6t)$m/s가 된다. 이것은 절대 온도 T를 사용한 $2.005\sqrt{T}$ m/s 의 근사식이다. 물속의 음속은 1,450 m/s, 철에서는 6,000 m/s나 된다. 소리의 속도는 소리의 높이에 관계하지 않는다. 그렇지 않으면 오케스트라처럼 높이가 다른 소리는 전해오는 시간이 달라서 흩어져 들린다.

보통 소리를 전하는 것은 공기이다. 기체는 날아다니는 분자로 되어 있다. 이 분자의 운동과 소리가 전하는 속도는 관계가 있는 것일까? 하나를 비교해 보자. 공기는 산소, 질소 등 몇 가지 종류의 분자로 구성되어 있다. 기체의 종류마다 음속도 다르다.

	0℃에서의 분자의 속도	0℃, 1기압에서의 소리의 속도
질소	490 m/s	337 m/s
산소	460	317.2
헬륨	1304	970

기체 분자의 속도는 여러 가지이다. 이 표에서는 대표 속도로 '분자 속도 v의 제곱의 평균 $\overline{v^2}$의 제곱근 $\sqrt{\overline{v^2}}$을 취했다. 기체 분자 운동론에 의하면, 질량 m의 분자가 되는 기체의 절대 온도 T가 평형 상태에 있을 때

$$\frac{1}{2}m\overline{v^2} = \frac{3}{2}kT \quad \text{가 성립하므로} \quad \sqrt{\overline{v^2}} = \sqrt{\frac{3kT}{m}}$$

를 얻을 수 있다. 여기서 $k = 1.381 \times 10^{-23}$ J/K는 볼츠만(Boltzmann) 상수이다.

표를 보면 분자의 속도와 음속은 일치하지 않으나 상당히 가깝다. 질량이 작은 분자속에서 소리도 빠르다. 분자의 질량이 작은 헬륨을 흡입하면 오리 소리가 나는 것은 그 때문이다. 이것은 온도가 같다(0℃)고 할 때의 값이다. 그러면 같은 기체로 온도가 다른 경우를 비교하면 어떻게 될까? 고온일수록 분자는 빠르지만 소리도 빠르다. 어떤 경우에도 기체 분자가 빠를수록 소리는 빨리 전해진다!

☺ 왜 음속과 분자의 속도는 서로 관계가 있을까?

소리는 어떻게 전해지는가? 소리를 내는 물체가 진동하면, 주위의 기체를 급속하게 압축하여 밀도를 높인다. 이웃한 부분과의 사이에 밀도의 차가 생기면, 분자는 밀도가 높은 쪽에서 낮은 쪽으로 흘러 들어가는 것이 많고, 밀도가 높은 부분은 이웃으로 이동해 갈 것이다. 이 분자의 이동이 소리를 전한다고 하면, 그 방향 분자의 속도가 음속이 되는 것이 아닌가? 앞의 표에서 분자의 속도 값은, 분자 운동의 방향을 특정하지 않고 속도의 제곱을 평균해서 제곱근으로 한 것이었다. 지금, x방향만 본다면

$$\overline{v^2} = \overline{v_x^2} + \overline{v_y^2} + \overline{v_z^2} \quad \text{또한} \quad \overline{v_x^2} = \overline{v_y^2} = \overline{v_z^2}. \quad \text{따라서} \quad \overline{v_x^2} = \frac{1}{3}\overline{v^2}$$

이 되므로, 음파의 속도는 앞서 표의 값의 $\dfrac{1}{\sqrt{3}}$ 배에 오히려 가까운 것이 아닌가 생각된다. 그것을 계산해 보면

질소 283 m/s   산소 266 m/s   헬륨 753 m/s

가 되어, 음속에 조금 가까워지지만 음속보다 값이 작아져 버린다. 역시, 분자의 속도와 거시적인 한 파동의 속도를 직접 결부하는 것에는 무리가 있을 것이다(고체 속을 전하는 소리의 경우에는, 확실히 무리이다). 그러나 이 값은 뉴턴이 파동의 역학으로부터 구한 음속과 일치하고 있다.

✡ 소리는 기체의 소밀파이다

기체가 압축되면 압력이 올라가서 팽창으로 바뀌고, 그러면 관성으로 너무 팽창해서 압력이 내려가므로 수축되고, 이것도 관성으로 지나쳐 가고⋯⋯ 이 순서로 수축과 팽창을 되풀이한다. 이 진동이 파동으로 전해진다.

뉴턴은 기체가 압축되어, 또는 팽창할 때의 압력 변화를, 온도 T를 일정하게 할 때, 이상(理想) 기체의 상태 방정식 $pV = RT$로부터 계산하였다. 기체를 용수철로 비유해서 말하면 1몰당 용수철 상수는 RT가 되므로, 기체의 밀도를 1몰당 질량으로 말해서 ρ라 하면

$$음속_{(뉴턴)} = \sqrt{\dfrac{RT}{\rho}}$$

가 된다. 이것이 뉴턴 생각의 개략적인 내용이다.

아보가드로수를 N이라고 하면 기체 1몰당 질량 ρ는 분자의 질량 M의 N배이며, R/N은 볼츠만 상수 k와 같으므로

$$음속_{(뉴턴)} = \sqrt{\frac{RT}{Nm}} = \sqrt{\frac{kT}{m}}$$

가 된다. 이것은 $\frac{\sqrt{v^2}}{\sqrt{3}}$ 와 같고, 위에서 본대로 실측치에 맞지 않는다.

✿ 실제의 음속

실제 상황에서 소리는 급속하게 압축, 팽창을 되풀이하므로, 압축할 때 주위에서 일을 하게 되고, 팽창일 때 주위에 일을 하여도, 그것에 수반하는 열은 주위 공기의 온도 변화에 따라가지 못한다. 그 때문에 압축하면 온도가 올라가고, 팽창시키면 온도가 내려가므로 압력은 부피에— 온도가 일정한 경우에 비해서— 보다 민감하게 반응한다. 다시 말하면, 공기의 용수철 상수가 일정한 온도의 경우보다 크게 되는 것이다. 그 결과로 뉴턴의 식은 다음과 같이 수정되는 것을 라플러스가 나타냈다:

$$음속_{(라플라스)} = \sqrt{\gamma \frac{kT}{m}}$$

여기에, γ는 기체의 $\dfrac{(정압\ 비열)}{(정적\ 비열)}$이라는 비(비열비)이고, 헬륨과 같은 단원자 분자 기체에서는 5/3, 질소나 산소와 같은 2원자 분자 기체에서는 7/5이다. 라플라스(Laplace)의 음속은, 앞 페이지 $\frac{\sqrt{v^2}}{\sqrt{3}}$ 의 $\sqrt{\gamma}$ 배이고 질소 335 m/s 산소 315 m/s 헬륨 972 m/s가 된다. 이것은 p.205에 나타낸 음속의 실측치에 잘 맞는다!

음속과 기체 분자의 속도는 기체의 상태 방정식을 매개로 해서 연결하고 있었던 것이다. 분자 수준의 운동을 쌓아올려서 거시적인 상태 방정식을 구하고, 그것을 기초로 물질의 거시적인 성질(지금은 음속)을 논한다. 이것은 물성론에서 사용되는 연구 방법의 전형적인 예이다.

035: 압력은 '힘÷면적'이 아니다?

✿ 네덜란드를 구한 소년

네덜란드는 해수면보다 낮은 토지가 전체 토지의 1/4 이상을 차지한다. 그 때문에, 해수의 침입을 막는 거대한 제방이 구축되어 있다. 아니, 그와 같은 제방을 만들면서 네덜란드는 토지를 늘려온 것이다. '신은 세계를 만들었지만, 네덜란드는 네덜란드 인이 만들었다.' 는 말이 있을 정도이다.

옛날 네덜란드의 한 소년이 그 둑 아래를 걷고 있다가, 작은 구멍으로

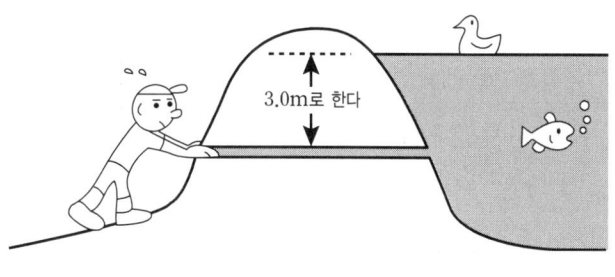

3.0m로 한다

그림 1

해수가 새어 나오는 것을 발견했다. 순식간에 소년은, 이 구멍이 커지면 제방이 붕괴된다고 판단하여, 그 구멍에 손을 집어넣어서 물을 막은 후 다른 사람이 오기를 몇 시간이나 기다렸다……. 이렇게 해서 그는 네덜란드를 구했다는 유명한 이야기가 있다.

지금, 구멍의 위치가 해수면 아래 3 m였다고 하자(네덜란드의 가장 낮은 토지는 해수면 아래 6 m나 된다고 한다). 그와 같은 깊이에서는 수압도 상당한데, 그래도 물을 멈출 수 있는 것일까? 수면 아래 3.0 m 의 압력은 약 0.3 kgf/cm^{2}이며, 어린이의 손바닥 만한 면적이 10 cm^2 이라고 하면, 이때의 힘은 3 kgf가 된다. 이 정도의 힘이라면 어린이라도 충분히 받칠 수 있다. 만약 구멍의 단면적이 축구공만큼의 것 (400 cm^2)이 었다면, 그 힘은 120 kgf/cm^{2}이나 되며, 이것은 도저히 어른이라도 받칠 수 없다.

✪ 압력의 본질

여기서 중요한 사실을 알 수 있다. 이와 같은 경우, 수심에 따라서 압력이 결정되며, 그것에 면적이 곱해져서 힘이 결정된다. 교과서와 같이 먼저 힘이 있고, 그것을 면적으로 나누어서 압력이 결정되는 것은 아니라는 것이다. 어째서 그와 같이 되는 것일까?

압력의 원인은 액체나 기체의 분자가 분자 운동에 의해서 다른 물체에 충돌하는 것이다. 1회의 충돌로 작은 부분에 충격량을 가하지만, 단위면적당 그것들의 계속적인 충돌을 시간적 으로 평균한 것이 그 장소에 있어서의 압력인

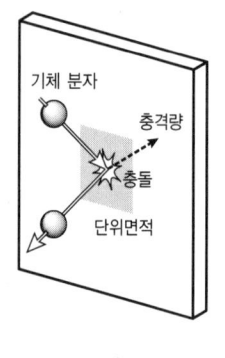

그림 2

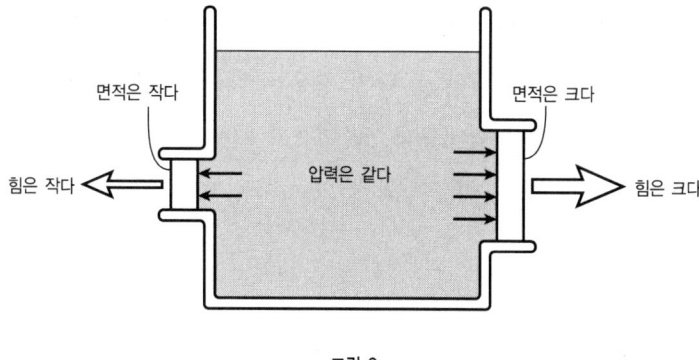

그림 3

것이다.

액체나 기체에서는, 좁은 범위라면 어느 장소라도 거의 마찬가지로 분자가 충돌하고 있으므로, 어떤 면이 받는 힘은 그 압력에 면적을 곱하는 것으로 얻을 수 있다(그림 3).

또, 분자는 원래 여러 가지의 방향에서 충돌해 오므로, 그림 4와 같이 면을 어떻게 기울여도, 그 면에 수직하게 작용하는 것이다. 네덜란드 소년의 경우 압력은 옆 방향이었다.

이 때문에, 그 압력의 화살표를 쓰는 방향도 달라진다. 보통의 힘은

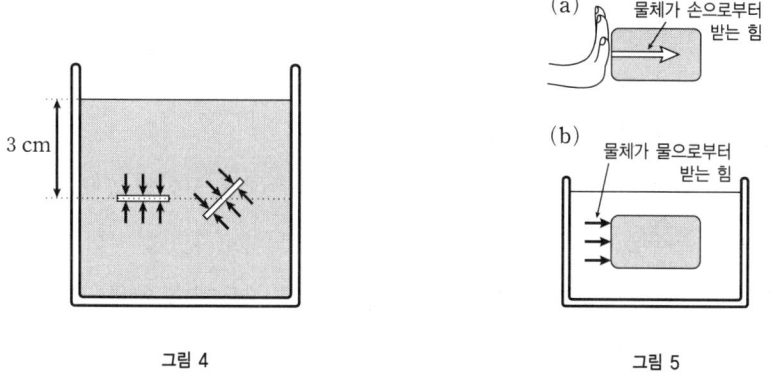

그림 4   **그림 5**

그림 5(a)와 같이, 힘이 실제로 작용하는 장소를 명백히 해서, 거기서부터 화살표를 쓰는 것이지만, 압력의 경우는 그림 5(b)와 같이, 그 장소에 화살표의 머리가 부딪치도록 쓰는 것도 허용될 것이다. 아니, 그와 같이 쓰는 편이 오히려 '힘'과 '압력'의 차이를 명백히 나타내고 있으므로 좋다고 생각한다.

✿ 파스칼 원리의 불가사의

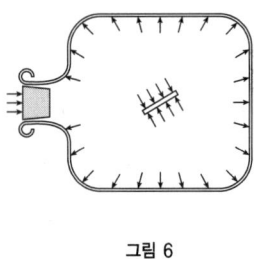

그림 6

액체나 기체는, 1개소의 압력을 늘리면, 모든 장소에 대해서, 그 몫만큼 압력이 증가한다(그림 6). 이것을 '파스칼(Pascal)의 원리'라고 말하는데, 이것이야말로 액체나 기체에 독특한, 그리고 압력이라는 것의 성질을 전형적으로 나타낸 것이다. 1개소를 눌러서 줄이면, 그것은 전체에 미치며, 그 분자의 충돌 정도는 어디나 마찬가지가 되므로, 생각할수록 불가사의한 것이다.

✿ 고체의 경우와는 구별하자

압력에 면적을 곱하면 힘이 되는 것에서, 압력을 힘÷면적으로 하고, 고체의 경우 예를 들어 설명하고자 하는 경우를 자주 볼 수 있는데, 그것은 혼란을 일으키기 쉽다.

예를 들면, 그림 7과 같이 같은 체중인 사람에게 하이힐로 밟힌 경우와 보통 구두로 밟힌 경우, 1 cm^{2}당의 힘으로 비교하면 하이힐일 때 10배나 크므로 아프다고 말하지만, 이 경우 보통 구두의 경우에는, 60 kgf의 힘을 1 cm^{2}씩 10으로 나누어서 받아낸다고 보아야 하는 것이다.

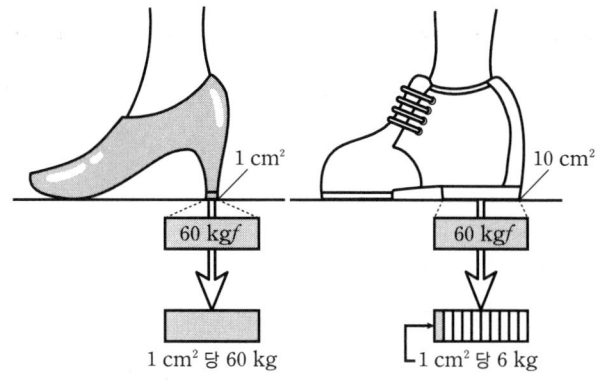

그림 7

그것에 비해서, 물의 경우 그림 8
과 같이 같은 깊이에서 압력이 같다
는 것이 먼저 결정되며, 그 후 면적
에 따라서 물체가 받는 힘의 크고
작음이 결정되는 것이다. 힘/면적으
로 압력을 정의하는 것은, 이상과
같은 고체와 액체의 차이를 혼동하
게 될 것이다.

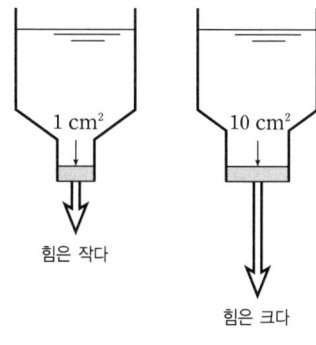

그림 8

☯ 연습문제

그림 9와 같이, 같은 모양을 한 고체와 액체가 양쪽에서 힘을 받아 균
형을 이룬다고 생각해 보자.

고체의 경우 좌우로부터 같은 힘이 아니면 균형을 이루지 않고, 그 힘
을 면적으로 나눈 값은 좌우가 다르다. 즉, 이것은 힘을 나누고 있는 것

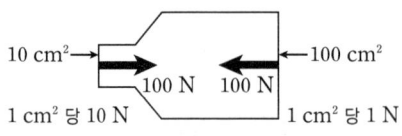 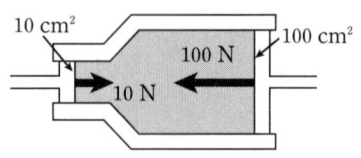

10 cm² → ← 100 cm²
100 N 100 N
1 cm² 당 10 N   1 cm² 당 1 N

10 cm²   100 cm²
100 N
10 N

그림 9

이라고 생각하면 잘 알 수 있다.

액체의 경우는, 힘의 값이 다른 상태로 균형이 된다. 즉, '압력이 같다'는 것이며, 그것을 면적만큼 모은 것이 힘이므로, 힘의 대소에 차이가 생기는 것이다. 단, 액체나 기체의 경우는 좌우의 피스톤이 자유로이 움직일 수 있도록 되어 있다는 것이 중요하다.

그런데 왜 100 N의 힘과 10 N의 힘이 균형을 이룰 수 있는 것일까?

그것은 그림 10과 같이, 왼쪽의 경사진 벽에서도 액체 분자가 충돌하여, 그 반작용의 힘을 받고 있기 때문이다. 그 벽으로부터의 힘이 90 N이어서 힘의 균형이 유지되고 있는 것이다. 그렇지만, 이것으로 균형을 이루고 있는 것은 액체이다. 용기와 액체를 하나로 묶어서 보면, 액체와 용기가 서로 미치는 힘(내력)은 작용과 반작용의 법칙으로부터 총 합이 0이 된다. 액체와 용기의 전체에 외부로부터 작용하고 있는 힘은, 왼쪽으로 100 N,

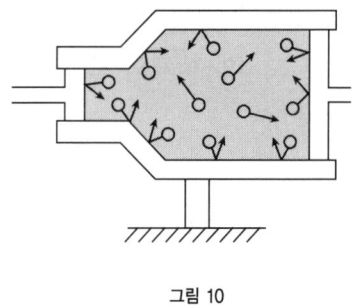

그림 10

오른쪽으로 10 N이므로, 이것만으로는 균형을 이루지 못한다. 용기가 외부로부터 받혀져 있지 않으면 전체는 균형이 될 수 없는 것이다.

036:
지붕 밑에 있어도
지붕 위 공기의 무게를 느낄 수 있을까?

✪ 공기에도 무게가 있다

지구 대기는 약 78 %의 질소, 20 %의 산소, 그리고 미량의 아르곤, 탄산가스 등으로 되어 있다. 이들의 분자는 질량을 가지므로, 당연히 공기도 질량(무게)을 갖는다. 계산해 보면, 질소 N_2의 분자량 28, 산소 O_2의 분자량 32로 하여서 평균한 '공기 분자'의 분자량은 29가 된다. 즉, 0 ℃ 1기압의 공기 1몰 =22.4ℓ당 29 g, 그래서 1 m^3당 1.29 kg나 있다. 예를 들면, 교실($10 \times 10 \times 3$ m) 안 공기의 무게는 387 kg중이 된다. 정말 대단한 양이다.

대기 압력의 강도는 1 m^2 당으로 표시할 때 바닥 면적은 1 m^2, 높이는 지면으로부터

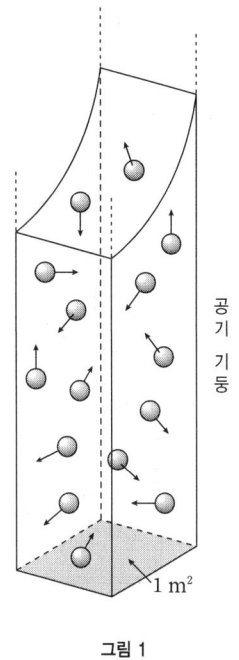

공기 기둥

1 m^2

그림 1

대기의 상단까지 거대한 공기 기둥이 지표면을 누르는 힘의 크기이다. '헥토파스칼(hectopascal)'이라는 단위는 일기예보에서 완전히 정착하였지만, 예전에는 '기압'이라는 단위를 사용하고 있었다.

1기압 = 1013 hPa이며, h(헥토, hecto)는 10^2을 나타내고, 1 Pa $=1 \text{ N/m}^2$이므로, 1기압이란 약 10^5 N/m^2 즉, 지면 1 m^2 당 10톤 무게나 되는 거대한 힘이 가해지고 있는 것이다(그림 1). 그래서 이러한 의문이 생기게 된다.

'지붕 밑에 있으면, 지붕보다 위에 있는 공기는 지붕이 받혀주기 때문에, 집 안에 있는 사람은 1 m^2 당 10톤 무게라는 힘에서 해방되어 몸이 편안해 질까?'

답은? 물론 아니다. 외출을 하기 위해 현관을 나오는 순간 몸이 갑자기 무거워지지는 않는다. 어찌된 것일까?

✿ 공기 분자는 매우 심하게 이리저리 돌아다니고 있다

우선 생각해야 하는 것은, 책상 위에 놓인 물체(고체)가 책상을 누르는 힘과, 물이나 공기(유체) 중의 물체가 받는 압력은, 힘의 성질이 다르다는 것이다.

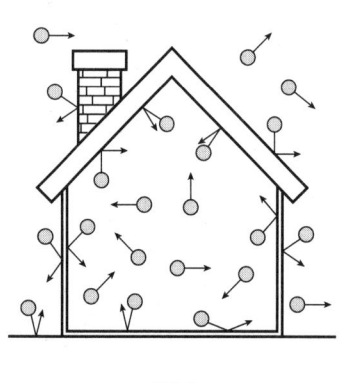

그림 2

물체가 책상을 미는 힘은, 물체가 지구로부터 당겨지는 힘(중력)을 받아서 아래 방향으로 움직이려고 할 때, 그 앞면에 있는 책상이 밀림으로써 생긴다. 이 힘은 항상 아래쪽 방향이라는 것에 주의하기 바란다. 이때, 책상을 이루고 있는 분자들의 간격이 줄어들고, 처음 형태로 되돌아가려고 하는 성질 때문에 위에 있는 물체를 다시 민다. 물체의 무게는 책상이 전부 떠맡아서 받쳐주는 것이다. 그래서 책상 밑에 기어 들어가 있었던 개가 밖으로 나왔을 때 갑자기 물체의 무게를 느껴서 놀라는 일은 일어나지 않는다.

유체 중에서 물체가 받는 압력은 어떤가? 기체를 예로 생각해 보자. 보통 상태에서 기체란, 막대한 수의 기체 분자가 맹렬한 스피드로 저마다 뿔뿔이 날아다니며 서로 충돌하고 있다. 용기에 가두어 넣지 않으면 어딘가에 가버리는 것은 그 때문이다. 용기의 벽에 충돌하면 거기서 방향을 바꾸어서 날아가 버린다. 이때, 벽의 단위면적에 주는 힘을 시간에 평균한 것(장시간 T에 걸치는 충격량을 T로 나눈 값)이 압력이다(그림 2).

❂ 기체의 압력은 상하 좌우 전후 어느 방향으로도 마찬가지로 작용한다

한편, 기체 압력의 요인이 용기의 벽(용기일 필요는 없다. 임의의 판을 놓고 보아도 같은 것이다)에 충돌했을 때 벽에 주는 힘이라면, 충돌의 방향도 저마다 흩어져 있기 때문에, 어느 방향을 향한 벽에 대해서도 압력은 같다. 이것은 앞의 예(책상 위의 물체)와는 크게 다른 것이다.

그렇지만, 충격량의 크기는 분자의 수밀도(藪密度), (단위면적당의 개수)와 그 평균 속도로 결정된다. 분자의 평균 속도로 온도가 결정되므로 결국 압력은 기체의 밀도와 온도로 결정된다(보일 샤를의 법칙, Boyle-Charles' law). 인간이 평소에 생활하고 있는 범위의 지표면에서 공기의 밀도는 어디에서나 거의 일정하므로 온도만 같으면 비록 지붕 아래이거나 지하 감옥 안의 공기가 들어가 있는 곳이라면 어떤 방향이든지 같은 압력이 작용한다. 생각해 보면, 지붕 위에 있는 1 m² 당 10톤이나 되는 공기를 지붕이나 기둥의 구조만으로 받칠 수 없다. 지붕 밑에도 같은 공기가 있어서 위쪽 방향으로 압력이 미치고 있기 때문에, 부서지지 않는 것이다. 마찬가지로 우리들의 신체가 공기의 무게를 느끼지 않는 것도, 신체 내외에서 같은 압력을 받고 있기 때문이다.

037: 파스칼은 실험 과학의 선구자?

　대기란, 진공 중을 날아다니고 있는 무수한 분자라는 것을 현대의 우리들은 알고 있지만, 1600년대에는 고대의 철학이나 기독교의 사고방식과 싸워서, '진공'의 실재를 인정시키기 위해 오랜 시간이 필요하였다. 프랑스에서 이 문제를 해결한 것은 천재 파스칼(Blaise Pascal, 1623~1662)이다. 그는 토리첼리(Evangelista Torricelli, 1608~1647)의 이론을 빌려서, '유리관의 수은이나 펌프의 물은, 멀리 떨어진 상공으로부터 지상까지 쌓아 포개어져 있는 공기에 밀려 올라가, 연통관(連通管)에서와 같이 균형적이다. 대기권의 위가 진공인 것과 같이, 관의 빈 공간도 진공이다.'는 것을 명쾌히 기술하였다.

　파스칼은 과학과 신앙은 다른 것이므로 물리학에서는 실험에 따르지 않으면 안 된다고 주장하였다. 그의 물리 논문에는 공상 실험이 많이 사용되고 있지만 그 문장이 너무나 생생하였기 때문에 책을 읽은 사람들은 진짜 실험이라고 믿었다. 그 중에 15 m의 유리관에 물이나 적포도주를 채워서 뒤집어 10 m보다 위는 진공이 되는 것을 사람들에게 보였다는 실험도 있다. 실제로 해 보면, 액체가 거품이 일어서 수위가 내려가므로, 파스칼의 숫자는 이론치였다고 이해할 수 있다. 또 이 실험을 목격하였다는 사람들의 증언도, 잘 읽어보면 상상해서 썼음을 알 수 있다.

천재의 업적은 자주 주위 사람들의 공적을 가리기도 한다. 파스칼의 경우, 매형인 페리에(Perier)가 중요한 역할을 하였다. 높은 산의 위쪽과 아래쪽에서 기압차를 확인한다는 결정적 실험의 진짜 공로자는, 주도 면밀한 준비, 엄밀한 계측을 실행해서 결과를 파스칼에게 보낸 페리에이며, 유럽의 3도시를 연결하는 장기광역 기압 관측망이 생각나서 실행한 것도 그인데, 이것들을 파스칼이 지시한 것으로 되어 버렸다.

파스칼의 실험이 공상의 것이라고 해서, 비난하는 것은 옳지 않다. 이것은 '사고 실험'인 것이다. 생각을 키워 나가는 하나의 수단이다. '무거운 물체일수록 빨리 낙하한다.'고 말하는 아리스토텔레스의 주장을 물리친 갈릴레이의 추리(항목 20)도 사고 실험이다. 파스칼의 사고 실험 중에서도, 특히 교묘한 '진공 중의 진공 실험'을 소개한다.

그림 1이 이 실험의 원리를 나타내고 있다. 큰 진공의 방을 만들어, 그 안에서 '토리첼리의 실험'을 하면, 안쪽의 수은은 대기압에 눌려있지 않으므로, 전혀 상승하지 않을 것이다. '그러나, 공기가 없는 방에서는 숨을 쉴 수 없으므로 이 실험은 불가능하다.'고 말해서 그가 제안한 것이 유리의 직관(直管)과 풀어서 사용했으며 조합한 그림 2이다. 레이스(lace)의 소매 장식, 넘쳐흐르는 수은 등, 제법 리얼한 그림이다. 이 장치를 거꾸로 해서 M단을 막고, N단으로부터 전체에 수은을 채운다. 그림 2는, 이것을 똑바로 세워서 N단을 개방한 장면이고, 그림 1과 마찬가지의 단계이다. 파스칼 고안의 위대함은, 다음에 M단의 손가락을 떼는 것에 있다. 바깥 공기가 들어가면, 'MN의 수은은 남지 않고 낙하

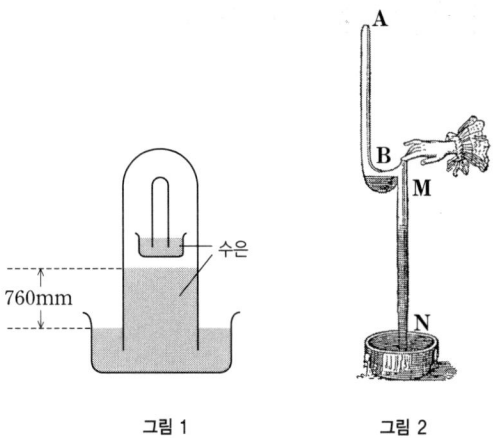

그림 1   그림 2

하며, AB에서는 반대로 상승한다.'. 그런데 유감스럽게도 실제로는 그렇게 되지 않는다. 그림이 잘못되었기 때문이다. 무엇이 잘못되었는지 알겠는가?

038: 물체는 물속에서 뜬다. 왜?

목욕하러 들어가면 몸이 가벼워진다. 나무토막 같은 것은 수면에 뜬다. 물만이 아니고 공기 중에 있는 우리들의 몸은 공기의 부력으로 조금 가볍다. 무게(질량)가 없어지는 일은 없으므로(질량보존의 법칙), 이것은 공기나 물이 위로 밀어 올리고 있는 것을 의미한다. 이 힘을 부력(浮力)이라고 부른다.

✿ 아르키메데스의 원리

'물속의 물체는, 그 물체가 밀어낸(이른바 물속에서 차지하는 체적과 같다) 물의 무게와 같은 힘으로 밀어 올려 진다.'는 것이 유명한 아르키메데스(Archimedes)의 원리이다. 어째서 이러한 관계가 성립하는 것일까?

이렇게 생각할 수 있다. 만약 그림 4와 같은 부피의 물체를, 얇은 껍질(薄皮) 한 장으로 남기고, 모두 물로 치환하였다고 하자. 바깥과 안이 모두 물이다. 대류는 생각하지 않고, 물 전체가 조용히 멈춘 상태라 하면, 이 치환한 물에 작용하는 지구의 중력과 주위의 물이 밀어 올리는 힘은 균형을 이루고 있을 것이다. 주위의 물이 밀어 올리는 힘은—물 분자 간의 힘은(중력 등과 달라서) 단거리력이므로— 박막 안의 물이든지 물체든

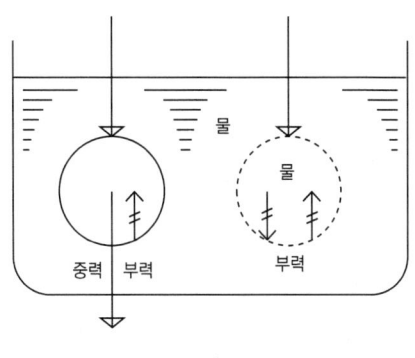

그림 1

지 마찬가지이다. 이것으로 부력의 크기를 알 수 있다.

그러면, 주위의 물이나 공기가 밀어 올리는 힘이란 무엇일까? 물의 경우를 생각해 보자. 물속에서는 수압이 작용하는 것을 알고 있는가? 잠수함이 깊이 잠수하면 압력으로 부서지는 일도 있다. 이것은 물에도 무게가 있으므로, 깊이 잠수하면 거기보다 위에 있는 물의 무게 때문이다. 그 무게가 압력의 원인인 것이다.

그림 2는 깊이와 수압의 관계를 나타내고 있다. 단면적 S, 깊이 h의 물기둥을 생각하면, 이 물기둥의 무게는 물의 밀도를 ρ로 했을 때, $\rho g h S$이다(g는 중력 가속도). 물기둥 바닥 부분에는 $\rho g h S$의 무게가 걸린다. 바닥 부분의 면을 생각하면, 면 아래의 물에서 작용하는 힘은 이 무게와 같고, 면의 위와 아래의 물은 이 크기의 힘으로 서로 밀고 있을 것이다. 아래 방향의 힘은 무게가 있어서 알지만,

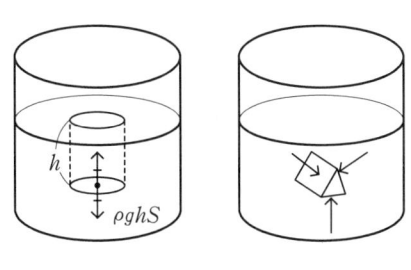

그림 2

위쪽 방향은 힘이 있는 것일까? 그렇다. 위쪽 방향도 힘이 있다. 그렇지 않으면 우선 힘의 균형이 맞지 않는다. 또 물속의 물체를 미는 것은 분자의 충돌이며, 분자는 사방팔방으로 움직이고 있으므로, 물속에 있는 면의 압력은 어느 방향이라도 그것과 수직으로 작용한다. 압력은 단위 면적당 힘으로 표시되므로, 물기둥 바닥 부분에 작용하는 압력은 깊이 h에서 수압은 $\rho g h$가 된다.

지금 어떤 물질로 된 직육면체가 가라앉아 있다고 하자. 직육면체는 6개의 모든 면에서 수압을 받는다. 이들의 합력을 생각해 보자. 직육면체의 측면에 대해서는, 확실히 깊은 곳에 있는 면에 그만큼 큰 압력이 작용하지만, 좌우 전후에 대해서 이들의 합력은 0이다. 윗면에서는 아래 방향으로 단위면적당 $\rho g h_1 S$의 힘을 받는다. 마찬가지로 아래 면은 위쪽 방향으로 $\rho g h_2 S$의 힘을 받는다. 따라서 물속의 직육면체는 위쪽 방향으로

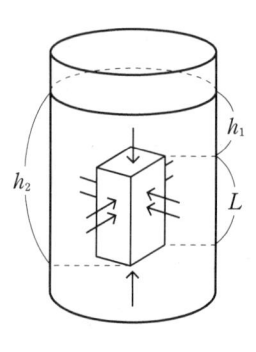

그림 3

$$\rho g S(h_2 - h_1) = \rho g S L$$

의 힘을 받는다. $V = SL$이므로, 받는 부력은 $\rho V g$가 되는데, 이것이 아르키메데스의 원리이다. 공기의 경우도 마찬가지이다. 그러나 직육면체에서는 조건이 너무 좋다. 물체가 직육면체가 아니고 임의의 모양을 하고 있어도, 이것은 성립하는 것일까? 면의 모양에 따라서, 그것과 수직으로 작용하는

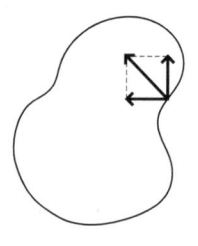

그림 4

압력은 여러 가지의 방향을 취한다. 그러나 그것들의 연직 성분과 수평 성분을 따로따로 더해서 합하면, 역시 수평 성분은 0, 연직 성분은 $\rho V g$가 될 것이다. 그것은 처음에 생각한 것과 같이 물속에 어떤 모양의 물을 생각해도 균형이 되기 때문이다.

✿ 압력의 차를 분자로 생각하면?

사방팔방으로 작용하는 깊이에 의한 물이나 공기 압력의 차는 어떻게 생기는 것일까? 공기와 같은 기체와 물과 같은 액체로 나누어서 생각해 보자.

공기의 경우 분자는 드문드문하며, 분자끼리는 충돌 이외에 상호작용은 거의 하지 않는다. 따라서 압력은 분자가 부딪쳐서 미는 힘일 것이다. 분자의 속도는 절대 온도와

$$\frac{1}{2}mv^2 = \frac{3}{2}kT$$

라는 관계로 연결되어 있으므로, 물체의 상하로 온도가 많이 차이 나지 않는다면, 분자의 속도에 차이가 있는 것은 아니다. 그러면 아래로부터의 압력이 강하다는 것은, 아래 즉, 지구에 가까울수록 분자의 밀도가 높고, 부딪치는 분자의 수가 위쪽보다 많은 것이 된다. 실제로도 위로 갈수록 분자의 밀도는 작다.

물과 같은 액체의 경우 분자는 돌아다닌다고 하여도 밀도는 고체에 가깝다. 여기서 분자들 사이의 힘은 무시할 수 없을 것이다. 실제로는 많은 물 분자가 서로 분자들 사이의 힘에 의한 상호작용을 하면서, 물체의 주위를 돌아다니고 있다. 물체는 물체의 표면 가까이에 있는 물 분자로부터 힘을 받는다. 분자 간에는 상호작용에 의한 반발력이 있으며, 접

근할수록 강하게 반발한다. 물론 액체는 분자가 자유로이 움직일 수 있으므로, 특정한 분자에 연결되는 것이 아니라 밀고 밀리는 것이 된다. 물속에서는 아래에 있는 분자만큼 위쪽 부분의 무게가 누르므로, 분자 간격이 줄어들며, 밀도가 증가하면 동시에 강한 힘으로 서로 반발한다. 수면 가까이에 있는 물 분자의 평균 분자 간 거리는 20 °C에서 3.11×10^{-10} m이다. 깊어짐에 따라 자신의 무게에 의해서 압축되어 가며, 10.4 m 깊어지면(수압은 바로 1기압 증가하지만) 분자 간 거리는 앞서의 값인 3.6/100만큼 준다. 물속의 물체 바닥면 부근에 분자 밀도는, 윗면보다도 크므로 부딪히는 분자의 수도 많지만, 분자 간 거리가 줄어들 것을 원상으로 돌리려는 복원력으로 1개당 분자의 미는 힘도 아래쪽이 크다. 이 힘들의 차이가 부력이 되어서 물체를 밀어 올리는 것이다.

✿ 아래로부터 부딪치는 분자가 없으면 뜨지 않는가?

물속에서 아래의 물 분자에 의해 밀리지 않으면 당연히 뜨지 않는다. 그것은 다음과 같이 실험할 수 있다. 파라핀 덩어리는 물에 뜨지만, 이것을 비커 등의 바닥에 찰싹 붙이면 뜨지 않으며, 바닥에서 떨어지지 않는다.

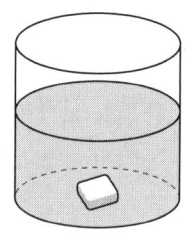

그림 5

✿ 부력으로 뜬 몫, 무게는 없어지는가?

물속에 추를 매달면 가벼워진다. 추는 바닥에 붙어 있는 것이 아닌데, 왜 가벼워질까? 그것은 주위의 물에서 부력이 작용하기 때문이다. 그 반작용으로, 추는 주위의 물을 아래 방향으로 민다. 그 때문에 물이 용기의 바닥을 미는 힘도 증가하는 것이다. 실제로 수면의 높이는 물체의 부피 만큼 증가하고 있으므로, 물이 용기의 바닥을 미는 힘은, 바로 물체의 부피와 같은 부피의 물의 무게 만큼 증가한다. 이것은 바로 부력의 크기와 같다.

039: 배의 안정성은 어떻게 결정되는가?

여러분은 텔레비전 영상 등에서, 거친 바다 위의 작은 배가 파도 때문에 흔들리지만 전복되지도 않고 잘 나가는 광경을 본 적이 있을 것이다. 그리고 가라앉지 않음을 감탄하며 '(배가) 잘 만들어져 있구나!' 라고 생각할 것이다. 배를 어떻게 만들면 전복되지 않을까를 생각해 보자.

예를 들면, 그림 1과 같은 A, B를 비교하면 어느 쪽이 더 안전할까? A가 중심(重心)이 낮기 때문에 안정되었다고 말해도 될까? 책상 위에서는 물론 그렇지만 아래 부분이 물속에 잠기는 배에서는 어떨까?

그래서 이것에 대해 생각해 보려고 하는데, 그 전에 떠 있는 물체에는

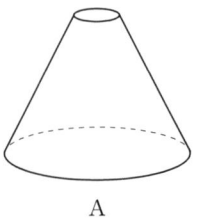
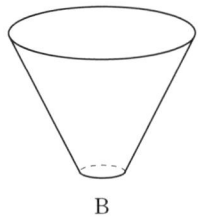

A   B

그림 1

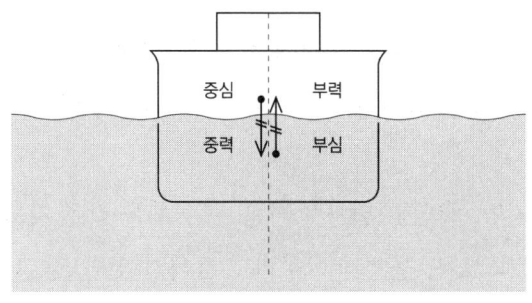

그림 2

어떠한 힘이 작용하고 있는가를 생각하지 않으면 안 된다.

지구상에 있는 물체에는 중력이 작용한다. 그리고 이 중력은 물체의 한 점의 중심에 작용한다고 생각해도 된다. 동시에 떠 있는 물체에는 중력과 같은 크기의 부력이 위쪽으로 작용하며, 이 두 힘이 균형을 이루어 떠 있는 것이다. 그리고 중력이 물체의 중심에 작용하고 유체 중에 작용하는 부력도, 한 점에 작용하는 힘이라고 생각해도 된다. 이 점이 부심(浮心)이라고 부르는 것이다. 부심이란 유체에 잠겨 있는 물체의 부분을 유체로 치환하여 그 유체 중심의 위치를 말한다('물체는 물속에서 뜬다.

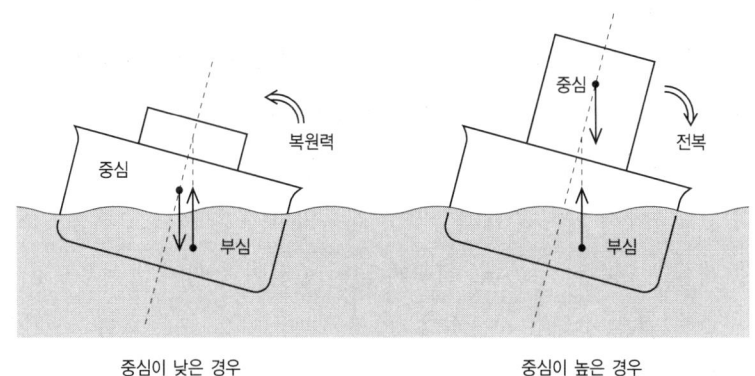

중심이 낮은 경우   중심이 높은 경우

그림 3

왜?'를 참조). 그래서 떠 있는 것에 작용하는 힘은, 그림 2와 같이 물체의 한 점에 작용하는 중력과 부력의 두 힘에 대해서 생각하면 되는 것이다.

모양은 같지만, 중심의 위치가 다른 두 물체를 같은 각도만큼 기울어진 것을 생각해 보자. 물체가 아무리 기울어져 있어도, 그 물체 중심의 위치는 불변이고 중력에 의한 아래 방향의 힘은 바뀌지 않는다. 그러나 물체가 기울어지면 부력은 어떨까? 부심의 위치는, 물체의 유체에 잠겨 있는 부분이 변화하였으므로, 똑바로 서 있는 경우(그림 2)와 다르게 변화한다(그림 3).

물체의 중심이 높은 위치에 있는 것과 낮은 위치에 있는 것을 비교해 보면(그림 3), 중심이 낮은 것은 부력이 물체를 원래의 방향으로 되돌리려고 하는 방향으로 작용하지만, 중심이 높은 것은 부력이 물체를 전복시키려는 방향으로 작용하게 되는 것을 알 수 있을 것이다. 즉, 물체가 기울어졌을 때, 부력의 작용선과 물체를 대칭으로 이등분하는 선과의 교점이 중심보다도 높은 위치에 있을 때 부력은 원래의 방향으로 되돌아가려는 힘(복원력)이 되는 것이다.

그러면 중심의 위치가 변하지 않는다고 했을 때, 배의 모양에 의해서 안정성은 어떻게 바뀌는가? 배가 기울었을 때 부심의 위치가 크게 바깥쪽으로 이동하면 안정성이 좋아진다. 그렇게 하려면 배의 폭이 넓어야 한다(그림 1에서 말하면 A가 된다). 최근의 배들은 서비스 제공의 목적으로 객실에 여유를 두는데, 이렇게 되면 중심이 높아지기 쉬우므로, 폭이 상당히 넓은 선체를 사용한다. 일찍이 대서양을 고속 횡단하고 있었던 '프랑스'호 등의 선폭이 홀수의 3.2배 전후였던 것에 비해, 최근의 '소브린 오브 더 시즈(Sovereign of the Seas)'호 등은 4배가 넘는다. 단, 복원력은 높아지지만 흔들림의 문제 등이 있다.

또한 배가 나갈 때의 저항(배가 만든 파도에 의한 저항)을 생각하면 배의 모양을 가느다랗고 날씬하게 하는 것이 좋다. 이것과 복원력 모두

소브린 오브 더 시즈
(이케다 요시호 《새로운 배의 과학》
고단샤 블루백스에서 전재)

를 해결할 수 있는 방책이 가느다란 선체 둘을 나란히 한 쌍동선(雙胴船)이다. 이것도 최근에 많이 볼 수 있다.

040 비행기는 어떻게 날 수 있을까?

✿ 흔히 볼 수 있는 설명

금속이나 나무로 된 무거운 비행기가
어떻게 공중을 날 수 있을까? 이것에 대
한 대표적인 설명은 다음과 같다. 그림

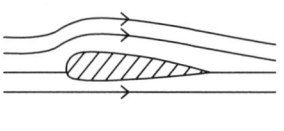

그림 1

과 같이 비행기가 왼쪽으로 날아갈 때, 날개의 위와 아래로 공기가 흘러
가지만, 윗면을 흐르는 공기의 속도가 빨라지므로, 흐름이 빠른 곳에서
는 압력이 낮다는 베르누이(Bernoulli)의 정리에 의하여, 윗면이 아랫
면보다 압력이 작아지면서 위로 힘이 가해지게 된다. 이것을 양력(揚力)
이라고 말한다. 비행기는 이 힘으로 떨어지지 않고 날게 된다. 윗면이
빠른 이유는 왼쪽에서 둘로 갈라진 공기는, 날개 뒤에서 합쳐지지 않으
면 안 되는데, 위쪽의 거리가 길기 때문이다.

✿ 이 설명에는 근거가 없다

공기가 뒤에서 다시 합쳐진다는 가정은 옳은가? 생각하면 합쳐지지 않아도 되는 것이 아닌가? 또 그림 2와 같이 얇은 날개에서는, 유속이 바뀌지 않고 양력도 작용하지 않는다. 그러나 이것은 사실과 다르다. 실제로, 연기 풍동으로 바람을 보내서 찍은 사진(빗 모양으로 배열된 가

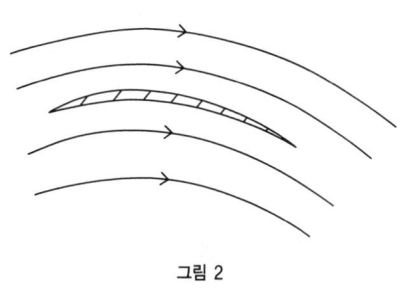

그림 2

느다란 관으로부터 순간적으로 연기를 뿜어내어, 연기의 줄이 어떻게 움직여 가는가를 찍은 것)에서는 명백히 동시 도착이 아니고, 윗면을 도는 공기가 더 빠르게 찍혀 있다. 윗면 쪽이 빠른 것은 확실하지만, 함께 도착하는 것은 아니었던 것이다.

✿ 비행기는 공기를 아래로 누르면서 뜬다

그러면 양력은 어떻게 이해할 수 있는가? 베르누이의 정리를 쓰지 않고 직관적으로 알 수 있는 설명은 없는가? 예를 들면, 연을 생각해 보자. 수평으로 불고 있는 연에 닿은 공기는 연의 기울기, 요컨대 받음각에 의해서 아래 방향으로 바뀐다. 그러면 공기는 아래쪽으로 힘을 받으

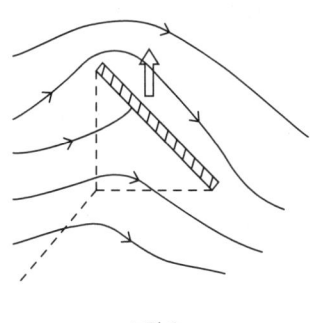

그림 3

므로, 당연히 그 반작용으로 연은 위쪽으로 힘을 받는다. 이것이 양력이다. 무게 있는 물체가 뜨는 것이므로 중력과 반대 방향의 힘이 공기로부터 미치며, 공기는 반드시 아래쪽 방향의 힘을 받을 것이다. 그와 같은 공기의 흐름으로 비행기를 들어 올

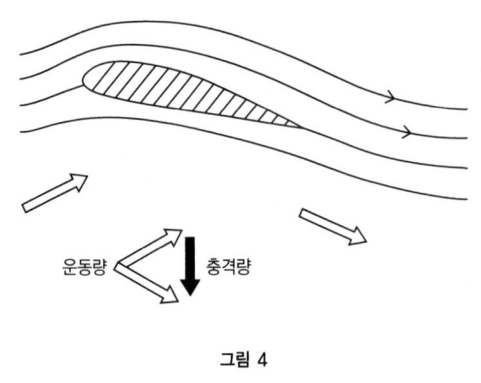

운동량　　충격량

그림 4

리고 있는 힘을 생각할 수 있다.

실제로 날개 주위의 공기 흐름을 보면 앞쪽에서 위쪽 방향이었던 흐름은 아래 방향으로 바뀌고 있다. 공기의 운동량은 위쪽 방향에서 아래 방향으로 변화를 받은 것이 된다. 이것은 공기가 아래 방향으로 충격량을 받은 것으로 나타내며(충격량은 힘과 시간의 곱으로 그 방향의 힘을 받고 있다), 힘을 미친 물건은 날개이므로 날개는 그 반작용으로 위쪽 방향의 힘을 받는다. 이것이 양력의 정체이다. 즉, 거기서는 흐름의 방향이 바뀌어, 물체는 그것과 반대 방향으로 힘을 받는 것이다. 대부분 날개의 경우, 양력은 공기의 밀도, 속도의 제곱, 날개의 면적과 양력 계수에 비례한다. 양력 계수는 날개의 모양으로 결정되며, 당연히 거의 받음각(수평에 대해서 위쪽 방향인 각도)에 비례해서 증가한다. 단, 이것은 어떤 각도(날개에 따라서 다르지만, 어떤 예에서는 16도 정도)로 최대에 달하고 그 후 급속하게 감소한다. 이 각도를 넘으면 저항이 급하게 증가하여 비행기는 속도가 감소한다. 이것은 판을 공기의 흐름에 대해서 세워 가면 속도가 감소하는 것으로부터 상상할 수 있을 것이다.

이와 같이 생각하면 먼저 나타낸 베르누이의 정리에서는 설명할 수 없었던 얇은 날개의 양력도 설명할 수 있다. 또 공기 이외에 물의 흐름과 같은 경우도 이해할 수 있다. 따라서 보다 본질적인 이해이다.

또 날개의 표면 등에서는 점성(粘性)에 의해서 마찰이 있으며, 또 흐름이 물체에서 떨어져 일어날 수 있으므로, 베르누이의 정리는 언제든지 적용할 수 있는 것이 아닌 것을 생각하면, 이와 같은 설명이 보다 전체적으로 또 직관적으로 양력을 이해할 수 있을 것이다.

그러한 관점에서 보면 비행기가 비행을 하고 있을 때 확실히 아래쪽 방향의 공기에 의해서, 지표의 기압이 높아져 공기가 푹신하게 되어 있다. 단, 지표의 압력은 비행기로부터의 거리가 크므로 광범위하게 벌어져 있다. 그렇기 때문에 비행기 아래에 있는 사람이 무거움을 느낄 정도는 아니다.

✿ 요트도 같은 원리로 달린다

요트(yacht)는 바람이 불어오는 방향으로 직접 나아갈 수는 없지만, 바람에 대해서 지그재그로 나가면 바람이 불어오는 방향으로 나갈 수 있다. 이때 비행기의 날개에 해당하는 것이 돛인데, 세일은 한 장의 천이므로 바람과 평행하게 친 것만으로는 깃대와 같이 펄럭거리기만 할 것이다. 그래서 바람에 대해 조금 비스듬히, 돛이 곡선을 그려서 날개와 같이 되도록 한다. 이 양력만으로 배는 바람에 대해서 직각으로만 움직인다. 그래서 배는 옆 방향의 힘을 선체 등으로 움직이기 어렵게 상쇄시키고, 앞쪽으로 나아가도록 할 수 있다.

종이비행기는 어떻게 하면 잘 날까?

✦ 종이비행기의 역학

종이비행기는 일종의 글라이더이다. 그림 1은 활공 상태를 나타낸 것이다. L은 양력, D는 항력[1], W는 중력을 나타내며, θ를 활공각(滑空角), α를 받음각, V를 활공 속도, V의 연직 성분 w를 하강 속도라고 한다. 힘의 평형으로부터

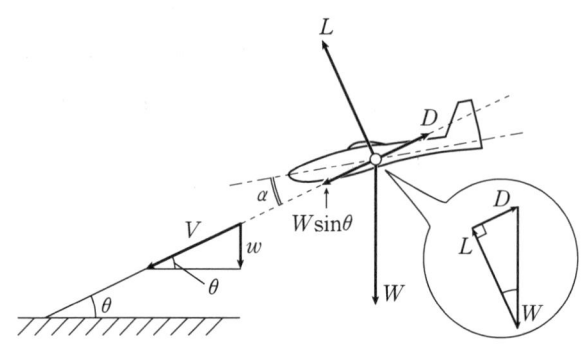

그림 1 • 힘의 평형

---

1 • 항력 : 항력이란 저항력을 말한다.

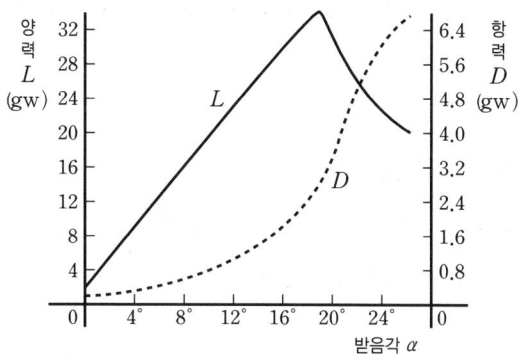

그림 2 • 종이비행기의 양력과 항력

$$L = W \cos \theta \tag{1}$$

$$D = W \sin \theta \tag{2}$$

을 얻는다. 식 (1), (2)로부터

$$\frac{L}{D} = \frac{1}{\tan \theta} \tag{3}$$

이 성립한다. L/D 을 양력과 항력의
비 즉, 양항비(揚抗比)라고 부른다.
또 하강 속도는

$$w = V \sin \theta \tag{4}$$

이다.

그림 2의 그래프와 같이 α가 대략
16°정도까지는 L이 거의 α에 비례하
며, D는 거의 α^2에 비례한다. 그림 3
은 양항비 곡선의 예인데, $\alpha = 4°$ 전

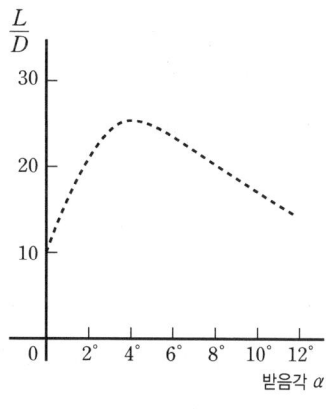

그림 3 • 양항비 곡선

후에서 $\frac{L}{D}$ 이 최대인 경우가 많다(이 각도는, 주날개[主翼]의 모양에 따라 다르다).

❂ 활공 거리를 최대로 하기

활공 거리를 최대로 하려면, 활공각 θ를 최소로 하면 된다. 높이가 H 일 때 활공 거리 X는, 그림 4로 부터

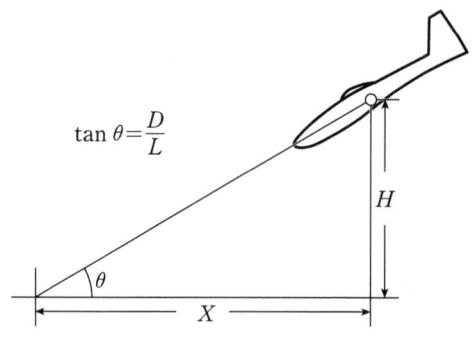

$$\tan\theta = \frac{D}{L}$$

그림 4 ● 활공각과 활공 거리

$$X = \frac{H}{\tan\theta} \tag{5}$$

식 (3)을 이용하면

$$X = H \cdot \frac{L}{D} \tag{6}$$

이 되므로, 양항비가 최대가 되는 자세로 활공하도록 조정한다. 구체적으로는, 앞머리의 추를 조금씩 줄여 중심 위치를 바꾸면서 수평 꼬리 날개의 승강타(昇降舵)로 수평 안정을 취해 활공 거리를 조사한다.

✿ 체공 시간을 최대로 하기

체공(滯空) 시간을 최대로 하려면, 하강 속도 w를 최소로 하면 된다. 그림 1로부터

$$w = V \sin \theta = V \cdot \frac{D}{W} = V \cdot \frac{D}{\sqrt{L^2 + D^2}}$$

D는 L보다 충분히 작으므로

$$w = V \cdot \frac{D}{L} \tag{7}$$

로 해도 된다. 한편, 양력 L과 항력 D는

$$L = \frac{1}{2} \rho V^2 S C_L \tag{8}$$

$$D = \frac{1}{2} \rho V^2 S C_D \tag{9}$$

이다. 단, ρ는 공기 밀도, V는 활공 속도, S는 날개 면적이고, 주날개 고유의 계수 C_L, C_D 를 각각 양력 계수, 항력 계수라고 한다.

먼저, 활공 속도 V를 생각해 보자. 식 (8), (9)로부터

$$W = \sqrt{L^2 + D^2} = \frac{1}{2} \rho V^2 S \sqrt{C_L^2 + C_D^2}$$

는, $C_L \gg C_D$이므로

$$W = \frac{1}{2} \rho V^2 S C_L$$

로 해도 된다. 이것을 V에 대해서 풀면

$$V = \sqrt{\frac{2W}{\rho S C_L}} \tag{10}$$

이 된다. 마찬가지로

$$\frac{D}{L} = \frac{C_D}{C_L}$$ (11)

이 된다.

식 (7), (10), (11)로부터

$$w = \sqrt{\frac{2W}{\rho S}} \cdot \sqrt{\frac{C_D{}^2}{C_L{}^3}}$$ (12)

를 얻는다.

식 (12)로부터 하강 속도 w를 최소로 하려면, $\sqrt{\dfrac{C_D{}^2}{C_L{}^3}}$ 를 최소로 하면 된다는 것을 알 수 있다. 그림 5는 $\sqrt{\dfrac{C_D{}^2}{C_L{}^3}}$ 와 받음 각 α와의 관계를 나타내는 그래프의 예이다. 이 예에서 볼 수 있는 바와 같이 $\sqrt{\dfrac{C_D{}^2}{C_L{}^3}}$ 는 받음각 α가 커지면 점점 감소하다가, 받음각 α_0일 때 최소값이 된다. 체공 시간을 최대로 하려면, 받음각이 α_0가 되는 자세로 활공시키면 된다. 이 각

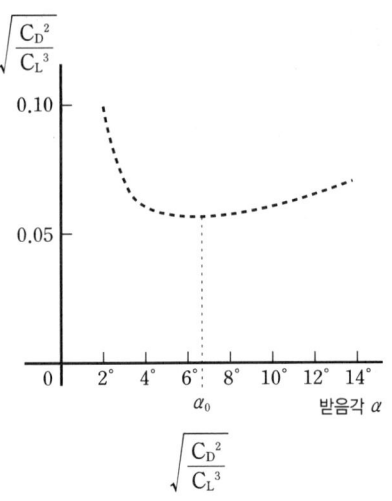

그림 5 • 곡선

도 α_0는 양항비를 최대로 하는 받음각 α보다 크므로, 구체적인 몸체의 조정은 앞에서 설명했던 방법에서 더 나아가 보다 큰 받음각으로 활공시켜 그 비행기에 있어서 최적의 받음각 α_0를 찾아내면 된다.

042i

분무기를 베르누이의 정리로
설명하는 것은 잘못이다.

❊ **흔히 볼 수 있는 분무기 원리의 설명**

많은 책에서 분무기의 원리를 베르누이 정리의 응용으로 다음과 같이 설명하고 있다. 요즘에는 분무기 자체를 모르는 사람이 있을지도 모르지만, 분무기는 숨을 내뱉는 힘으로 물을 빨아올려 안개처럼 내뿜는 것으로 예전에 다리미질을 하기 전에 옷감에 물을 뿌리기 위해 사용하였

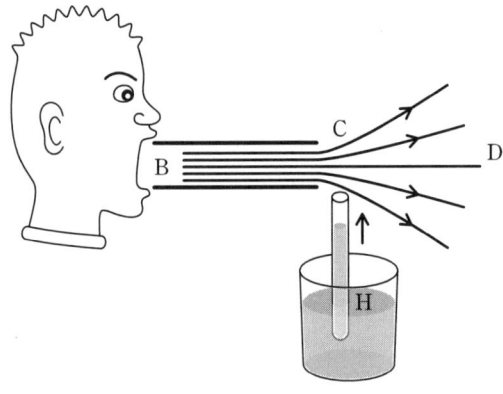

그림 1

다. 오래 전에 필자는 모형을 제작한 후 페인트칠을 할 때 지금의 에어 브러시 대신에 분무기를 사용하였는데 꽤 숨이 가빴다는 것과 분무기를 못 쓰게 만들어서 야단맞았던 기억이 난다.

분무기에 대한 대략적인 설명은 다음과 같다. 그림과 같이 왼쪽에서 불어넣은 숨은 B, C, D와 같이 움직인다. 흐르는 공기의 질량은 도중 에 증가하거나 감소하지 않으므로(그렇지 않으면 끊겨 버린다), 밀도가 변하지 않는다면 단면적이 작은 C에서의 유속은 D에서 보다 빠를 것이 다. 한편, 유체에 있어서 흐름이 빠른 곳은 압력이 낮다는 베르누이 정 리에 따라 C 부분은 D 부분보다 압력이 낮아진다. 수면 H에서의 기압 은 D에서의 기압과 같으므로 아래의 물을 빨아올리게 된다. 이 물이 공 기의 흐름과 함께 안개로 분사된다.

❂ 베르누이 정리란 무엇인가?

베르누이 정리란 무엇인가? 기체나 액체와 같은 유체에서 압력을 P, 밀도를 ρ, 속도를 v, 단위부피당 외력에 의한 퍼텐셜 에너지(위치 에너 지)를 H라 하였을 때, 하나의 흐름을 나타내는 유선(流線)의 움직임에 대해서 $P + \dfrac{1}{2}\rho v^2 + H$ 는 일정한 값을 유지하며, 이것은 에너지보존의 법칙과 같은 것이다. 이것을 자세히 알아보자. 그림과 같 이 유체 중에 파이프와 같은 부분을 생각해서 AB에 있 는 부분이 $A'B'$로 옮겨 갔 다고 하면, AA'의 부분은 없어지고 BB'가 더해졌다

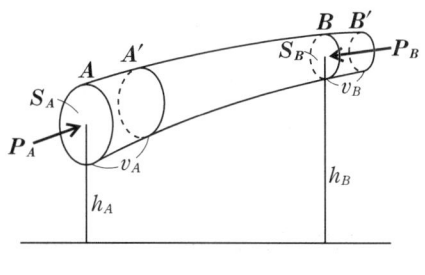

그림 2

고 생각할 수 있다. 단면 A에서 단면적, 압력, 유속을 각각 S_A, P_A, v_A 라 하고, 단면 B에서는, S_B, P_B, v_B라고 하자. 유체 AB의 부분에 단 면 A를 통해서 $P_A S_A$의 힘이 작용하여, 단위시간당 $P_A S_A v_A$의 일을 한다. 마찬가지로 B에서 하는 일은 $P_B S_B v_B$이다. 따라서 이 부분이 하 는 진짜 일은 $P_A S_A v_A - P_B S_B v_B$가 된다. 위치 에너지의 변화는 중력 만을 생각하면, A와 B의 높이를 각각 h_A와 h_B, 유체의 밀도를 ρ라 하 면 $\rho_B g S_B v_B h_B - \rho_A g S_A v_A h_A$, 운동 에너지의 증가는 $\frac{1}{2}\rho_B S_B v_B v_B{}^2 - \frac{1}{2}\rho_A S_A v_A v_A{}^2$ 이다. 여기서 에너지보존과 유체는 압축되지 않는다는 것 에서 $\rho_A = \rho_B = \rho$, $S_A v_A = S_B v_B = V$라고 할 수 있으며, 에너지보존을 식으로 나타내면,

$$(\rho V g h_B - \rho V g h_A) + \left(\frac{1}{2}\rho V v_B{}^2 - \frac{1}{2}\rho V v_A{}^2\right) = P_A V - P_B V$$

가 되고, 이것을 정리하면

$$P_A + \frac{1}{2}\rho v_A{}^2 + \rho g h_A = P_B + \frac{1}{2}\rho v_B{}^2 + \rho g h_B$$

를 얻을 수 있다. 이것이 베르누이의 정리이다.

따라서 베르누이의 정리를 따르면, 그림 1의 C, D를 비교했을 때 v 가 큰 C점에서는 당연히 D점보다 압력 P가 작다. D가 먼 곳이라면 그 곳은 1기압으로 되어 있어서 C에서는 1기압보다 작아 물을 빨아올린 다. 이와 같은 방법으로 유체의 여러 가지 현상을 설명하는 일이 많다. 그러나 이것은 잘못된 것이다.

❖ 베르누이 정리를 잘못 적용하는 것들
정리를 적용하려면 우선 그것이 성립하는 조건을 확인하여야 한다.

베르누이 정리의 조건은

　가. 밀도가 일정하다. 즉, 압축되거나 팽창하지 않는다.

　나. 외부로부터 작용하는 힘은 퍼텐셜 에너지로 표시되는, 즉 위치만으로 결정되는 보존력인 것이다(예, 중력). 점성이 있다든지 마찰과 같은 힘을 받는 일이 없어서 졸졸 흐르는 것이어야 한다. 하나의 유체 흐름에 대해서는 하나의 정수이다. 즉, 동일한 유체 흐름일 때의 압력을 비교하는 것임에 주의하자.

　분무기의 경우는 어떤가? 뒤에서 살펴보겠지만 기체의 흐름과 주위의 대기 사이에 강한 마찰력이 작용한다. 따라서 '가'의 조건이 성립하지 않는다.

　더구나 이상한 것은, 기체의 흐름은 이미 관의 바깥으로 나와 있으므로 C, D의 어디에서도 그 경계면에서는 대기의 압력(거의 1기압)과 같아야 한다(자세한 것은 뒤에서 설명하겠지만 압력은 대기압보다 약간 낮지만, 위와 같이 베르누이 정리를 적용할 수 있는 것과는 다르다). 실제로 기체 흐름의 내부에서도 압력은 거의 1기압과 같다. 이와 같은 두 가지 이유로 베르누이 정리에 의한 위의 설명은 잘못된 것이라고 말할 수 있다. 따라서 전체가 관과 같이 닫혀있는 경우에는 베르누이 정리를 사용할 수 있다고 하여도, 분무기에는 그대로 적용할 수 없다.

❂ 분무기 원리의 올바른 설명

　실제의 흐름은 언뜻 보면 퍼지고 있는 것 같아 보이지만, 그것은 점성에 의하여 주위의 공기를 감아 넣기 때문이며, B 부분의 앞에는 단면적이 거의 변하지 않는다. 여기서는 점성이 큰 역할을 하므로 베르누이 정리를 사용할 수 없다. 물의 흐름으로 공기를 끌어당겨서 뽑는 수류 펌프

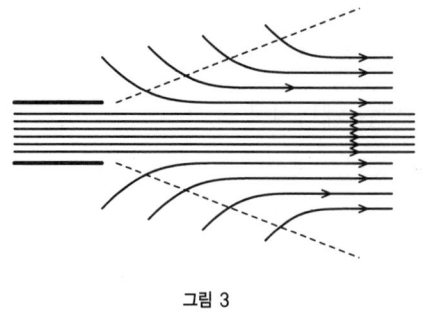

그림 3

는 이것을 응용하고 있다. 가스풍로가 자연스럽게 공기를 흡입하는 것도 마찬가지이다.

그러나 점성으로 공기를 끌어들이는 효과로는 공기보다 무거운 물을 빨아올리는 데 충분하지 않다. 그러면 분무기를 어떻게 설명해야 할까? 그것은 흐름의 중간에 파이프가 놓여 있어서 그 충돌로 생기는 흐름의 변화로 설명된다. 파이프에 부딪친 기체의 흐름은 퍼지면서 소용돌이를 만들고 그 부분의 기압은 외부보다 훨씬 작아진다. 따라서 바깥과 큰 압력차가 생기면서 물을 빨아올릴 수 있다.

이상의 설명은 강풍이 불 때, 기체 흐름의 변화에 의한 압력 차이로 지붕이 벗겨지는 현상에도 적용할 수 있다.

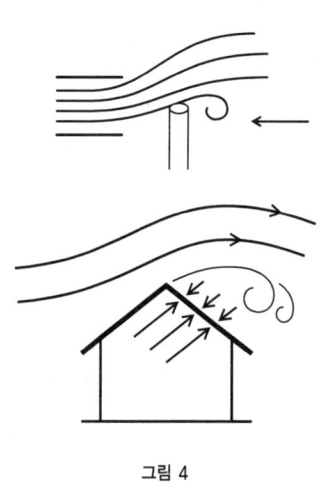

그림 4

요약하면 분무기와 같은 경우 공기의 흐름에 베르누이 정리를 적용할 수는 없고, 공기의 흐름 중간에 물건을 놓았을 때에 생기는 압력 변화로 설명할 수 있다는 것이다.

이와 같이 실제로 공기의 흐름은 점성의 효과를 수반하여서 여러 가지 현상을 일으키므로, 그것을 점성이 없을 때의 베르누이 정리로 모두 설명하려는 것은 잘못이라고 할 수 있다.

043 소나기는 퍼붓고, 이슬비는 부슬부슬 내린다. 왜?

비는 하늘에서 내린다. 작은 물방울이라도 매우 높은 곳에서 떨어지면 엄청난 속도로 인해 사람이 다치지않을까?

우선, 공기가 없을 때 지상에 도달하는 비의 속도를 계산해 보자. 비가 1,000 m 상공의 구름으로부터 내려온다고 하면 자유 낙하 운동의 공식

$$y = \frac{1}{2} \times gt^2,$$

$$g = 9.8 \text{ m/s}^2$$

표 1. 물방울의 낙하 속도
(기압 1013 mb, 기온 20 ℃의 정지 대기 중)

물방울의 직경(mm)	종단 속도 (cm/s)	물방울의 질량(μg)	비고
0.01	0.3	0.000524	구름 방울
0.02	1.2	0.00419	
0.05	7.5	0.0655	
0.1	27	0.524	이슬 방울
0.2	72	4.19	
0.5	206	65.5	
0.8	327	268	빗방울
1.2	464	905	
1.6	565	2140	
2.0	649	4190	
2.4	727	7240	
2.8	782	11490	강한 비의 빗방울
3.2	826	17160	
3.6	860	24400	
4.0	883	33500	
4.4	898	44600	
4.8	907	57900	
5.2	912	73600	
5.6	916	92000	

으로부터 낙하 시간은 약 14.3초, 그때의 속도는 $v=gt$로부터 140 m/s 가 된다. 이것은 시속 500 km로 신칸센(新幹線) 속도와 거의 같다. 이런 속도로 떨어지는 빗방울이라면 지면에서도 큰 피해를 입게 될 것이다.

그러나 실제로 비의 속도가 그렇게 빨라지지는 않는다. 바로 공기 저항 덕분이다. 비가 중력으로 가속되어 속도가 증가하면 공기 저항도 속도에 따라서 증가하며, 머지않아 비에 작용하는 중력과 공기의 저항력이 같아진다. 중력과 저항력이 평형을 이루면 빗방울은 정지하게 될까? 아니다. 관성의 법칙에 의해 합력이 0이 되면 그때부터는 일정한 속도로 떨어지게 된다. 이 속도를 종단 속도(終端速度)라고 한다. 실제로 측정한 종단 속도와 빗방울의 크기가 표1에 나타나 있다. 지구가 대기로 둘러싸져 있는 것이 다행이다.

✿ 공기 저항과 레이놀즈수

빗방울에 작용하는 공기 저항은 속도가 작을 때는 속도에 비례하며, 속도가 증가하면 속도의 제곱에 비례한다고 많은 책에 나온다. 실제로는 어떤지 검토하기 위해 먼저 공기 저항의 성질을 조사해 보자.

일반적으로 물체 주위의 흐름은 거의 평행하고 정연한 흐름인 층류(層流)와, 불규칙하게 변동하며 많은 소용돌이로 이루어진 난류(亂流)로 나눌 수 있다. 물체 주위의 흐름이 층류인가 난류인가는 무엇으로 판단할 수 있을까? 이것은 레이놀즈(Reynolds Osborne, 1842~1912)가 처음으로 연구하였다. 그는 수조의 물속에 가느다란 유리관을 넣어, 그 유리관의 한 쪽 끝에서 색깔 있는 물을 흘려 물의 속도를 바꾸어 가면서 흐름의 모습을 조사하였다. 이러한 조사를 통해 일정 속도까지는 흐름이 다소 흩어져도 층류(層流)로 되돌아오지만, 일정 속도를 넘으면 충류를 유지할 수 없다는 것을 발견하였다. 그의 실험은 많은 사람들에 의해 확인되었는데 이 임계값이 바로 그가 도입한 레이놀즈수(數)이고 실험 장치나 유체의 종류에 관계없이 나타낼 수 있었다. 많은 실험 결과에 의하면 임계값은 약 2,000이다. 레이놀즈수 R이란 다음과 같이 정의된 양이다. $R = \dfrac{Ud}{\nu}$, 단 U는 평균 유속, d는 물체의 유효 길이, ν는 운동 점성률이라고 하는데 유체의 점성률 μ와 밀도 ρ의 비 $\dfrac{\mu}{\rho}$이며 점성과 관성 질량의 비와 같은 값이다. 이 값이 다르더라도 레이놀즈수가 같다면 흐름의 성질은 같다고 생각할 수 있으므로 매우 편리하다.

✪ 구형(球形) 물질의 공기 저항

비를 구형의 물방울이라고 가정하자. 구가 공기 중에서 움직이는 것은 멈추고 있는 구에 공기의 흐름이 세차게 부는 경우와 같다. 1910년

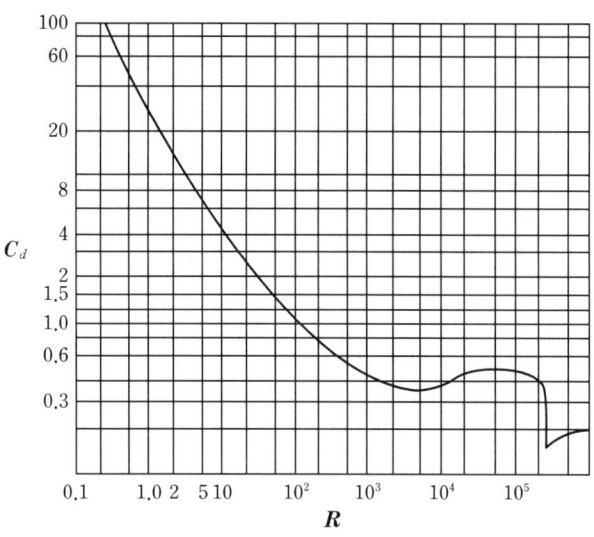

그림 1 • (란다우=리프시츠[Landau−lifschitz] 《유체역학1》 도쿄도서에서 전재)

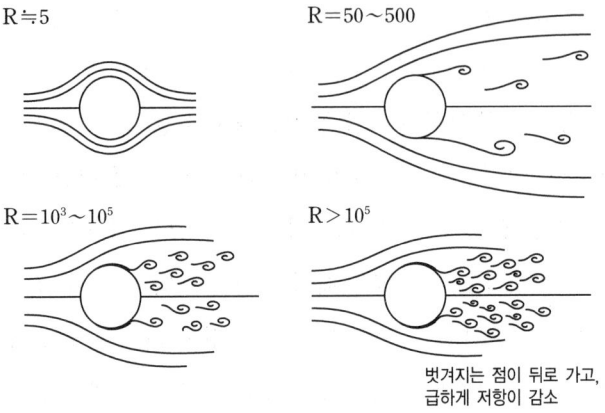

$R≒5$ $R=50\sim500$

$R=10^3\sim10^5$ $R>10^5$

벗겨지는 점이 뒤로 가고,
급하게 저항이 감소

그림 2 • (이마이 이사오(今井功) [유체 중의 물체의 저항] 수학세미나 1996년 11월호에서)

에는 세계 각지에서 구가 받는 저항력을 측정하는 실험이 수없이 많이 행해졌지만, 그 값은 좀처럼 일치하지 않았다. 그것은 각 장치에서 기류의 흩어진 상태가 미묘하게 달랐기 때문인 것 같다. 현재 알려진 실험 결과는 대략 그림 1과 같다. 여기서 무엇을 알 수 있을까? 저항 계수 C_d는 반지름 a인 구에 대한 저항력을 D라고 했을 때,

$$C_d = \frac{D}{\frac{1}{2}\rho U^2 \pi a^2}$$

로 정의한다.

이 그래프의 변화는 무엇에 대응하는 것일까? 실제로 레이놀즈수의 변화에 의해서 구 주위에 나타나는 흐름의 변화가 어떻게 되어 있는지 보자. 그림 2와 같이 R이 작을 때는 층류이지만, R이 5를 넘는 무렵부터 소용돌이가 생기기 시작하며, 50부터 500정도까지는 좌우에 카르만(Karman) 소용돌이가 생긴다. 그리고 대략 1,000을 넘으면 항상 복잡

한 소용돌이가 나타나고 있다. 이 부분에서는 그래프의 C_d가 거의 일정하다. 이것은 흐름의 모습이 거의 점성에 무관하고, 항력 또한 점성에 무관하다는 것이다. 더구나 R이 2×10^5부근에서는 경계층이 난류가 되어, 소용돌이가 벗겨지는 위치가 뒤쪽으로 이동함으로써 저항계수가 급격히 감소한다.

❖ 레이놀즈수와 공기 저항의 관계

레이놀즈수의 영역과 공기 저항의 관계를 알아보자. 그림 1에 의하면 레이놀즈수 R이 충분히 작을 때는 C_d 가 $\dfrac{1}{R}$ 에 비례한다. 따라서 저항력 D는, 비례 상수를 k로 하여

$$C_d = k \frac{1}{R}$$

위의 식에 C_d를 정의한 식을 대입하면

$$D = \frac{1}{2} \rho U^2 \cdot \pi a^2 \frac{k}{R}$$

레이놀즈수 R을 대입하면

$$D = \frac{\dfrac{k}{2} \pi a^2 \rho U^2}{\dfrac{\rho d U}{\mu}} = \frac{k}{2} \pi a^2 \mu \cdot \frac{1}{2a} U \quad (d = 2a)$$

$$= \frac{k}{4} \pi \mu a U$$

로 U에 비례한다. 실제로 스토크스(Stokes)는 $D = 6\pi\mu a U$ 라는 법칙을 유도하였다(스토크스의 법칙, $k=24$). 따라서 이 영역에서는 공기 저항이 속도에 비례한다.

그러면 R이 1,000부터 100,000 정도에서는 어떨까? 그래프를 보면 이 영역에서는 C_d가 거의 일정한 값이 된다. 이 값을 k'라 하면, $C_d = k'$ 이므로

$$D = \frac{1}{2}\rho U^2 \cdot \pi a^2 \cdot k' = \frac{k'}{2}\rho \cdot \pi a^2 U^2$$

따라서 공기 저항 D는 속도의 제곱에 비례한다. 이것을 뉴턴의 법칙이라고 한다.

✿ 빗방울에 대한 레이놀즈수의 계산

따라서 빗방울의 공기 저항이 속도에 비례하는가, 속도의 제곱에 비례하는가는 빗방울의 크기와 속도, 빗방울의 질량과 공기의 점성에 따라 다르다. 처음의 표를 기초로 빗방울의 레이놀즈수를 계산해 보자.

20°C의 공기에서는:

$\rho = 1.205 \text{ kg/m}^3$

$\mu = 1.76 \times 10^{-4} \text{ kg/m} \cdot \text{s}$

$\nu = 1.41 \times 10^{-5} \text{ m}^2/\text{s}$

따라서 레이놀즈수 $R = \dfrac{2aU}{\nu}$ 의 값은

$2a = 0.1 \text{ mm} \longrightarrow R = 1.9 \times 10^{-1}$

$2a = 0.8 \text{ mm} \longrightarrow R = 186$

$2a = 2.0 \text{ mm} \longrightarrow R = 921$

이 된다. 따라서 빗방울의 지름이 2 mm 이상일 때는 속도의 제곱에 비례하고, 0.1 mm 이하에서는 속도에 비례한다고 할 수 있다.

칼럼 7 ** 지도 요령의 구속성을 없애면 물리는 자유로운 것이다.

이 책에서 물리학은 오직 진실에 충실하고 그 무엇에도 구속되지 않는 자유로운 것이라 말하고 싶다. 그러나 지금 학교에서 배우는 물리는 학습 지도 요령이 있기 때문에 자유롭지 않다.

2차 대전 이전에 초등학교는 국정 교과서, 중학교는 문부성이 정하는 교수요목에 의하고 있었다. 2차 대전 후에는 이것이 폐지되고 학습 지도 요령이 등장하였다. 1947년에 처음 등장한 학습 지도 요령 일반편(시안)에서는 그 성격을 '이제까지의 교사용 책과 같이 하나의 일정한 방향을 정해서 그것을 나타내고자 하는 목적으로 만들어진 것은 아니다. 새롭게 아동과 사회의 요구에 부응해서 생긴 교육 과정을 어떻게 살려갈 것인가를 교사 자신이 스스로 연구할 수 있는 지침을 쓴 것이다.' 라고 정의했다.

그런데, 1955년 문부홍보에서 '학습 지도 요령의 기준에 의하지 않는 교육 과정을 편성하고, 이것에 의한 교육을 실시하는 것은 위법이다.' 고 하여 1956년도의 고교 일반편부터 시안의 내용이 삭제된다. 성격이 바뀌어서 구속력을 갖게 되었다고 일반에게 알려진 것은 1958년 개정판의 지도 요령을 관보 고시로 발표했을 때부터이다. 예를 들면, 1978년의 교육위원회 월보에서 '학습 지도 요령은 학교 교육법의 위임에 의해서 정해지는 것이며 법률을 보충하는 것으로써 법적 구속력을 갖는다. 따라서 학습 지도 요령에 반하는 교육을 하는 것은 허용되지 않는다.' 였다.

즉, 지도 요령은 점점 구속력을 갖는 것으로 바뀌어온 것이다. 그러면 문부성이 근거로 하고 있는 학교 교육법 시행 규칙 제25조에는 '교육 과정에 대해서는 이 절에 정해지는 것 외에, 교육 과정의 기준으로 문부 대신이 따로 공시하는 학습 지도 요령에 의하는 것으로 한다.' 로 써 있다.

기준이란 어디까지나 '기본이 되는 표준' 일 것이다. 다시 원점으로 되돌아가서 지도 요령의 구속성을 폐지하고, 물리를 배우는 학생과 교사의 자주성에 맡겨야 하는 것이 옳지 않을까?

2001년에 문부과학성은 '학습 지도 요령은 최저한을 규정한 것이다.' 라고 말하기 시작하였다. 구속성을 빨리 없애는 것이 목적이지만, 이것을 물리 학습의 활성화를 위해 이용하면 어떨까?

지도 요령은 외적인 구속력뿐만 아니라 그 내용에도 큰 문제가 있다. 지금의 지도 요령은 무엇을 배우는가 보다는 '의욕 · 태도 · 관심' 을 중시하며, '개성 존중', '생활력', '심성 교육' 을 추구하도록 되어 있다. 어떠한 자연현상을 기초로 어떠한 자연법칙을 찾는가는 중요하지 않다. 학생이 스스로 관심과 의욕을 가지고 활동하면 내용과 결론이 어떻든 교사는 그것을 '지원' 하면 된다고 말하는 문부성이나 교육위원회의 '지도' 가 시행되고 있다는 사실이 실제 수업 현장으로부터 보고되고 있다.

지도 요령에도 '철학' 이 숨어 있다. 여기에는 소위 포스트모더니즘(postmodernism)' 또는 인식론적 상대주의, 즉, 과학을 인간의 인식과는 무관한 독립된 실재 법칙의 반영으로 보지 않고, 과학도 수많은 이야기, 신화, 사회적 · 언어적 구축물의 하나로 보는

(지금 유행하는 패러다임(paradigm)론도 그에 속하는) 자세이다. 여기에는 과학적 논쟁의 어느 의견, 틀도 똑같이 의미가 있으며 객관적 자연에 의거해서 최종 결론이 나온다는 것은 부정되고 있다. 문부성과 포스트모더니즘의 연결이 어디로부터 오는가는 분명하지 않으나, 지도 요령의 내용에서 그 영향은 명백하다.

이 포스트모더니즘 철학의 유행에 대해서, 물리학자 소칼(Alan Sokal)과 브리크몽(Jean Bricmont)이 통렬한 비판을 하고 있다. 비판되고 있는 철학과 지도 요령의 공통점에 놀랄 것이다. 한 번 읽기를 권한다.

고래를 쏘는 작살의 머리는 뾰족하지 않다. 왜?

지금은 고래를 보호하기 위해서 또는 지능이 높은 동물을 죽이는 것의 잔혹함에 대한 비난이 높아지면서 국제 조약에서 상업적 목적의 포경은 금지하고 있다. 예전에 포경은 선단을 짜서 남극 바다로 나서는 화려한 어업이었다. 고래를 잡는 배는 캐처보트(catcher boat)라는 작은 배인데, 배의 끝에 작살을 발사하는 대가 있으며 포수가 방아쇠를 당기면 밧줄이 연결된 작살이 날아가서 고래에 꽂혀, 안에서 폭발시키거나 전기를 통하게 하여 고래를 죽인 다음 모선으로 끌고 가서 해체, 가공하도록 되어 있었다. 그 캐처보트의 끝단에 붙어 있는 것이 사진에 나와 있는 평두작살(平

평두작살(협력: 배의 과학관)

頭銛)이다.

그런데 잘 보면 이 작살의 끝은 뾰족하지 않고 평평하다. 이 '평평함'에 물리학자의 아이디어가 들어 있다.

✪ 구시로 항구에서의 실험

이 작살이 사용되기 전에는 당연히 끝이 뾰족한 작살을 사용했다. 그리고 이 첨두작살(尖頭銛)을 이용한 사격은 대단한 숙련을 요하는 것이었다. 고래의 몸이 커도 수면 밖으로 나와 있는 부분이 작기 때문에 정확히 명중시켜야 한다. 만약 빗나가서 작살이 수면에 닿게 되면 작살이 수면에 튕겨 나오면서 고래에 명중하지 못하는 문제가 있었던 것이다.

1948년 도쿄 대학의 로프에 관한 연구반에서 온 몇 명의 참가자 중에 물리학자 히라타 모리조(平田森三)가 있었다. 그곳에서 포경용 로프의 이야기를 계기로 그는 흥미를 갖게 되었다.

이미 포탄에서도 그와 같은 일이 있었으며 그 대책으로 앞부분을 평평하게 자르면 된다는 것을 알고 있었던 히라타는 자신의 생각을 말했지만, 실제 포경을 담당하고 있던 전문가에게는 받아들여지지 않았다. '포수는 앞부분에 줄질을 해서 날카롭게 하는 것이 매우 중요하다.'고 하는 현실과 '평평한 작살로는 깊이 찌를 수 없을 것이다.'는 생각, 그리고 '몇 십 년 동안 이렇게 했다.'는 경험에 사로잡혀 있었던 것이다.

1949년 전기작살의 실제 시험에서 제1다이헤이마루(太平丸)라는 시험선에 히라타는 함께 탔다. 이때 자신이 만든 전기작살을 관찰하는 것이 목적이었는데, 실제 포경을 하는 과정에서 작살이 수면에서 튕겨 나오는 모습을 보고 빨리 평두작살을 실험해 보고 싶다는 충동으로 가득 찼다. 배가 태풍의 여파 때문에 구시로(釧路) 항구에서 며칠 동안 정박

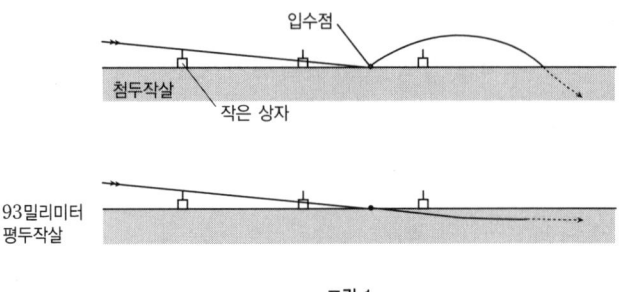

입수점

첨두작살

작은 상자

93밀리미터
평두작살

그림 1

해 있을 때, 작살의 뾰족한 앞부분을 쇠톱으로 잘라 임시로 평두(平頭) 작살을 만들어 해수면에 발사하는 실험을 하였다. 어떻게든 평두작살이 튕겨 나오지 않고 물속으로 직진한다는 사실을 사람들에게 납득시키는 것이 중요하다고 생각한 것이다. 같이 배를 탄 학자와 선장, 승조원도 모두 마음을 바꾸게 되었고 결국 실험에서 히라타가 예상한 결과를 얻었다(그림 1).

그러나, 처음에 반대하던 대형 포경선의 포수들은 '튕겨 나오지는 않으나 과연 고래에 깊이 찔리는가?' 라는 의문을 가지고 있었다. 이 관통력에 대해서, 평소에 흔히 보는 '속도가 작을 때'의 현상을 속도가 클 때도 같을 것이라고 확대 해석해 버리는 사람들의 경향이 나타나고 있다.

속도가 클 때는 다를 것이라는 히라타의 의견에, 연구심이 왕성한 제1다이헤이마루의 사람들이 적극적으로 호응하여, 이것을 전기작살에 응용해 보자고 하였다. 사람들은 구시로 항구 옆에 위치한 아사히(旭) 철공소에서 그림 2와 같은 임시 작살을 만들었다. 앞머리 부분의 원추형 부분은 끼웠다 떼었다 하는 것이 가능

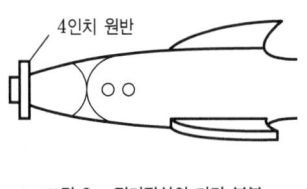

4인치 원반

그림 2 • 전기작살의 머리 부분

하였으므로 가공하기 쉬웠다.

9월 5일, 정어리고래를 향해 발사하여 약 2 m 앞의 수면에 닿아 물속으로 직진하여 명중하였다. 9월 6일은 껍질이 단단한 향유고래도 성공하여 그 우수함이 입증되었다.

그 해 화약작살도 응용하여 만들었고 다음 해인 1950년 봄부터 실제로 포경에 사용되었다.

✪ 왜 똑바로 나가는가?

앞머리에 원반을 붙이면 왜 똑바로 나가는가? 물속에서 평판이나 막대기의 한가운데를 쥐고 잡아당기면, 평판이나 막대기도 움직임에 수직한 방향이 되려고 한다(그림 3).

따라서 작살의 방향이 기울면, 앞머리의 평면이 나아가는 방향과 직각이 되려고 하는 복원력이 작용한다. 앞머리가 뾰족한 탄환은 한 번 기울기 시작하면 기울기가 점점 커진다(그림 4).

물속에서도, 고래의 체내에서도 같은 현상을 볼 수 있다. 현재의 작살은 원반을 붙이지 않고 앞의 사진과 같이 앞머리 부분이 평평하게 되어 있으므로, 위에서 말한 복원력은 약해지지만 앞머리가 뾰족하여 방향 선택성이 너무 예민하게 되는 것을 막고 있다.

또한, 인류 사상 처음으로 인간을 태워서 달을 돌아보고 지구로 귀환한 아폴로 8호에 대해서, 아사히(朝日)신문(1968년 12월 25일, 석간)은 지

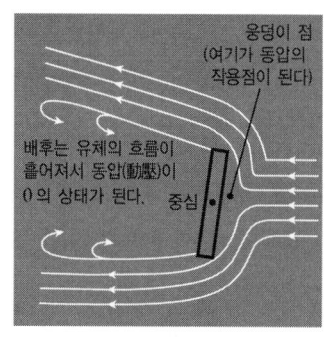

그림 3 • 수중을 나가는 평판의 운동

6.6밀리 소총탄

수면

그림 4 • 뾰족한 탄환의 궤도

구로 귀환하여 대기권에 돌입할 때의 상상도를 실었는데, 자세를 제어하여(원추형 선체의) 바닥 부분을 앞쪽으로 한다고 하였다. 이것도 평두 작살과 같은 원리이다.

　최근에 달의 내부를 조사하기 위하여, 지진 센서를 캡슐(capsule)에 넣어 달의 표면에 박아 넣는 계획이 일본에도 있는데, 여기서도 구부러지지 않도록 하기 위해서 평두형이 사용되고 있다.

045: 스키 점프 자세의 역학.

스포츠에서 물리 현상에 대한 연구가 왕성하게 행하여지고 있다. 물리적인 연구에 의해서 크게 바뀐 것 중에 스키 점프의 자세와 관련된 것이 있다. 지금과 같은 과학적 분석이 활발하지 않았던 시절부터, 이에 몰두하여 선구적 성과를 올린 사람들이 일본의 물리학자들이다. 그 발자취를 찾아서 업적을 소개해 보자.

✪ 실험에 이르기까지

스키 점프의 모형 실험을 풍동(風洞, 바람이 세차게 불때 공기의 흐름을 조사하는 장치)에서 처음으로 실시한 사람은 스위스의 R. Straumann이다. 그는 속도가 20 m/s를 넘으면 공기의 저항력에 중요한 영향을 미치므로, 앞으로 많이 기운 자세가 유리하다고 주장하여 당시의 유명 선수들이 점프

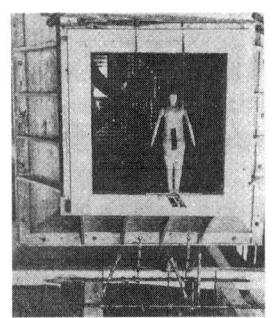

사진 1

자세에 참고하였다. 그런데 그 후 기술의 전개가 반드시 그 이론과 일치하지 않는 것에 대해, 일본공업능률연구소의 오모리 다케오(大森健生)의 의뢰를 받아, 다니 이치로(谷一郎), 미쓰이시 사토시(三石智)는 올림픽 대표 선수의 협력을 얻어서 새삼스럽게 실험을 하여 더 납득이 가도록 상세한 검토와 수량화를 시도하였다.

✿ 측정 장치

그들이 사용한 풍동은 단순한 송풍형이고(사진 1), 측정 단면은 60 cm × 60 cm의 정방형, 풍속은 24 m/s, 모형의 크기는 실물의 5분의 1이고 스키의 길이는 47 cm, 인물의 신장은 35 cm, 스키의 재질은 금속제, 인물의 재질은 목재였다. 그림 1과 같이 각도 θ, σ, φ, α 를 정하여, 이들의 각도를 다양

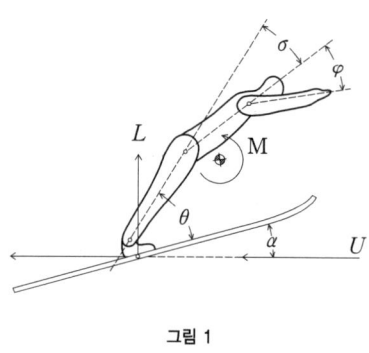

그림 1

하게 변화시키면서 모형에 작용하는 바람의 저항력 D, 위쪽으로 작용하는 양력 L, 중심을 지나는 수평축 둘레의 모멘트 M을 측정하였다.

✿ 결과

그림 2는 θ＝40도, σ＝20도, φ＝30도일 때 측정한 결과의 한 예이다. 단, 그래프의 수치는 L 및 D를 동압(動壓)

$$q＝\frac{1}{2}\rho V^2 \qquad V \text{는 풍속,} \qquad \rho \text{는 공기 밀도}$$

로 나누어, 5의 제곱(25)을 곱한 값으로 나타내고 있다. 5의 제곱을 곱하는 것은 실물 크기의 1/5로 모형을 제작하였기 때문이다. 이 결과를 보면 받음각(α)이 증가하면 양력과 저항이 증가하는데, 저항이 증가하는 정도가 더 크므로, 여기서는 양항비(揚抗比) L/D가 받음각 10°부근에서 최대가 되며, 그것보다 큰 받음각에서는 오히려 감소하는 것을 알 수 있다.

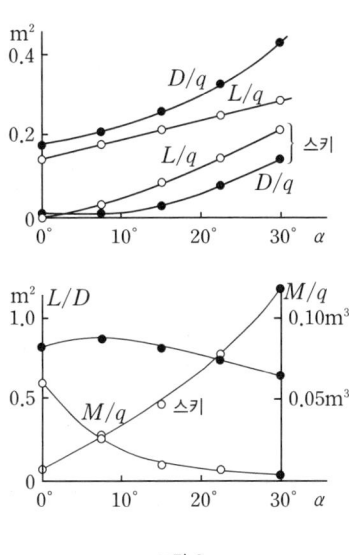

그림 2

다니(谷)와 미쓰이시(三石)는 위에서 말한 각도를 여러 가지로 바꾸어서 실험을 하였다. 그림 3은 φ 를 30°로 고정해서(당시의 대표적인 자세?) θ 를 수평축으로 하고, σ, α 를 패러미터(parameter)로 측정한 L/D이다. 멀리 날기 위해 저항은 작게, 양력은 크게 하고 싶으므로 양항비 를 크게 하는 것이 유리할 것이다. 그들이 얻은 결론을 알아보자.

❶ 받음각 α가 작으면 인간의 양력이 대부분을 차지하고, 받음각 α가 크면 스키의 양력이 차지하는 비율이 크다.

❷ 양항비 L/D는 θ가 작을수록 크지만 너무 작으면 오히려 감소한다. 그 한계치는 $\theta+\alpha=\sigma$ 즉, 몸이 바람의 방향과 거의 평행하게 될 때이다.

❸ 2에서 말한 한계를 넘지 않는 한, 양항비는 θ가 작을수록 크지만,

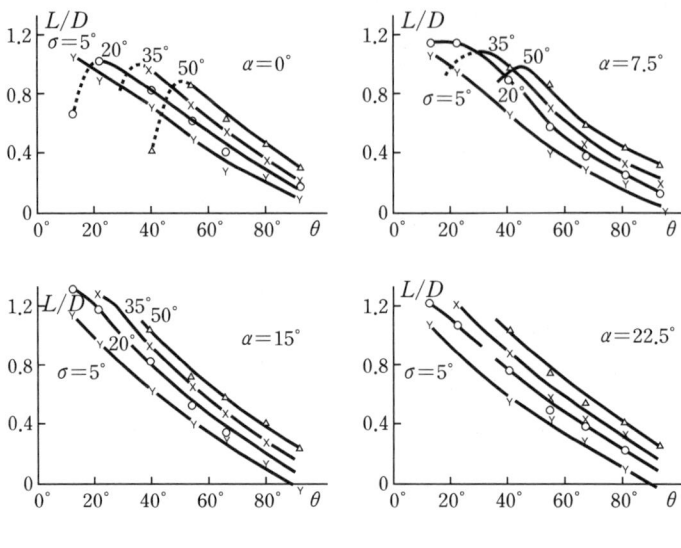

그림 3

그 최대치는 $\alpha=15°$일 때 $\theta=12°$, $\sigma=20°$ 또는 $\theta=20°$, $\sigma=35°$의 조합일 때 나타난다.

이 조건에서 그들은 실제의 운동 경로를 계산했다. 여기서 위의 결론 3은 극단적인 전경(前傾)(몸을 앞으로 기울이는 것)이 너무 지나치다고 생각하였다. 따라서 L/D가 큰 것으로 $\theta=22°$, $\sigma=20°$(A)를 골라, 두 경우에 대해 속도 V를 바꾸어가면서 여러 가지 운동 경로를 그려보았다. 점프하는 거리는 명백히 A가 크다. 계산에 의하면 이러한 차이는 주로 저항 때문이었다(그림 4).

2명은 이 계산을 통해 새삼스럽게 전경이 유리하다는 것을 밝혔고 자세한 실험 결과로 입증하였다.

그러나 새로운 사실도 이 연구에 포함되었던 것 같다. 그들은 상지각

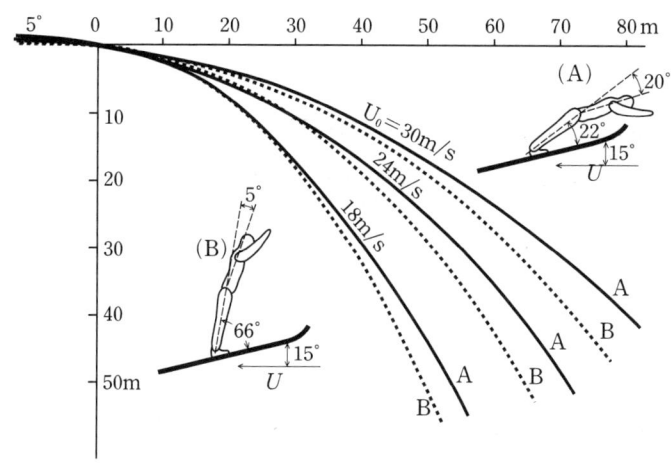

그림 4

(上肢角: 팔과 머리 사이의 각도) φ 를 30°로 고정하고 실험하였지만, 나중에는 이 φ도 바꾸어서 실험을 수행하였다(그림 5). 그 결과에 따르면 명백히 180° 즉, 손을 뒤로 하는 것이 유리하다는 것을 나타내고 있다. 그것은 현재 선수들이 사용하는 자세를 보면 명백히 옳은 것이지만, 이 논문에서는 그것에 대

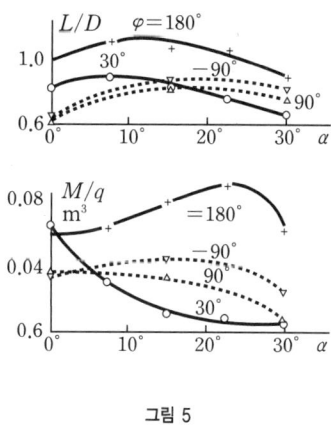

그림 5

해 언급하고 있지 않다. 당시는 손을 앞으로 드는 자세가 일반적이었기 때문일까?

일본 물리학자들의 선구적이고 독창적인 연구결과가 그 후 스키 점프의 자세에 큰 영향을 준 것은 사실이다.

칼럼 8 ** 어쩌면 물리학의
길을 걷지 않았는지도 모른다.

유카와 히데키의 이야기──

　노벨상 수상자 유카와 히데키(湯
川秀樹, 1907~1981)는 '나는 대지
진을 직접 겪어볼 기회를 잠깐 휴식
을 취하는 바람에 놓치고 말았다.'
고 말했다. 1923년에 나는 3고(교토
고등학교)에 입학하였다. 그해 8월
도쿄에서 그외 1고(도쿄 고등학교)
와의 야구 대항 시합이 벌어지게 되
어 나도 응원단의 일원으로서 '三'이라는 글자를 염색한 붉은 깃
발과 수많은 북 사이에 묻혀 야간에 상경하였다. 시합이 끝나서 도
쿄를 출발한 것이 8월 31일 밤이다. 교토의 집에 돌아와서 잠깐 쉬
던 중 약하지만 분명히 지진을 느낄 수 있었다. 이것이 바로 간토
(關東) 대지진의 여파였다. 그리고 '만약 하루 더 도쿄에 머물러서
대지진을 경험했다면 나도 아버지의 뒤를 이어서 지질학을 공부
했을지도 모른다.'고 말했다.
　유카와가 물리학의 길을 걷지 않았는지도 모른다……? 유카와
히데키의 부친인 오가와 다쿠지(小川琢治)는 지질학자로 유명하
다. 어렸을 때부터 다방면에 관심을 가졌던 사람이며, 도쿄 고등학

교 시절에 자기의 전공을 정하지 못해 한 때는 전기공학에 뜻을 두었다. 그러나 결국 지질학을 전공하게 된 데는, 2가지 동기가 있었다. 하나는 1891년 가을, 노비(濃尾)의 대지진이다. 그의 나이 22세일 때, 고향 기슈(紀州)로 돌아가는 도중에 지진 피해를 입은 곳의 처참한 상황을 눈앞에서 본 사건이다. 또 하나는 고향 산하의 웅대함에 이끌려 하게된 구마노(熊野) 여행이다. '노비 지역의 변화무쌍한 들판, 고향 풍물의 천태만상만태, 이 모든 것이 모두 지질학의 연구 대상이라는 것을 생각하면서 그의 결심은 정해졌다.'는 것이다. 그때, 유카와가 하루 더 도쿄에 머물러서 간토 대지진을 직접 체험하였더라면, 그 또한 아버지와 같이 정말로 지질학을 전공하고 있었을지도 모른다.

더욱이 유카와는 이미 다나베 하지메(田邊元), 이시하라 준(石原純)들의 물리학 계몽서를 읽고 거기에 씌어진 《양자量子》라는 말에 매력을 느끼고 있었다는 것은 결국 물리학의 길을 걷게 될 것이라는 사실은 틀림없겠지만 말이다.

분자 운동과
열의

5 왜?

046

얼음의 온도는 0도인가?

냉장고의 냉동실 속에 들어 있는 얼음의 온도는 도대체 몇 ℃일까? "온도 눈금의 기준점 중 하나로, 물의 어는점은 0 ℃라고 배웠다."고 대답할지 모른다. 그러나 곰곰이 따져보면, 냉동실 속에는 아이스크림과 같이 0 ℃에서도 얼지 않는 물질도 보존할 수 있는 것이므로 냉동실 안은 아이스크림이 녹지 않을 만큼의 저온, 아마 −5 ℃정도는 될 것이다.

즉, 냉동실 안의 온도는 −5 ℃의 얼음뿐만 아니라 −10 ℃의 얼음도 존재할 수 있는 온도일 것이다. 얼음이라고 모두 같은 0 ℃는 아니다.

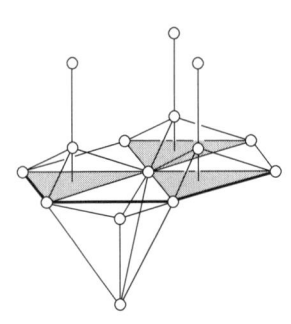

그림 1 ● 물 분자의 반복 배열
수소 원자의 위치는 생략. 그림 2를 참조

그러면 같은 얼음이라도 온도가 다르다면 과연 무엇이 다른 것일까? 얼음은 수소와 산소로 된 물 분자 H_2O가 그림 1과 같이 결합되어 고체를 만들고 있다. 각각의 원자는 돌아다닐 수 없지만, 제자리에서 끊임없이 진동을 하고 있다. 크게 진동하거나 작게 진동하는 등 진동하는 정도는 원자에 따라서 다르지만, 많은 원자들의 평균적인 진동 에너지는 일정하고 온도에 비례한다. 원자의 평균적인 운동이 빨라지면 보다 고온이 되었다는 것이며 반대로 늦어지면 보다 저온이 된 것이다.

교실의 학생들을 원자로 비유해 보자. 수업 중에는 모두 자기 자리에 앉아 있지만, 전혀 움직이지 않을 때도 있고, 두리번거리면서 이곳저곳을 돌아다닐 때도 있다. 교실에 있는 학생들이 모두 얌전히 있을 때는 온도가 낮은 얼음, 두리번거리며 웅성거리거나 움직이고 있을 때는

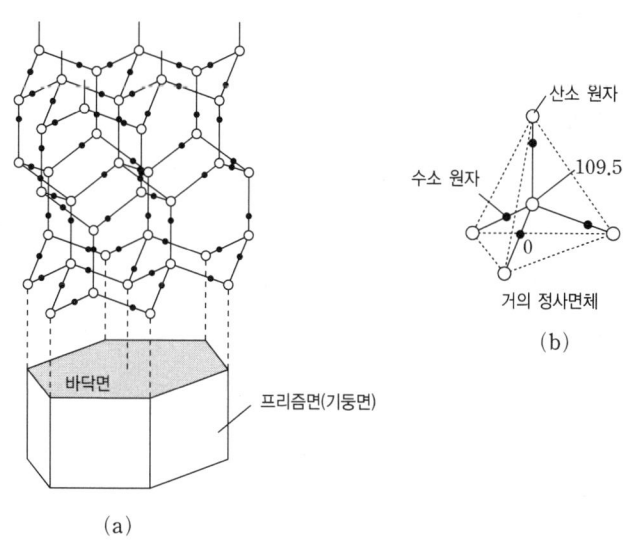

그림 2 • 얼음의 결정 구조
(구로다 도시오[黑田登志雄] 《결정은 살아있다》 사이언스사에서 전재) 얼음의 결정격자.
흰 동그라미는 산소 원자, 검은 동그라미는 수소 원자.
(a)는 육각기둥형의 얼음 결정(六方晶). (b) 각 산소 원자는, 가장 근접한 위치에 있는
다른 4개의 산소 원자에 의해서, 거의 정사면체 형태로 둘러싸여 있다.
그림 (a)의 O의 위치에 있는 산소 원자를 중심에 놓았다.

0 ℃에 가까운 얼음이 된다. 종료 종이 울려 자리에서 일어나 자유롭게 움직이면 액체로 바뀌었다고 할 수 있다. 온도란 이와 같이 원자나 분자가 얼마나 활발하게 운동하는가를 나타내는 정도이며, 겉으로 보기에는 같은 얼음이라도 내부의 상태는 온도에 따라 여러 가지이다.

같은 원리가 물에도 적용된다. 0 ℃라고 해서 모두 얼음 상태는 아니다. 우리가 생활하고 있는 1기압의 상태에서도 0 ℃보다 찬물이 있을 수 있다. 이런 상태를 과냉각 상태라고 한다. 매우 불안정한 상태여서 쉽게 관찰할 수는 없다. −10 ℃ 정도까지 액체 상태인 물로 존재하도록 하는 것도 그리 어렵지 않다. 불순물이 적은 깨끗한 물을 천천히 냉각시키면 가능하다. 매우 불안정하므로 손이 닿기만 하는 약간의 충격으로도 한 순간에 얼음으로 변한다. 북쪽 지역의 추운 시기에 밤새 밖에 두었던 세숫대야의 물로 세수를 하려고 물에 손을 넣는 순간, 얼음이 되었다는 이야기도 있다.

어떻게 하면 과냉각 상태의 물을 관찰할 수 있을까? 불순물이 많은 수돗물보다는 증류수가 좋다. 물을 끓인 다음 급격하게 얼리지 말고 냉장고에서 천천히 식힌 후 냉동실에 넣는데 이때 진동하지 않도록 조심한다. 십여 회 정도 시도하면 한 번 정도는 용기를 끄집어내려고 하는 순간 용기 안의 물이 한순간에 얼음으로 바뀐다. 단, 문을 열 때는 주의하자. 조용히 열지 않으면 충격으로 인해 얼고 만다.

이런 방법으로 실험이 잘 안 된다면, '주사용 증류수'를 이용하면 과냉각 상태의 물을 관찰할 수 있다. 물론 충격을 주지 않도록 조심해서 다루어야 한다.

언제 어디서나 항상 물이 0 ℃와 100 ℃에서 상태 변화를 일으키는 것은 아니다. 지금까지의 이야기는 우리가 평소에 생활하고 있는 1기압에서의 이야기이다. 압력이 바뀌면 물의 어는점과 끓는점도 바뀐다. 일반적으로 대부분의 물체는 압력이 높아지면 단단히 눌려져 있으므로 고체 상태가 되지만 물의 경우는 다르다. 얼음이 오히려 물보다 밀도가 작으므로 압축하면 물의 어는점이 낮아진다. 물의 경우, 200기압까지는 1기압씩 높아질 때마다 어는점이 0.0075 ℃씩 낮아진다. 얼음 위에 물건을 놓아두면, 어느 사이에 얼음 안으로 파고 들어가 아래쪽으로 빠져 나가게 된다. 이런 현상은 얼음에 가해지는 압력이 높아지면서 어는점이 낮아져 액체 상태인 물로 변하게 되는데, 누르고 있는 물건의 옆으로 물이 나오면 이 물은 눌려있지 않으므로 압력이 처음 상태로 되돌아가서 얼음이 되는 것이다. 얼음이 다시 얼음으로 되돌아가므로 '복빙(復氷)'이라고 한다. 눈길을 달리는 자동차는 차의 무게로 얼음이 녹아 물이 되고 이때 생긴 얇은 수막 때문에 미끄러지게 된다. 이 물을 제거하기 위해서 물을 흡수하기 위한 작은 구멍을 표면에 붙인다든지, 물을 바깥으로 밀어내는 발수(撥水) 고무를 사용하도록 고안된 것이 '스터드리스 타이어(studless tire)'이다.

예전에는 '스터디드 타이어(studded tire)'라고 하여 타이어의 접지면에 뾰족한 침을 많이 심어서 미끄럼을 방지하였는데 지금은 그 침을 심지 않으므로 '스터드리스' 타이어라고 하는 것이다.

047

온도가 올라가면
물체는 팽창한다. 왜?

온도가 높아지면 대부분의 물체는 팽창한다. 온도가 올라간다는 것은 물체를 구성하는 원자 또는 분자의 운동이 전체적으로 활발해진다는 것이다. 그런데 분자 운동이 활발해지면 왜 물체가 팽창하는가?

물체를 구성하고 있는 원자들이 질서 정연하게 배열되어 있다고 하자. 온도가 높아지면 운동이 활발해 지는데, 녹아서 액체가 되지 않는다면 원자는 원래의 평형 위치를 중심으로 진동하고 있다. 따라서 운동이 활발해졌다고 하더라도 중심으로부터의 변위를 평균하면 0이다. 즉, 원자의 평균적인 위치는 원래의 위치와 같다. 아니, 하나의 원자일 때는 그렇지만 많이 연결되어 있으면 밀고 밀리면서 퍼지는 것이 아닌가? 그러나 각 원자의 변위를 모두 더해도, 각각의 평균이 0이면 전체도 역시 0이다.

✪ 비대칭인 상호작용

팽창의 원인을 알기 위해서는 물체를 구성하는 원자와 원자의 관계를 고려해야만 한다. 물체를 구성하는 원자끼리는 상호작용에 의해 결합하고 있다. 일반적으로 이들 원자와 원자의 상호작용은 멀리 떨어지면 약한 인력, 가까이 다가가면 강한 척력(斥力)이 된다. 원자를 아주 가까이하면 서로 부딪쳐서 그 이상은 채워 넣을 수 없을 만큼 가까워졌을 때의 강한 척력을 짐작할 수 있다. 두 원자 간의 퍼텐셜 에너지를 그림으로 표시하면 그림 1과 같이 될 것이다.

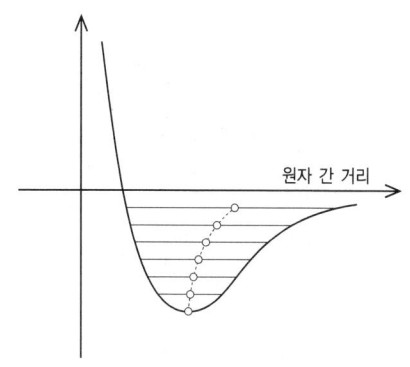

그림 1 ∘ 원자 간 퍼텐셜 에너지

원자는 퍼텐셜 에너지가 바닥일 때는 안정한데, 절대 영도일 때 퍼텐셜 에너지가 바닥이 된다. 그러나 온도가 높아지면 분자의 열운동이 활발해지면서 수평선 아래쪽 사이를 왕복한다. 진동의 중심 즉, 원자간 거리의 평균값은 에너지가 올라감에 따라서 그림과 같이 점점 넓어진다. 즉, 팽창한다. 수축이 아니라 팽창인 이유는 퍼텐셜 에너지 곡선의 왼쪽 부분은 경사가 급하고 오른쪽 부분은 경사가 완만한 비대칭이기 때문이다.

❂ 열수축하는 고무

가열하면 팽창하지 않고 오히려 수축하는 예외적인 물체 중에 고무가 있다. 고무도 원자로 되어 있으므로 온도가 높아지면 팽창할 것 같지만 고무는 가열하면 오그라든다. 고무는 고분자이고 실처럼 긴 분자 구조로 되어 있기 때문에 분자가 감겨 있는 상태로 존재한다. 온도가 올라가서 원자의 운동이 활발해지면 연결되어 있는 원자 사이의 간격은 늘어

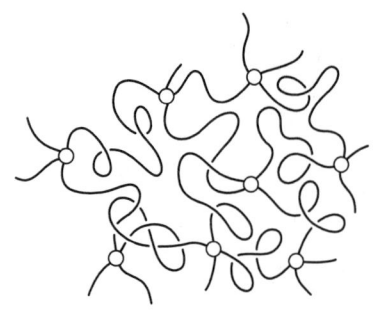

그림 2 • 그물 구조
(구보 료고[久保亮五] ≪고무탄성≫
쇼카보(裳華房)에서 전재)

나지만, 실이 더 엉키면 전체 길이가 짧아지는 것과 같이 고무 전체의 길이는 짧아진다(그림 2).

　일반적으로 온도를 높일 때 물체가 팽창하고, 반대로 물체를 잡아 늘이면 물체의 온도는 내려간다. 이것을 상반 정리(相反定理)라고 부른다. 그래서 고무를 잡아 늘이면 고무의 온도는 올라간다. 고리 고무줄의 다발을 잡아 늘여서 입술에 대보라. 온도가 어떻게 변했는가?

048 : 열팽창으로 바퀴의 축을 끼운다

기관차에 달려 있는 금속 바퀴는 도대체 어떤 방법으로 조립하는 것일까? 지름이 사람 키만큼 큰 바퀴를 평행하게 유지하고 무거운 기관차의 본체를 안정시키면서 상당한 속도로 움직이는 것이므로

기관차 바퀴(JR주조(十條)역)

확실하게 조립되어 있지 않으면 위험하다.

바퀴와 차축을 접합하는 방법에 원리가 숨어 있다. 차축을 끼워 넣는 바퀴의 구멍은 보통 때에 차축을 끼워 넣을 수 없을 정도로 작은 구멍으로 되어 있다. 바퀴를 따뜻하게 하면 팽창하면서 전체적으로 커지게 되는데 이때 구멍도 커지게 된다. 극단적으로 커지지는 않지만 그렇게 구멍이 커진 상태에서 식기 전에 차축을 끼워 넣는다. 식으면서 바퀴가 다

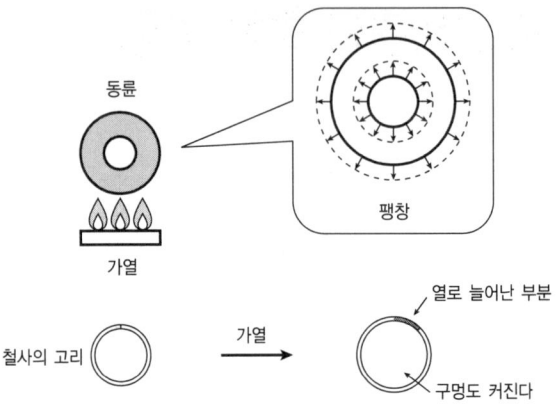

동륜

가열

팽창

철사의 고리

가열

열로 늘어난 부분

구멍도 커진다

시 수축하여 튼튼하게 고정되는 것이다. 그런데 만약 실패하면 다시 하기가 어렵다. 연결된 바퀴와 차축의 온도를 높이면 차축도 함께 팽창하므로 빠지지 않는다. 바퀴를 가열하면 구멍이 난 안쪽으로도 팽창하므로 구멍이 작아질 것이라고 생각할지도 모르겠다. 가느다란 철사로 만든 고리를 생각해 보자. 가열하면 철사의 '길이'가 늘어나고 고리의 반지름도 커질 것이다. 기관차의 바퀴도 마찬가지로 생각할 수 있다.

이런 방법을 '구워 끼우기'라고 한다. 기관차의 바퀴를 차축에 끼울 때 뿐만 아니라 원통형의 물건이 닳아서 마모되었을 때, 가늘게 깎아서 그 주위에 관 모양의 물체를 구워서 끼워 넣어 보수하기도 한다. 바깥쪽에 끼우는 관 모양의 물건은 원래의 모양으로 돌아가지 않고 바깥 방향으로 벌어지게 된다. 이렇게 안전한 범위 이내로 벌어지도록 물체의 크기를 고려해야 한다.

전동차의 바퀴도 기관차의 바퀴와 같은 모양이지만 구워서 끼우지는 않는다. 바퀴의 조금 작은 듯한 구멍에 유압을 이용하여서 축을 밀어 넣는다.

병의 뚜껑이나 마개 등이 웬만한 힘으로는 열리지 않을 때, 가열해 주면 금속 부분이 유리보다 더 많이 팽창해서 가볍게 열 수 있다. 그러면 물체의 모양이 금속의 팽창에 의해 결정되는 예는 없을까?

사극을 통해 매우 친숙한 일본도는 쇼토쿠타이시(聖德太子)시대에는 똑바른 직선의 칼이었지만, 가마쿠라(鎌倉) 시대에는 완만하게 휘어져 있다. 이것을 '휘어짐' 이라고 하는데 대장장이가 직접 구부린 것은 아니다. 대장장이는 철을 뜨겁게 하여서 15회 정도나 접어 꺾은 후에, 단면이 6각형이 되도록 모양을 가지런히 한다. 흔히 '칼날과 칼등 사이의 조금 불룩한 부분' 을 깎는다. '맹렬히 싸운다는 뜻' 을 가진 칼의 불룩한 부분은, 그림과 같이 칼의 옆 부분이다. 모양을 가지런히 한 칼은 칼날 부분만 남기고 점토로 덮은 후 빨갛게 가열해서 더운물 속에 넣는다. 소위 담금질이다. 칼날 부분은 얇은 데다가 점토를 묻히지 않았으므로 빨리 식어서 마르텐사이트(martensite)라는 가장 단단한 조직이 되고, 점토를 덮은 부분은 천천히 식어서 트루스타이트(troostite)라고 하는 중간 정도로 단단한 조직이 된다. '휘어짐' 은 칼을 더운물에 집어넣는 순간 칼날 부분은 오그라들고 낫같이 구부러지는데, 점토를 묻힌 부분

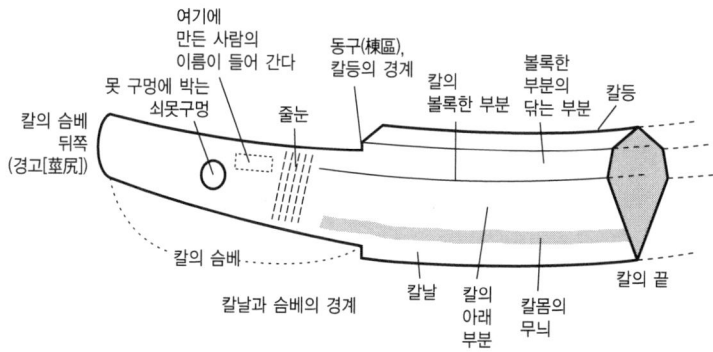

은 천천히 식으면서 칼날 쪽을 잡아당기는 것 같은 작용을 하여 휘어진다. 이 상태에서 숫돌에 갈면 칼날은 휘어짐이 더욱 깊어지고, 칼등 쪽은 휘어짐이 더욱 얇아진다.

일본도(日本刀)는 현재 예술 작품으로 감상할 뿐이지만, 몇 백 년이나 지났는데도 살아있는 것 같은 아름다움을 간직하고 있다. 칼의 표면에 나타나는 파도와 같은 무늬는 쇠조직의 차이에 의한 것이다. 또 표면을 확대경으로 보았을 때 보이는 나뭇결과 같은 무늬는 몇 번이나 담금질을 통해 단련한 증거이다.

알루미늄 냄비와 스테인리스 냄비가 따뜻해지는 방법이 다르다. 왜?

✪ 원자수가 같으면 비열은 같다

금속의 경우, 원자 수가 같으면 온도를 1 ℃ 변화시키는 데에 필요한 열량은 거의 같다. 원자 수가 6.0×10^{23}개일 때 온도를 1 ℃ 높이는 데 필요한 열량을 몰(mol) 비열이라고 한다. 알루미늄은 27 g이 1몰이며, '18−8 스테인리스'는 크롬이 18 %, 니켈이 8 %, 그리고 나머지가 철이므로 총질량 55 g이 1몰이다. 이것을 열탕 속에 넣어 100 ℃로 데운 다음, 20 ℃ 100 g의 물속에 넣으면, 물의 온도는 최종적으로 24.4 ℃ 정도가 된다. 이것은 다른 금속으로 실험을 해도 거의 같은 결과가 나온다.

✪ 비열은 같아도 열전도율은 다르다

같은 크기의 알루미늄 냄비와 스테인리스 냄비를 준비하여 같은 양의 물을 넣는다. 가스가 분출되는 점화구가 원형으로 둥글게 배열되어 있는 가스레인지에 올려놓고 가열해 보자. 물이 끓기 시작할 때의 모습은 다음 그림과 같다.

이와 같은 차이가 나타나는 이유는 무엇일까? 그것은 바로 열전도도

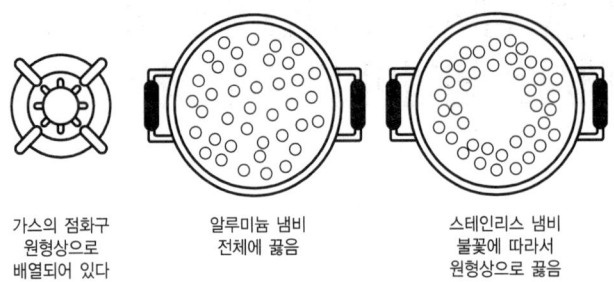

가스의 점화구
원형상으로
배열되어 있다

알루미늄 냄비
전체에 끓음

스테인리스 냄비
불꽃에 따라서
원형상으로 끓음

의 차이 때문이다. 가로축에 열전도도, 세로축에 전기 전도도(전기 저항의 역수)를 나타내면 그래프와 같은 결과를 얻는다.

금속 내부에는 금속 내부를 자유로이 돌아다닐 수 있는 전자(자유 전자)가 많이 있다. 이 자유 전자가 전기를 운반하면서 동시에 열의 전달에도 관계하고 있으므로, 전기 저항과 열전도는 자유 전자의 움직임과 밀접한 관련이 있다. 그래프에서 열전도율과 전기 저항의 역수는 거의 비례 관계에 있는 것을 알 수 있다. 자유 전자가 움직이기 쉬우면 열을 전달하기 쉽고, 또 전기도 흐르기 쉽다는 것이다(위데만 프란츠의 법칙

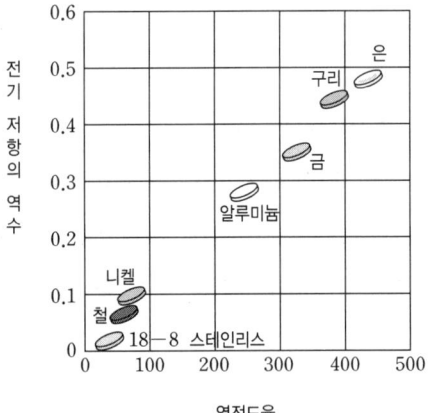

[Wiedemann-Franz's law]).

열전달이 잘 되는 알루미늄은 불꽃으로부터 열이 빠르게 전체에 전해지므로 냄비 전체에서 물이 골고루 끓고, 열전달이 잘 안 되는 스테인리스의 경우, 불꽃 가까이만 빨리 뜨거워지므로 그 부분의 물만 먼저 끓게 된다.

✪ 유도 가열 방식 취반기 안의 솥

최근 등장하게 된 유도 가열 방식(IH)의 조리기는 바깥쪽은 스테인리스이고 안쪽은 알루미늄인 2층 구조로 되어 있다. 유도 가열 방식의 경우, 금속의 저항이 작으면 발열량이 작아서 실용적이지 않다. 알루미늄만으로는 저항이 작아 사용할 수 없는 것이다. 반면에 스테인리스는 합금으로 철보다도 저항이 크다. 저항이 큰 스테인리스에서 발생한 열을 알루미늄이 전체에 골고루 전해 주므로, 누룽지가 잘 생기지 않는 것이다.

유도 가열 방식 전기 조리기의 사용설명서를 보면, 사용할 수 있는 것으로는 평평한 철강, 스테인리스 냄비, 사용할 수 없는 것으로는 알루미늄 냄비를 예로 들고 있다. 단, 은박과 같이 얇은 알루미늄의 경우 전기 저항이 크므로 발열량도 크다. 심할 경우 불이 날 수 있으므로 주의할 필요가 있다.

050: 눈 결정의 모양은 다양하다. 왜?

겨울이 되면 일본 각지에 눈(雪)이 내린다. 눈을 확대경으로 살펴보자. 눈의 결정은 아름답고 모양도 다양하다(그림 1). 눈은 공기 중에서 과포화 상태로 있던 수증기가 빙정핵(氷晶核)을 중심으로 승화하면서 만들어지는데, 이 과정에서 눈의 결정 모양은 기온이나 수증기의 양과 밀접한 관련이 있다. 따라서 눈의 결정

그림 1 • (사진 제공/후루카와 요시즈미[古川義純], 협력/홋카이도 전통미술공예촌 · 눈의 미술관)

모양은 천차만별이다. 내리는 눈 결정의 모양을 보면 눈이 만들어진 곳의 상태를 알 수 있으므로 나카야 우키치로(中谷宇吉郎)는 눈의 결정을 '하늘에서 보내온 편지'라고 말했다.

옛날에 도이 도시쓰라(土井利位)라는 주군(主君)이 20여 년에 걸쳐서

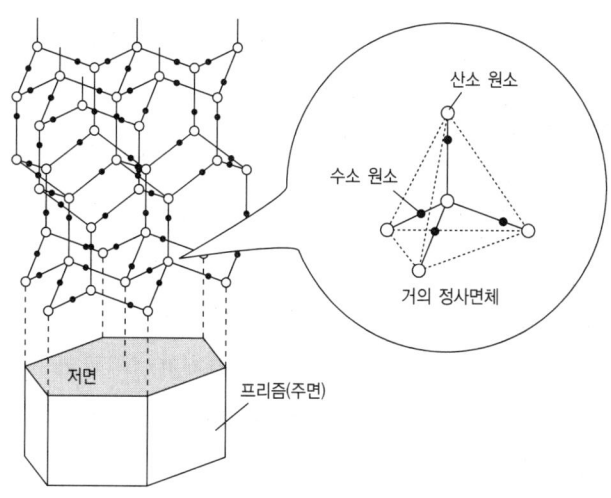

그림 2 ● 얼음 결정의 구조(구로다 도시오[黑田益志雄] ≪결정은 살아있다≫ 사이언스사의 그림을 기초로 작성)

눈의 결정을 관찰하고 스케치한 ≪설화도설(雪華圖說)≫(1833)이 있다. 그로부터 약 100년 후인 1936년 나카야 우키치로는 실험실에서 인공적으로 눈 결정을 만드는 것에 세계 최초로 성공하였다. 또한 온도나 수증기의 양을 변화시키면서 눈 결정을 만드는 실험을 하여, 그것들의 조건과 눈 결정과의 관계를 나타내는 '나카야 다이어그램'을 발표하였다. 눈 결정에 관한 연구는 계속 진행되어 1982년에 구로다 도시오(黑田登志雄)에 의하여 결정성장에 대한 이론적인 해석이 이루어졌다.

수정이나 소금 결정은 원자나 분자가 규칙적으로 배열되어 만들어진다. 규칙적인 배열에 의해 결정의 모양은 평면으로 둘러싸인, 대칭성이 높은 다면체가 된다. 눈은 물 분자가 모여서 고체가 된 일종의 얼음이다. 물 분자의 배열은 6방 대칭성을 가지므로, 얼음 결정의 모양은 상하 2개의 6각형과 측면 6개의 장방형으로 둘러싸인 6각 프리즘이 된다(그림 2). 6각형의 면을 바닥 면, 장방형의 면을 기둥 면이라고 한다. 눈 결

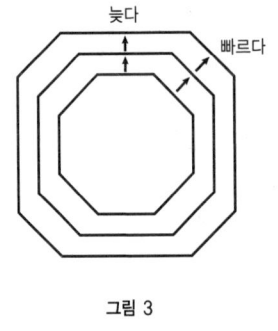

늦다
빠르다

그림 3

정의 모양은 6각 프리즘을 기본으로 생각할 수 있다.

결정표면에 원자나 분자가 조금씩 달라붙으면서 결정이 성장한다. 원자나 분자가 달라붙는 정도의 차이가 있다면, 성장 속도가 빠른 면과 늦은 면이 생기게 된다. 만약 결정표면에서의 성장 속도가 다르면 이 결정이 성장해 가면서 성장 속도가 빠른 면은 좁아지고 성장 속도가 느린 면은 넓어진다(그림 3). 6각 프리즘 모양의 눈 결정표면에도 성장 속도의 차이가 있다. 바닥 면의 성장 속도가 빠르면 6각 기둥 모양이 되고(그림 4 오른쪽 아래), 기둥 면의 성장 속도가 빠르면 6각판 모양이 된다(그림 4 왼쪽 아래). 6각기둥, 6각판과 같이 결정표면의 상대적인 크기 차이에 의한 모양 변화를 정벽변화(晶癖變化)라고 한다.

온도를 변화시키면서 눈 결정표면의 성장 속도의 변화를 살펴보면 0 ℃에서 −22 ℃ 사이에 3번 뒤바뀐다(눈 결정이 성장하고 있을 때의 온도이므로 0 ℃ 이하이다). 그 이유는, 0 ℃ 부근이 눈에게는 극히 고온이기 때문에 결정표면이 녹기 쉽고, 바닥 면과 기둥 면의 상태가 온도에 따라 다음과 같이 변화하기 때문이라고 생각된다.

온도가 −22 ℃ 이하일 때에는, 바닥 면과 기둥 면도 평평한 면이며 바닥 면 쪽의 성장 속도가 빠르다. −22 ℃부터 −10 ℃에서, 기둥 면은 거칠어지므로 기둥 면의 성장 속도가 빨라진다. −10 ℃부터 −4 ℃에서 바닥 면은 거친 면이 되고 기둥면에는 액체 층이 생기기 때문에, 바닥 면의 성장 속도가 빨라진다. −4 ℃ 이상이 되면, 바닥 면에도 기둥

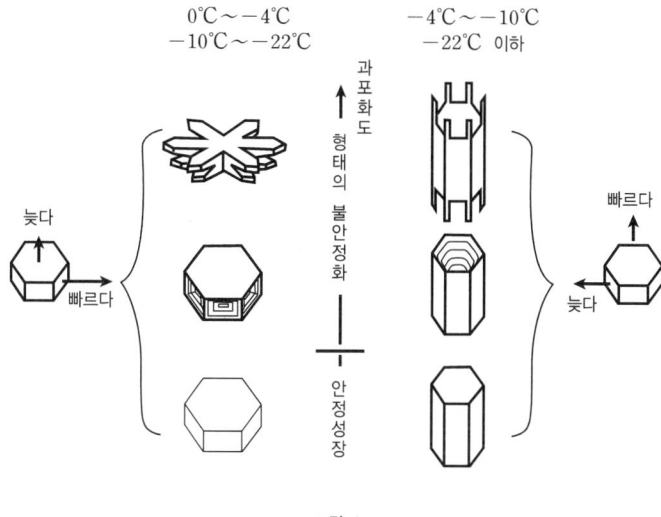

그림 4

면에도 액체 층이 생겨 기둥 면의 성장 속도가 빨라진다. 이와 같은 이유로 눈 결정에는 온도에 따라 달라지는 정벽변화를 볼 수 있다.

지금까지 얘기한 결정 모양의 차이는 결정표면의 평면성이 유지되는 경우에 볼 수 있는 것이다. 이런 현상은 수증기의 양이 적기 때문에 결정의 성장이 느린 상태에서만 볼 수 있다. 수증기의 양이 많아지면, 다시 말해 과포화도가 높아지면, 결정표면의 평면성이 유지되지 않고 나뭇가지 모양의 결정이 나타나게 된다(그림 4 왼쪽 위).

결정은 주위에 있는 물 분자를 흡수하여 성장한다. 따라서 결정 주변에는 물 분자가 적어진다. 결정의 모서리나 각은

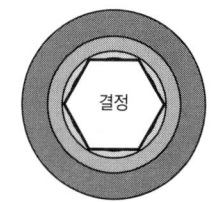

망의 농도가 분자의 농도를 나타낸다

그림 5 • 결정 주위의 물 분자의 등농도선

면의 중앙 부분보다 결정의 중심으로부터 떨어져 있으므로, 물 분자의 농도가 높은 곳에 위치하게 되는 것이다(그림 5). 물 분자의 농도가 높으면 물 분자를 흡수하기 쉬워서 성장은 빨라진다. 따라서 결정의 모서리나 각이 성장하기 좋은 환경이다. 이렇게 성장한 것이 나뭇가지 모양 결정이다. 이것은 과포화도가 높을 때에 나타난다. 과포화도가 낮을 때에는 결정의 모서리나 각과 면 가운데 부분의 물 분자 농도 차이가 작아서 모서리나 각이 성장하지 않으므로 나뭇가지 모양 결정이 되지 않는다.

눈 결정은 결정이 성장할 때에 통과한 대기의 온도나 과포화도의 미묘한 차이에 의하여 여러 가지의 모양으로 만들어진다. 이런 원리를 생각하면서 눈 결정을 보면 당신도 하늘의 모습을 알게 될지 모른다.

051:

따뜻한 공기는 위로 올라가는데
위쪽이 오히려 춥다. 왜?

물이 따뜻해지면 팽창하여 밀도가 작아져서 주위의 물보다 가벼워지고, 주위의 물로부터 작용하는 부력이 지구로부터 작용하는 중력보다 커서 상승하기 시작한다. 이런 이유로 목욕물은 위쪽이 먼저 뜨거워진다. 더운물의 온도를 확인할 때, 휘젓지 않고 살짝 손을 넣기만 해서 물의 온도를 판단하였다가 실패한 경험을 가진 사람도 있을 것이다. 아래쪽은 아직 차가운 상태였던 것이다.

공기도 아래쪽부터 따뜻해진다. 태양광은 공기를 그대로 통과하여 지면에 흡수되고 지면을 따뜻하게 한다. 따뜻해진 지면은 적외선을 방사하는데 이것을 지표 가까이에 있는 수증기나 이산화탄소가 흡수하므로 지면에 가까운 공기가 먼저 따뜻해진다. 따뜻해진 공기는 팽창하여 밀도가 작아져서 주변 공기의 부력에 의해 상승한다. 여기까지는 물의 경우와 같다. 그러나 공기는 기체이다. 위쪽으로 올라가면 주위의 압력(기압)이 낮아지는데 액체 상태인 물과 달리 기체는 분자들이 서로 자유롭게 운동하고 있으므로 눈에 띄게 팽창한다. 팽창하면서 주변의 기체에 대해 일을 하는데 이때 자신의 에너지를 사용하므로 공기의 온도가 내려간다(주변의 공기와 충돌하면서 밀어낼 때, 다른 공기가 밀려나므로 튀어 되돌아온 기체 분자의 속도는 충돌 전보다 느려진다). 공기는 열전도율이 낮기 때문에(그래서 틈이 많고 공기를 충분히 함유하는 스웨터(sweater)의 보온성은 뛰어나다) 바깥쪽의 공기로부터 따뜻해지는 일은 없다. 이것을 '단열팽창(斷熱膨脹)'이라고 한다. 건조한 공기가 100 m 상승하면 온도가 1.0 ℃ 낮아진다. 습한 공기는 온도가 낮아지면 수증기가 물방울로 응결되면서 잠열을 발생하여 온도가 낮아지는 정도가 건조한 공기보다 작은데, 100 m 올라갈 때마다 0.5 ℃씩 낮아진다. 대기중에는 건조한 공기도 있고 습한 공기도 있으므로 평균적으로 100 m 올라갈 때마다 0.6 ℃ 낮아진다는 것이다.

더운 여름날, 평지에서의 기온이 30 ℃라도 3,000 m의 산 위에서는 12 ℃ 정도로 시원하다(30 ℃－3,000 m×0.6 ℃/100m＝12 ℃).

난방 중인 방의 경우는 높이 차이가 크지 않아 천정 쪽이 따뜻하다.

052:

우주는 검기 때문에 따뜻하다?

초등학교 4학년생인 S군은 빛을 쬐면 검은 물체가 흰 물체보다 따뜻해진다는 것을 수업시간에 배운 후, 다음과 같은 의문을 가지게 되었다. '검은 것이 따뜻해지기 쉽다. 그렇다면 밤하늘에는 검은 부분(어둠)이 많으니 그곳은 별빛에 의해 상당히 뜨거운가?'

검은 것은 왜 따뜻해지는가? 물체에서 반사되어 나온 빛이 우리 눈으로 들어오면 물체의 색과 모양을 인식하게 되는데, '검다'는 것은 그 물체에 닿은 빛을 모두 흡수해버리기 때문에, 눈에 보이는 빛(가시광선)이 나오지 않는다는 것이다. 그러나 물체에 닿은 빛 에너지는 일단 저장되는데 그 에너지는 어디로 갔는가?

음식을 먹으면 몸이 따뜻해지는 것처럼 물체를 구성하고 있는 원자나 분자도 에너지를 얻으면 활발하게 운동한다. 물을 예로 들면, 얼음과 같이 분자끼리 강하게 결합하여 그 장소에서 진동만 하던 상태이던 것이, 열을 가하면, 손을 맞잡은 채로 천천히 움직일 수 있는 물의 상태로 바뀐다. 계속해서 열을 가하면 활발하게 운동하면서 물 분자들이 흩어진 수증기가 된다. 온도란 이와 같이 분자 운동의 평균적인 활발함을 나타내는 것이다. 분자가 전혀 움직이지 않는(사실은 이때도 움직이는 것을 알고 있지만) 상태를 절대 영도라고 한다(영하 273 ℃에 해당한다). 그렇다면 검은 것이 따뜻해지는 이유는 다음과 같이 설명할 수 있다.

❶ 들어온 빛의 에너지가 모인다.

❷ 빛 에너지가 분자의 운동 에너지로 바뀌면서 따뜻하다고 느낀다.

이제 우주를 생각해 보자. 우주의 대부분은 분자가 거의 없는 진공이라고 할 수 있다. 별빛은 우주공간을 통과할 뿐 그곳에 흡수되는 것은 아니다. 지구에는 대기가 있어 빛이 산란되므로 하늘이 밝지만, 대기가 없는 우주공간에서는 빛을 발하는 별만 빛나고 빛이 나오지 않는 다른 공간은 아주 캄캄하다. 우주가 검은 이유는 빛을 흡수하는 것이 아니라 단지 빛이 통과하는 공간이며, 공간 그 자체로부터는 빛이 나오지 않거나 설사 빛이 나오더라도 아주 약하기 때문이다. 게다가 우주공간에는 에너지를 흡수하여서 운동하는 분자도 거의 없다. 그래서 비록 검지만 뜨거워지진 않는다.

그러나 여기서 새로운 의문이 생긴다. 에너지를 흡수하는 것이 분자이고 온도는 분자의 운동 에너지에 의해 나타나는 것이라면, 분자가 없는 진공에서는 온도를 측정할 수 없는가? 흔히 우주의 온도는 절대 3도(섭씨 영하 270 ℃)라고 말하지만, 분자가 거의 없는 우주공간에서 온도를 운운할 수 있는가?

가능하다. 예를 들면, 내부에 분자가 거의 없는 상자 속에 온도계를 넣고 상자의 온도를 일정하게 유지한다고 하자. 그대로 놓아두면 온도계는 상자와 같은 온도를 나타내게 될 것이다. 닫힌 상자의 외벽을 일정한 온도로 유지하면, 내부가 진공이라도 벽으로부터의 복사에 의해, 그 온도만의 고유한 전자파로 채워져 평형 상태가 된다. 평형 상태라는 것은 벽으로부터 방사되는 전자파와 벽에 흡수되는 전자파의 양이 정확히 똑같다는 것이며, '고유하다' 는 것은 여러 가지 파장의 빛이 각각 특정한 정도의 비율로 정해져 있다는 것이다. 이 상자의 경우와는 좀 다르지만, 무엇인가를 가열하면 처음에는 빨갛게 되고 온도가 올라가면 점점 흰 빛(백색광)을 방출하게 된다는 것을 경험으로 알고 있다. 색깔이 바뀌는 것은, 방사되는 여러 가지 파장의 빛의 비율이 온도에 따라 바뀌기 때문이다. 역으로 그 비율을 보면 온도를 알 수 있다. 즉, 분자의 운동 에너지 대신에 전자파를 측정하여 온도를 알 수 있다.

이와 같은 방법으로 아무것도 없는 빈 공간의 온도를 측정할 수 있다. 그리고 우주공간도 사실은 절대 3도의 상자 속과 같이 전자파로 채워져 있으므로 우주의 온도를 절대 3도(마이너스 270도)라고 말하는 것이다.

이 전자파는 언제 어디서부터 나온 것일까? 이것은 우주 생성 초기의 빅뱅(big bang) 후에 불덩어리 상태의 우주에 가득 차 있던 전자파가 그 후의 우주 팽창에 의해서 '잡아 늘여졌다' 고 생각된다. 여기서 주의할 것은 온도를 평형 상태의 상자 속과 같이 전자파를 이용하여 정의하고 있는 것이다. 즉, 초기의 우주가 평형 상태였다는 것이다.

지구 중심의 온도는 어떻게 측정하는가?

✿ 지구의 내부 구조

지구는 반지름이 약 6,400 km인 구이다. 엄밀하게는 구가 아니고 자전하고 있기 때문에 옆으로 불룩하지만, 지금부터 얘기할 주제에서는 구라고 생각해도 아무런 문제가 없다. 지구 내부의 온도를 알고 싶다. 어떻게 하면 측정할 수 있을까? 지구 내부에 닿을 수는 없으므로, 이 작업은 화성 표면의 온도를 측정하는 것보다 더 어려울지도 모른다. 먼저 지구의 구조를 알아보자.

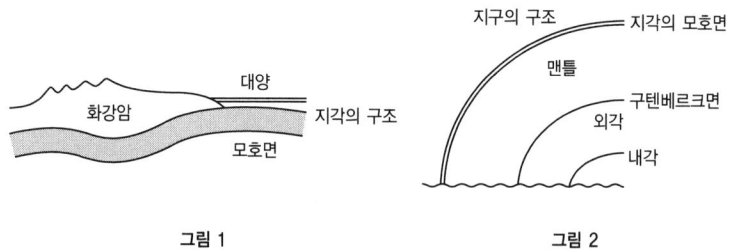

그림 1   그림 2

지구의 내부를 조사하기 위한 가장 쉬운 방법은 실제로 지면을 파는, 즉, 보링(boring)하는 것이다. 그러나 현재의 기술로도 14 km 정도까지밖에 팔 수 없다. 지구 전체에 비교하면 표면의 일부에 지나지 않는다.

그러면 보링으로 알 수 없는 더 깊은 내부의 모습은 어떻게 조사하는가? 여기에는 지진파의 전파 방법이 실마리가 된다. 실제로 지진파가 전파하는 방법을 해석함으로써 지구의 내부 구조를 알게 되었다(그림 1). 이 방법에 의하면 가장 바깥쪽은 '지각'이며 두께가 5~30 km(그림 2)이고 그 다음이 맨틀(mantle)로 표면으로부터 2900 km 깊이까지를 차지하며 그 안쪽에 핵이 있다. 핵은 깊이 5,100 km인 곳에서 외핵과 내핵으로 나누어진다. 또 지진파의 전파를 분석한 결과 외핵은 액체라는 것을 알게 되었다.

연구자의 이름을 따서 지각과 맨틀(mantle)의 경계를 모호로비치치 불연속면 (Mohorovicic discontinuity) 또는 모호면, 맨틀과 핵의 경계를 구텐베르크(Gutenberg)면이라고 부른다.

✪ 지구 내부의 온도를 조사한다

이제 지구 내부의 온도를 알아보자. 직접 만져볼 수 없는 물체의 내부 온도는 표면의 온도로 추측하는 방법 외에는 다른 방법이 없다. 지구 표면의 평균 온도는 15 ℃이다. 그러나 이것은 주로 기온 즉, 태양에 의해서 따뜻해진 것이며 내부의 영향은 아니다. 태양으로부터 오는 열량은 지구 내부로부터 오는 열량에 비해 엄청나게 크지만, 이것은 대기로부터 도망가는 열량과 거의 평형을 이루고 있으므로 지구 내부까지 영향을 미치는 것은 아니다. 따라서 깊이 30 m 정도까지 들어가면 외부로부터의 영향은 거의 없다.

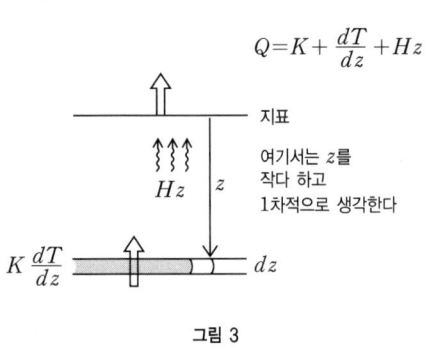

$$Q = K + \frac{dT}{dz} + Hz$$

지표

Hz z

여기서는 z를
작다 하고
1차적으로 생각한다

$K \dfrac{dT}{dz}$ dz

그림 3

지구 내부로 더 들어가면 온도가 증가하는 것을 알 수 있다. 지구 내부의 온도가 깊이 들어갈수록 증가하는 비율을 지온 증가율이라고 한다. 이것은 깊은 광산 등에서 측정한다. 도쿄 대학 구내에 있는 깊은 우물에서 1890년대에 다나카다테 아이키쓰(田中館愛橘)가 측정한 값은 그 후 1957년에 측정된 값과 거의 같은데 2.2 ℃/100 m이다. 깊이 400 m에서 24 ℃ 정도가 된다. 지온 증가율의 측정값은 장소에 따라 다르지만 1~8 ℃/100 m 정도이다. 예를 들어, 3 ℃/100 m의 비율로 온도가 높아지면 지각의 가장 깊은 곳인 30 km의 모호면에서는 약 900 ℃가 된다. 그러나 표면보다 깊은 곳의 지온 증가율은 측정해 보지 않았으므로 계속 같은 비율로 높아진다고 단정적으로 말할 수는 없다. 지구 내부의 암석으로부터 발생하는 열도 고려해야 한다.

열은 고온의 물체에서 저온의 물체로 이동하지만, 그 양은 온도 증가율 $\frac{dT}{dz}$ 에 비례한다. 여기서 z는 깊이이고 T는 온도를 나타낸다. 비례상수는 암석의 열전도도인 K이다. 또 단위부피·단위시간당 발열량을 H, 지표의 단위면적·단위시간당 흘러나오는 열 즉, 열류량을 Q라 하면, 정상 상태에서 깊이 z에서의 열류량은

$$K \frac{dT}{dz} = Q - Hz$$

가 된다. 이것을 적분하면 z에서의 온도는

$$T = T_0 + \frac{Qz}{K} - \frac{Hz^2}{2K}$$

이 성립한다. 따라서 H와 K를 알고 있으면 Q를 실제로 측정하여 온도를 구할 수 있다.

우선 발열량 H를 계산해 보자. 지각이 두께 20 km의 화강암과 10 km의 현무암으로 이루어져 있다고 하자. 지구 내부에 있는 암석에서 나오는 발열량의 대부분은 방사성 원소의 자연 붕괴로 발생하는 에너지이다. 주로 U, Th, K 원소의 붕괴이며, 그것을 합하면 화강암에서는 72.9 J/m³·년(단위부피의 암석에서 1년 동안 72.9 J의 에너지가 방출된다)이고, 현무암에서는 14.7 J/m³·년이다. 이것으로부터 지각 내부에서 발생한 열이 지상으로 나온다고 생각하여 열류량 Q를 계산하면

$$72.9 \text{ J/m}^3 \cdot \text{년} \times 20 \text{ km} + 14.7 \text{ J/m}^3 \cdot \text{년} \times 10 \text{ km}$$

$$= 1.61 \times 10^6 \text{ J/m}^2 \cdot \text{년}$$

$$= \frac{1.61 \times 10^6}{3.15 \times 10^7} \text{ J/m}^2 \cdot \text{s} = 5.1 \times 10^{-2} \text{ J/m}^2 \cdot \text{s}$$

즉, 5.1×10^{-2} J/m²·s가 된다. 현재까지 측정된 지표 부근의 평균 열류량은 약 $Q = 5.8 \times 10^{-2}$ J/m²·s이므로 위의 계산은 적절하다고 할 수 있다. 같은 방법으로 계산하면 지각이 얇고 현무암층으로 되어 있는 해저로부터의 열류량은 상당히 작을 것으로 예상되지만, 실제로는 $Q = 6.9 \times 10^{-2}$ J/m²·s 정도로 오히려 더 크다. 만약 맨틀이 다량의 방사성 물질을 포함하고 있어서 그에 상응하는 만큼 열을 낸다면, 열전도가 작은 맨틀은 녹아버릴 것이다. 그러나 지진파 관측을 통해 맨틀이 고체라는 것을 알고 있으므로, 현재로서는 맨틀이 대류하면서 해양저에

열을 운반해 온다고 밖에 생각할 수 없다.

열전도율은 화강암층에서 2.5~3.8 J/m·s℃, 현무암에서는 1.3~2.1
이다. 온도가 높아지면 열전도도는 감소한다. 화강암에서 2.5, 현무암에
서 1.3으로 놓고 계산해 보자.

화강암층의 상하의 온도차 :

$$5.8 \times 10^{-2} \text{ J/m}^2 \cdot \text{s} \times \frac{20 \text{ km}}{2.5 \text{ J/m}^2 \cdot \text{s} \text{ ℃}}$$

$$-72.9 \text{ J/m}^3 \cdot \text{년} \frac{(20 \text{ km})^2}{2 \times 2.5 \text{ J/m} \cdot \text{s} \text{ ℃}} \fallingdotseq 290 \text{ ℃}$$

현무암층의 상하의 온도차 :

$$5.8 \times 10^{-2} \text{ J/m}^2 \cdot \text{s} \times \frac{10 \text{ km}}{1.3 \text{ J/m} \cdot \text{s} \text{ ℃}}$$

$$-72.9 \text{ J/m}^3 \cdot \text{년} \frac{(10 \text{ km})^2}{2 \times 1.3 \text{ J/m} \cdot \text{s} \text{ ℃}} \fallingdotseq 100 \text{ ℃}$$

따라서, 모호면에서의 온도는 두 층을 합쳐서 390 ℃가 된다. 여러 가
지 요소를 고려하면 일본 부근에서 대략 800~200 ℃라는 결과가 나온
다. 이상의 계산은 암석 발열량의 실제 측정값을 사용한 것이 아니므로
약간의 오차는 있을 것이다. 내친 김에 지구 표면 전체의 열류량을 계산
하면 1년에 6×10^{18} J이고 이것은 보통 지진에서 방출되는 열량의 약
100배이다.

더 깊은 부분에 대해서는 직접적인 측정값이 전혀 없다. 그러나 온도
가 오르는 정도는 더 완만하다. 맨틀의 암석으로부터 나오는 발열량은
지각의 암석에 비해서 매우 작다. 이 현상은 지표의 열류량을 지각으로
부터 받은 열로 설명함으로써 이해할 수 있다. 따라서 맨틀의 암석에서

는 열이 방출되지 않는다고 가정하고 계산을 계속해 보자. 맨틀이 전혀 열을 방출하지 않더라도, 압력이 높은 아래쪽으로 내려갈수록 물체는 압축되므로 단열 압축에 의해 온도가 상승할 것이다. 이 경우는 열역학의 관계로부터 $\frac{dT}{dz} = T\alpha g/c_p$, 여기서 α는 체적 팽창률, g는 중력 가속도, c_p는 정압 비열이다.

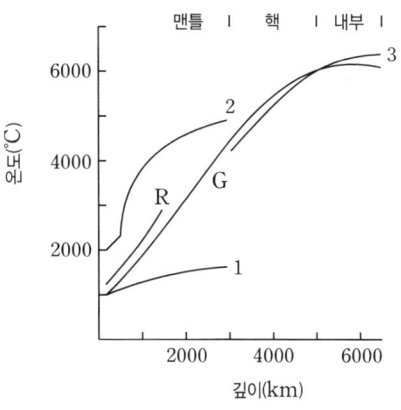

그림 4 ● 지구 내부의 온도 분포
쓰보이 쥬지(坪井忠二) ≪지구물리학≫ 이와나미 서점에서 전재
1 : Uffen의 단열 온도   2 : Uffen의 융점 곡선
3: Gilvarry의 융점 곡선   R : 리키타케의 온도 곡선
(2는 3과 다른 융점의 계산을 한 곡선)

좌변을 단열 감률이라고 한다. 우변은 드바이(Debye)의 모델을 가정하면 지진파의 속도로부터 계산할 수 있다. 이렇게 해서 얻어지는 온도 곡선을 단열 온도 곡선(그림 4의 곡선 1)이라고 한다. 당연히 이것은 맨틀의 어떤 깊이에서 최저 온도가 된다. 맨틀의 온도 감률은 1 km당 0.5 ℃ 정도로 추정된다. 그렇다면 맨틀의 아랫 부분에서는 1,500 ℃ 정도의 온도가 될 것이다.

전혀 다른 계산 방법으로, 전기 전도도를 이용하는 방법이 있다. 물질의 전기 전도도가 온도에 따라서 변화하는 것을 이용해서, 맨틀 내부의 전기 전도도 분포로부터 온도 분포를 구하는 방법이다. 전기 전도도 분포는 지구 자기장 변화에 의한 내부의 전자기 유도로부터 구할 수 있다. 외부의 자기장 변화와 내부의 자기장 변화의 관계를 조사하는 것이다.

이것과 물질의 전기 전도 기구(機構)의 가정으로부터 리키타케 쓰네지(力武常次)가 얻은 것이 곡선 R이다.

맨틀의 온도는 어떤 한계 온도보다는 높을 수 없다. 맨틀은 고체이므로 녹는점이 한계 온도이다. 맨틀을 구성하는 성분의 유력한 후보는 감람석(橄欖石)이고 1기압에서는 1,900 ℃에서 녹는다. 그러나 압력이 높으면 잘 녹지 않는다. 압력이 높을 때는 어떻게 될까? 현재는 기껏 10만 기압 정도밖에 실험할 수 없는데 이것은 깊이 300 km 정도에 해당된다. 그러나 아직 확실한 것은 말할 수 없다.

더 안쪽으로 들어가서 핵의 온도를 계산해 보자. 외핵은 철이라고 생각된다. 철의 녹는점과 압력의 관계를 이용하여 계산한 하나의 예가 그림 4의 곡선 3이다. 5,100 km 보다 더 깊은 안쪽의 내핵은 고체이므로 실제로는 이 곡선 아래쪽에 있으며, 외핵은 액체이므로 이것보다 높을 것이다. 어차피 핵의 온도는 수천 ℃이다(지구 중심에서 (6,700±1,000) ℃라는 계산 결과도 있다). 실제로는 이 금속의 녹는점에 대한 식도 지구 중심 가까이와 같은 고압에서는 어떻게 될지 모른다.

이와 같이 지구 내부의 온도는, 현재 밖으로 방출되는 열과 내부 물질의 상태로부터 추정하고 있는 것에 불과하다. 지구 중심부의 추정 온도는 연구자에 따라 3,500∼7,000 ℃ 정도로 큰 차이가 나지만 어느 것이 옳고 어느 것이 잘못된 것인가는 단정적으로 말할 수 없다. 고온·고압에서 물질의 변화 정도에 관한 문제도 있으며, 우리들의 발 아래, 지구 중심부에 관한 것은 아직 잘 모르고 있는 것이 많다.

054:
어느 온도까지
고온과 저온이라고 할 수 있는가? 그리고
마이너스의 절대 온도는 있는 것인가?

'뜨거운 것'이라고 하면, 당신은 무엇을 먼저 떠올리는가? 어젯밤 목욕물이 뜨거웠던 것을 떠올리는 사람도 있을 것이다. 더운 목욕물의 온도는 높다 하더라도 겨우 43 ℃ 정도이다. 부엌에서 부글부글 끓고 있는 주전자의 물은 더 뜨겁다. 물이 끓고 있으므로 온도는 100 ℃ 부근이다 (물론 기압이나 불순물 포함 여부에 따라 다르다). 집 밖으로 나가서 뜨거운 것을 찾아보자. 도자기는 점토를 가마에서 구워 만든다. 가마 안의 온도는 1,200 ℃ 정도이다. 제철소에서는 용광로에 코크스나 석회석과 함께 철광석을 태워 철분을 녹여서 뽑아내고 있다. 철의 녹는점은 1,535 ℃이다. 더 온도가 높은 것은 없을까? 태양은 멀리서부터 지구를 비추고 있다. 태양의 표면 온도는 약 6,000 ℃나 된다.

이번에는 '차가운 것'을 생각해 보자. 냉동실에 물을 넣어두면 간단하게 얼음을 만들 수 있다. 물이 얼음으로 되는 온도 즉, 물의 어는점은 0 ℃이지만 보통의 얼음 온도는 물론 이것보다 더 낮다. 여름에 아이스크림을 사면 집에 도착할 때까지 아이스크림이 녹지 않도록 상자 속에

드라이아이스를 함께 넣어준다. 드라이아이스는 실온에서 기체 상태인 이산화탄소를 냉각시켜 고체로 만든 것이다. 1기압에서 이산화탄소가 고체로 승화하는 온도는 −78 ℃이다. 공기의 80 %를 차지하는 질소는 −196 ℃에서 액체가 된다. 더욱 온도를 내려 −210 ℃가 되면 질소는 고체로 변한다. 놀이공원의 노점 등에서 팔고 있는 풍선 안에 헬륨 기체가 들어 있다. 헬륨도 저온에서는 액체이며, 액화하는 온도는 −269 ℃이다. 대학의 연구실 등에서는 물체의 온도를 낮추기 위해서 액화 질소나 액화 헬륨을 사용하고 있다.

온도를 올리는 데는 한계가 없다(현재 기술로는 도달할 수 없어도 이론적으로는 한계가 없다). 그러면, 온도를 낮추는 데는 한계가 있을까? 그 대답은 한계가 있다이다. −273.15 ℃보다 낮게 할 수는 없다.

온도는 물질을 구성하는 분자들의 움직임의 활발함을 나타낸다고 말할 수 있다. 분자들이 심하게 운동할수록 온도가 높다. 기체를 예로 들면, 기체를 구성하는 원자나 분자는 끊임없이 운동하고 있어서, 운동 속도가 클 수록 기체의 온도가 높다. 물론 분자들 중에는 빠른 것과 느린 것이 있다. 뒷부분에서 자세히 다루겠지만 기체 분자들의 속도 분포에 관한 법칙이 있으며, 온도가 높을 때 분자들의 운동 속도가 빠르다는 것은 분자들의 평균 속도가 빠르다는 것이다.

온도가 낮아진다는 것은 원자나 분자들의 움직임이 느려진다는 것이다. 온도를 계속 낮추면 결국에는 모든 것이 움직이지 않게 된다. 움직임이 완전히 멈춘다(양자 역학에서는 입자의 운동을 멈출 수 없다는 것이 알려져 있지만)면, 그보다 더 온도를 낮출 수는 없다. 이때의 온도가 −273.15 ℃이다. −273.15 ℃를 0으로 하고 눈금 간격을 셀시우스(Celsius) 온도(℃로 표시한 온도)와 같은 간격으로 한 온도를 절대 온도라고 한다. 절대 온도의 단위에는 K(켈빈(Kelvin))을 사용한다.

$$273.15 \text{ K} = 0 \text{ ℃}$$
$$0 \text{ K} = -273.15 \text{ ℃}$$

이다. 절대 온도로 표현하면, 최저의 온도는 0 K이며 계속 차게 하여도 온도는 마이너스(−)가 되지 않는다.

물질에 대한 연구를 할 때에는 온도를 0 K에 가깝게 하는 경우가 많다. 온도가 높으면 물질이 미세하게 진동한다. 다시 말해 매우 복잡하게 운동한다고 할 수 있다. 물질의 본질을 탐구하는 경우에는 미세하게 진동하는 것도 바람직하지 않다. 물질의 본래 성질이 나타나도록 하기 위해서 온도를 될 수 있는 한 0 K에 가깝게 하려고 노력한다. 액체 헬륨을 사용하면 쉽게 4.2 K으로 낮출 수 있다. 진공 펌프를 이용하여 압력을 낮추면 끓는점이 내려가서 온도를 1 K 정도로 낮출 수 있다. 헬륨 4의 동위 원소인 헬륨 3을 액화시켜 압력을 낮추면 약 0.3 K까지 온도가 내려간다. 더 낮은 온도에 도달하기 위해서는, 좀더 복잡한 대규모의 냉각 장치를 사용하여야 한다. '희석냉동법'이라고 부르는 방법을 이용하면, 약 0.003 K까지 닟출 수 있다. 이보다 더 온도를 낮추기 위해서는 '핵단열소자법(核斷熱消磁法)'이라는 방법이나 핵단열소자를 두 번 반복하는 '2단 핵단열소자법'이 있다. 1986년에 인공적으로 만들어진 가장 낮은 온도는 0.000012 K이었다.

최근에는 레이저 냉각 방법과 증발 냉각 방법을 동시에 사용해서 10^{-7} K도 실현할 수 있게 되었다.

✺ 마이너스(−) 온도

앞에서 '절대 온도는 (−)가 될 수 없다'고 했다. 모순되는 것 같지만 (−) 온도가 어떤 의미에서는 실현 가능하다. (−) 온도는 굉장히 차가운 온도라고 생각해도 될까? 사실은 조금 다르다. 이제부터 (−) 온도에 대해서 생각해 보자.

먼저, 온도란 무엇인가를 좀더 살펴보자. 앞에서 온도는 분자 운동의 활발함을 나타낸다고 말했다. 그러나 지금 분자 1개가 운동하고 있다면, 그것은 단지 입자의 운동일 뿐 온도라고 하지는 않는다. 그렇다면 분자가 많이 있기만 하면 되는 것일까? 예를 들어, 공이 하나 있다고 하자. 이 공을 구성하는 분자들은 아주 많지만, 모든 분자들이 같은 방향으로 운동하고 있다면, 그것은 공 전체의 운동이지 온도로 나타나는 것은 아니다. 뜨거워도 느리게 움직이는 공도 있고 차갑지만 빠르게 움직이고 있는 공도 있다. 온도를 나타내는 분자 운동의 활발함이란, 수많은 분자가 무질서하게 돌아다니면서 서로 충돌하여 분자들의 운동이 일정한 평형 상태가 되었을 때 정해지는 것이다. 평형 상태란 다양한 에너지를 갖는 분자들의 속도 분포가 변하지 않는 상태이다. 즉, 각각의 분자는 서로 충돌하면서 속도가 변하지만 전체 분자들의 속도 분포가 변하지 않는 상태를 나타내는 것이다. 이때 실제로 분자들의 속도 분포가 어떻게 되는가? 외부의 열원에 접촉해서 일정한 온도를 유지하는 입자계에서, 에너지가 E인 분자의 수는 $e^{-\frac{E}{kT}}$에 비례한다는 것을 알고 있다. 여기서 T는 절대 온도, k는 볼츠만(Boltzmann) 상수이다. 따라서 에너지가 높은 상태일수록 그 상태에 있는 분자의 수는 급격히 감소한다. 이러한 분포를 캐노니칼(canonical) 분포라고 한다. 예를 들어, 일정한 온도에서 기체 분자들의 속도에 대한 분포는 다음과 같다.

$$f(v) = \left(\frac{m}{2\pi kT} \right)^{\frac{3}{2}} \exp\left[-\frac{mv^2}{2kT} \right]$$ (1)

여기서, f는 분자가 속도 v를 갖는 확률 밀도이다. 에너지 E는 운동 에너지 $\frac{1}{2}mv^2$ 만을 고려하였다. 이 값을 그래프로 나타낸 것이 그림 1 이다.

이 그래프는 어떤 순간의 기체를 보았을 때, x라는 하나의 방향에 주목하여 그 속도 성분 v_x 의 크기만 나타낸 것이다. 예를 들면, 두 점선 사이의 구간은 $150 \sim 155$ m/s의 속도를 갖는 분자의 수(비율)를 나타내

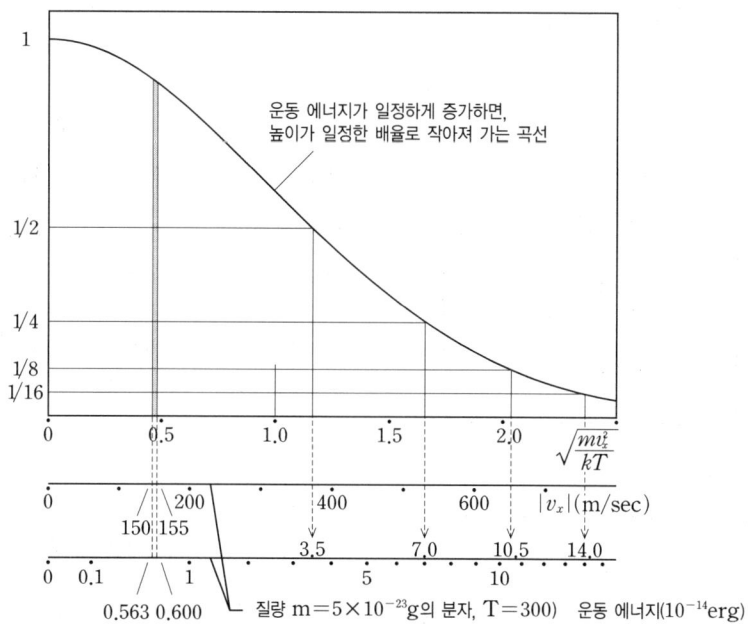

맥스웰 분포. 분자의 한 방향의 운동에만 주목한 경우.
가로축에는 속도 단위와 더불어 운동 에너지 단위도 그려져 있다.

그림 1 • 에자와 히로시(江澤洋) 《누가 원자를 보았는가》 이와나미 서점에서 전재

고 있다.

구체적인 예를 들자면,

$$\left(\frac{m}{2\pi kT}\right)^{\frac{1}{2}}\exp\left[-\frac{m}{2kT}v_x^2\right]dv_x \tag{2}$$

는 분자가 운동하는 속도의 x성분이 v_x에서 v_x+dv_x의 범위에 있을 확률을 나타낸다. x, y, z 성분을 모두 고려하면

$$\left(\frac{m}{2\pi kT}\right)^{\frac{3}{2}}\exp\left[-\frac{m}{2kT}(v_x^2+v_y^2+v_z^2)\right]dv_xdv_ydv_z \tag{3}$$

가, 속도의 x성분이 v_x에서 v_x+dv_x의 범위에, y성분이 v_y에서 v_y+dv_y의 범위에, z성분이 v_z에서 v_z+dv_z의 범위에 있을 확률을 나타낸다. 이 확률을 $dv_xdv_ydv_z$로 나눈 것이 (1)의 확률 밀도이다.

설명을 쉽게 하기 위해 입자의 에너지 상태가 A, B 둘만 존재한다하고 모든 입자가 A 또는 B라는 상태에 있다고 하자(하나의 상태에 몇 개의 입자가 들어갈 수 있는가 하는 것은 입자의 종류에 따라서 다르지만, 여기서는 그 문제를 제외하고 논의를 진행한다). 입자가 상태 A일 때의 에너지는 E_A, 상태 B일 때의 에너지는 E_B이고, $E_A < E_B$로 한다. 상태 A에 있는 입자의 수가 N_A개, 상태 B에 있는 입자의 수가 N_B개라면, 캐노니칼 분포로부터

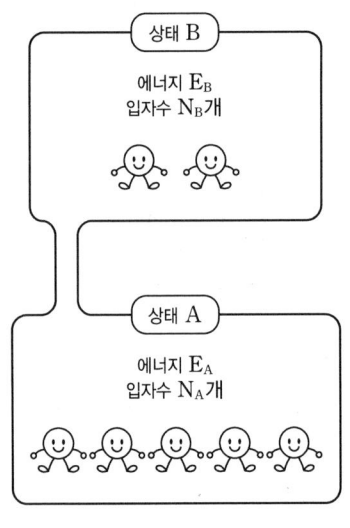

그림 2

$$\frac{N_B}{N_A} = e^{-(E_B - E_A)/kT}$$

라는 것을 알 수 있다(그림 2). 여기서 T는 온도이다. N_A와 N_B가 주어지면 이 식으로부터 거꾸로 온도를 결정할 수가 있다. 즉, 어떤 대상의 상태에 온도라는 양을 대응시키는 것이다. 이 식에 의하면 온도 T가 (＋)일 때는 N_B가 N_A보다 작다. 즉, 일반적으로 에너지가 높은 상태에 있는 입자의 수가 적다. 상태 A의 입자를 조금씩 상태 B로 전이시켜보자. 작았던 N_B가 N_A에 가까워져 간다. 따라서 온도는 점점 높아진다. 상태 A의 입자의 수와 상태 B의 입자의 수가 같아졌을 때, 온도는 무한대가 된다. 계속 진행되어, 상태 B의 입자가 상태 A의 입자보다 많아졌다고 하자. 그때는 $T < 0$이어야만 한다. 이것이 (－) 온도이다. 지금까지의 논의에 의하면, 무한대보다 높은 온도에 (－) 온도가 있으며, 보통의 경우처럼 온도가 내려가서 0보다 낮아지면 (－)가 되는 것과는 다르다.

여기에는 '온도란 과연 무엇인가?' 라는 의문에 대한 많은 뜻을 내포하고 있다.

055 : 열에너지를 모두 일로 바꿀 수 있는가?

✿ 열에너지란?

일을 할 수 있는 능력을 에너지라고 한다. 에너지는 여러 가지의 형태를 갖지만 기본적인 정의에 의하면, 힘을 가해서 무엇인가를 움직이는 동안 '가해준 힘'과 '힘의 방향으로 움직인 거리'의 곱으로 나타낸다. 에너지는 여러 가지 종류가 있다. 예를 들면, 높은 곳에 있는 물체가 가지고 있는 중력에 의한 위치 에너지, 움직이고 있는 물체가 가지고 있는 운동 에너지(이 두 가지를 역학적 에너지라고 부른다)가 있다. 이 외에도 전기 에너지, 화학적 에너지, 열에너지 등이 있다. 이들 에너지는 그 형태가 변할 수는 있어도 에너지의 총량은 불변이라는 에너지보존 법칙이 성립한다. 예를 들면, 높은 곳에 있던 물체가 낙하하면 위치 에너지는 감소하지만, 감소한 위치 에너지만큼 물체의 운동 에너지가 증가하여 에너지의 총량은 변하지 않는다.

근대의 과학자가 열의 본성에 대해서 연구하기 시작한 초기에는, 열소(熱素, caloric)라는 물질이 있어서, 그것이 뜨거운 물체로부터 찬 물체로 이동하지만, 열소 그 자체의 총량은 변하지 않는다는 이론이 일반적이었다. 그리고 이 이론으로 열평형 현상을 잘 설명할 수 있었다. 그러나 열은 물질이 아니고 물체 내의 어떤 종류의 운동이라는 생각도 있었다. 1798년에 럼퍼드(Graf von Rumford, 1753~1814)는, 대포를 만들기 위하여 포신을 깎는 작업을 통해 열은 얼마든지 발생할 수 있다는 것을 발견한 후, 열은 일에 의해서 생기는 것이며 물질이 아니라고 주장하였다. 열이 열소라는 '총량이 일정한 물질'이 아니라면, 그것은 에너지의 한 형태로 생각되어 열과 운동이 서로 변환한다고 생각하게 되었다.

✪ 일을 열로 바꾼다

컵 안에 물을 넣고 심하게 흔들어 주면 물의 온도가 높아진다. 영국의 물리학자 줄(James Prescott Joule, 1818~1889)은, 일정량의 일이 일정량의 열에너지로 바뀐다는 것을 실험으로 확인했다. 추가 낙하하는 힘을 이용하여 날개바퀴로 물을 휘젓는 실험을 통해 어떠한 경우라도 약 4.2줄(joule)의 일로 물 1 g의 온도를 1 ℃ 상승시키는 열(1 cal의 열에 상당한다)이 생긴다는 것을 알아냈다. 여기서 1줄이란 에너지의 단위로 약 100 g의 물체를 1 m 들어 올리는 일의 양과 같다. 100 g은 거의 귤 한 개의 질량과 같으므로 귤을 1 m 들어 올리는 에너지에 해당한다. 단, 이 줄의 실험이 이루어진 것은 나중에 다룰 카르노(Carnot)의 이론이 나온 후인 1843년이었다.

열과 일은 서로 전환될 수 있다. 그러나 럼포드가 제창한 '열은 운동이다' 라는 주장은 옳은가? 그것은 후에, 물체의 온도가 올라가는 것은 물체를 구성하는 원자나 분자의 운동이 활발해지기 때문이라는 것을 알게 되면서 사실로 확인되었다.

✿ 열을 일로 바꾼다

줄은 일을 열로 바꾸는 실험을 다양한 방법으로 수행하였다. 그 반대의 과정 즉 열을 이용하여 일을 하는 것은, 열기관이라는 장치로 등장하였다. 최초로 실용화된 것이 증기 기관이며 산업혁명에 커다란 기여를 하였다.

18세기 영국에서는 탄갱을 파 들어가는 동안에 생기는 지하수를 퍼 올리는 것이 매우 중요한 작업이었다. 이 작업에서 뉴커먼(Thomas Newcomen, 1663~1729)이 만든 증기 기관은 사람이나 가축의 힘을 대신할 수 있었으며, 영국의 모든 탄갱으로 퍼져 갔다. 이 기관은 가열된 증기가 냉각될 때에 물을 퍼올릴 수 있었다. 와트는 이 기관을 수리하는 일에 종사하는 동안 좀더 효율이 좋은 것을 만들었는데 같은 연료를 사용하여 뉴커먼의 기관보다 2배의 일을 할 수 있었으므로 널리 보급되었다. 이것이 계속 개선되어 공장에서 기계나 배를 움직이거나 기차를 견인하는 엔진 등으로 발전했다. 이 발명은 유럽과 미국의 공업 발전에 중요한 역할을 하여 서양 문명의 경제적, 사회적 구조의 변혁을 가져왔는데, 이것이 바로 산업혁명이다.

한편, 증기 기관을 개량하기 위한 학문적 연구는 '기관의 효율은 어디까지 올릴 수 있는가?', '기관의 효율에 열의 본성에 의한 제한이 있는가?' 라는 방향으로 진행되었다.

✿ 카르노의 고찰

열이 기계적인 일로 바뀌는 과정에 어떤 자연법칙이 있는가에 대한 많은 연구가 있었다. 최초의 영예는 새디 카르노(Sadi Carnot, 1796∼1832)에게 돌아갔다. 그는 28세 때 '불의 화력에 대한 고찰'에서 '열은 운동의 원인이 될 수 있으며, 또한 그것이 매우 큰 동력을 갖는다. 그리고 문제가 되는 것은 열의 동력에는 한계가 있는가, 또 화력기관을 개량하는 가능성은 어떤 방법으로도 극복할 수 없는 사물의 본성에서 오는 한계에 의해서 제한되는가, 그렇지 않으면 한계가 없는가?'를 탐구하였다.

그는, 열을 일로 바꿀 때는 고온인 것과 저온인 것 둘 다 필요하다는 것에 주목했다(실제의 열기관에서 그랬다). 이것을 높이 차이로 낙하하는 물에 의해서 얻어지는 동력과 비교하였다. 낙하하는 물의 동력이 물의 낙차와 흐르는 양으로 결정되는 최대값을 넘는 경우는 없다. 그는 화력 기관에도 이와 유사한 보편적 원리가 있어서, 그 한계를 넘는 화력 기관은 존재할 수 없을 것이라고 생각하였다. 실제로 카르노의 이론은 열기관의 최대 효율이 고온부와 저온부의 온도차로 결정된다는 것을 나타낸 것이다. 카르노는 열소설(熱素說)이 옳다고 생각한 근본적인 잘못을 범하고 있었지만, 그것을 제외하면 그의 이론은 에너지 이동의 방향성을 나타내는 중요한 의미를 갖는다. 앞에서 말한 줄의 실험이나 헬름홀츠(Helmholz)의 에너지보존 법칙은 1847년이므로, 카르노가 이것을 쓴 1824년보다 훨씬 뒤의 일이다. 에너지보존 법칙까지 고려하여 카르노 이론을 재검토한 사람은 1850년의 클라우지우스(Rudolf Clausius, 1822∼1888)이다.

다시 카르노로 돌아가자. 그는 증기 기관을 연구하면서 복잡한 요소를 제거하고 최대한 간소화, 이상화하여서, 거기에 포함되어 있는 '열'의 본성을 탐구하였다. 카르노는 최대 효율을 생각하기 위해서 에너지

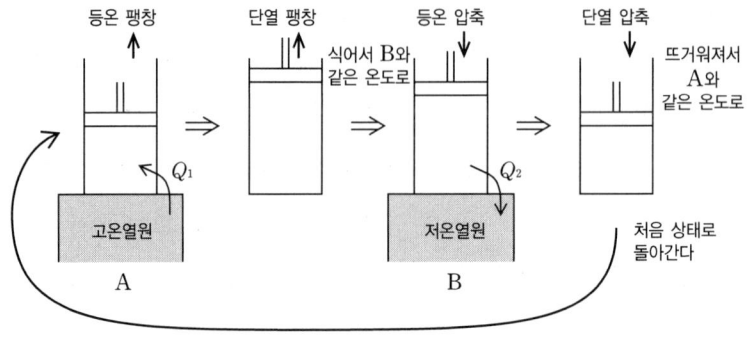

그림 1 • 카르노 기관

손실이 가장 적은 이상적인 기관을 생각하였다. 폭포의 물이 높은 곳에서 낮은 곳으로 떨어지는 것처럼 열은 반드시 고온의 물체에서 저온의 물체로 이동한다. 이때 에너지 손실이 생길 것이라고 예상하였다(이것은 에너지보존 법칙에 따르면 반드시 옳지는 않다). 따라서 이상 기관에서는 온도차가 있는 물체를 서로 접촉하지 않도록 해야 한다. 그러나 온도차가 없을 때 어떻게 열을 일로 바꿀 수 있는가? 그래서 카르노는 기체의 팽창과 수축을 사용하기로 했다. 기체를 넣은 실린더를 고온의 열원 A와 같은 온도로 하여 열원에 접촉시킨 채로 천천히 팽창시키도록 한다. 이상적인 기체의 경우, 에너지는 온도만으로 결정된다는 것을 알고 있으므로 온도가 변하지 않을 때는 열원으로부터 기체로 유입된 열 Q_1은 모두 팽창하는 일에 사용된다. 따라서 여기서 얻은 열을 모두 일로 바꿀 수 있었다. 이 과정은 가역 과정이므로 거꾸로 된 과정으로도 진행할 수 있다. 온도차가 없다는 조건이 가역 과정을 가능하게 한다. 이때, 실린더를 밀어 넣어서 원래 상태로 되돌아갈 수 있으나 그 과정에서 같은 양의 일이 필요하고 그 일은 열로서 다시 열원으로 되돌아갈 뿐

결국 아무것도 얻을 수 없다.

여기서 주의할 것은 '열을 모두 일로 바꿀 수는 없다.'는 법칙이 있지만 지금까지 말한 과정에 의하면 옳지 않은 것 같다. 그 이유는 열기관으로 작동하기 위해서는 열을 일로 바꾼 후, 열기관은 원래의 상태로 되돌리지 않으면 안 되기 때문이다. 그렇지 않으면 계속 열을 일로 바꾸어 주는 엔진이 되지 않는다.

✿ 고온의 열원만이 아니라 저온의 열원도 필요한 이유

열기관이 외부에 일을 하기 위한 조건은 다음과 같다(그림 1 참조). 팽창한 상태로 실린더를 열원 A에서 떼어 단열 팽창시킨다. 기체의 온도는 낮아져 저온의 열원 B와 같은 온도까지 내려간다. 다시 실린더를 B와 접촉시켜 이번에는 실린더를 밀어 넣는다. 단열 팽창시킨 이유는 온도차를 없애고 쓸데없는 에너지 손실을 피하기 위해서이다. 여기서 실린더를 밀어 넣는 동안 해 준 일은 모두 열 Q_2로 바뀌어 B에 흡수된다. 마지막으로 B로부터 떨어져서 계속 밀어 넣으면 단열 압축으로 기체의 온도는 올라가 A의 온도와 같아진다. 이렇게 처음의 상태로 되돌아가 다시 같은 과정을 반복한다. 중요한 것은 모든 과정이 항상 열평형 상태로부터 벗어나는 정도가 거의 0이 되도록 유지하면서 일어나는, 소위 준정적(準靜的)이며 가역적이라는 것이다. 이때 외부에서 해 주는 일은 어디서부터 얻어지는가? A에서 팽창할 때와 B에서 눌러 압축할 때의 온도가 다르므로 압력도 다르다. 따라서 A에서 하는 일의 양이 B에서 열로 되돌려지는 일보다 큰데 그 차이가 외부에 해 주는 일이 된다.

✿ 카르노 기관의 효율

한편, 현재의 에너지보존 법칙을 사용하면, 카르노 기관은 고온열원으로부터 흡수한 열 Q_1과 저온열원에 방출한 열 Q_2의 차이 만큼 일을 한 것이 된다. 따라서 카르노 기관의 효율은 $(Q_1-Q_2)/Q_1$이다. 물론 카르노 기관은 모두 가역 과정이므로 모든 과정을 거꾸로 되돌릴 수 있다. 전체 과정을 거꾸로 되돌려보면, 저온열원으로부터 Q_2의 열을 취해서 고온열원 쪽으로 Q_1의 열을 전달할 수 있지만, 이때는 앞에서와 같은 양의 일을 외부에서 해 주어야만 한다.

카르노는 이 기관이 가역적이기 때문에 이보다 높은 효율을 얻을 수 없다는 것을 증명하였다. 왜냐하면 만약 그것이 가능하다면 효율이 높은 기관을 운전해서 생긴 일의 남는 몫을 사용해서 결국 저온부로부터 고온부로 열을 이동시킬 수 있기 때문이다. 이와 같은 방법을 이용하면 영구 기관이 가능하게 된다. 지금까지의 논의를 통해 '열의 효율은 사용하는 물질과 무관하게 두 물체의 온도만으로 결정되며 가역 기관일 때 최대.'라고 말할 수 있다.

카르노 기관에 대한 연구에서 얻은 결론들, 즉 열로부터 일을 끌어내는 데에는 고온 물체와 저온 물체가 필요하며, 저온 부분에 열을 버리는 것이 필요하고 또 저온 물체로부터 고온 물체로 열을 옮기는 데에는 외부로부터의 일이 필요하다는 것이다. 이러한 주장의 근본 원리가 무엇일까?

클라우지우스는, 왜냐고 묻는 것을 그만 두고, 그것이 열의 본성이라고 생각하여 다음과 같이 정리하였다.

❶ 일과 열은 서로 전환된다.

❷ 아무런 변화를 남기지 않고 열을 저온 물체에서 고온 물체로 옮길

수는 없다.

❷ 순환 과정에 의해서 하나의 물체로부터 열을 끌어내어 모두 일로 바꾸는 기관은 있을 수 없다.

이것이 '열을 일로 바꿀 수 있는가?' 라는 물음에 대한 결론이다.

절대 영도가 있으면 아무런 변화를 남기지 않고 열을 모두 일로 바꿀 수 있다. 저온부가 절대 영도이면 카르노 기관의 효율은 1이 되며, 고온부에서 얻은 열이 모두 일로 바뀐다. 이것을 확인해 보자.

먼저, 온도를 어떻게 결정하느냐가 문제인데, 카르노 기관을 사용하여 저온부를 기준으로 고정하면 효율은 고온부로만 결정되므로 이것을 이용해 온도를 정할 수 있다. 절대 온도를 사용하여 효율을 나타내면 다음과 같다.

$$\frac{Q_1 - Q_2}{Q_1} = \frac{T_1 - T_2}{T_1}$$

이 식으로부터, T_2가 0이 되면 효율이 1 즉, 열이 모두 일로 바뀐 것이 된다. 따라서 저온부가 절대 영도일 때에 한하여 열은 모두 일로 바뀐다. 그러나 외부의 온도가 0이라는 것은 사실상 불가능하다. 따라서 아무런 변화를 남기지 않고 열이 모두 일로 바뀌는 것도 불가능하다는 것이다.

또, 이때 두 열량 Q는 같지 않지만 각각의 온도 T로 나눈 값은 같다. 즉,

$$\frac{Q_1}{T_1} = \frac{Q_2}{T_2}$$

이것은 엔트로피(entropy) 개념과 연결된다.

✿ 미시적으로 보면?

열에너지의 본질은 분자 운동의 활발함이며, 그 운동이 활발할수록 온도가 높다. 공을 마루에 떨어뜨리는 경우를 생각해 보자. 공을 잡고 있다가 가만히 마루에 떨어뜨렸을 때, 손으로 잡고 있을 때와 마루에 떨어뜨려서 몇 번이나 다시 튄 후 멈추었을 때를 비교하면 무엇이 변한 것일까? 외부로의 열 이동을 무시한다면, 확실하게 변한 것은 공 자체의 온도이다. 공을 구성하고 있는 분자는 서로 부딪침으로써 분자의 운동이 왕성하게 된다. 즉, 온도가 올라간다. 온도가 올라간 공을 구성하는 분자의 운동은 무질서한 운동이다. 만약 이 상태에 있는 공의 모든 분자가 똑같이 바닥에 닿을 때와 같은 크기의 반대 방향의 속도를 갖는다면, 원래의 높이까지 되돌아오게 된다. 즉, 운동 에너지가 중력에 대해서 일을 하게 된다. 그러나 많은 수의 분자를 생각하면, 예를 들어, 쇠공의 경우 약 56 g 중에 6.0×10^{23}개의 철 원자가 있다. 쇠공이 떨어질 때는 모든 원자가 아래쪽으로 같은 속도를 가질 수 있지만, 일단 정지해서 뜨거워진 쇠공의 원자가 모두 위쪽 방향으로 같은 속도를 갖는 것은 통계적으로 불가능하다. 열의 불가역성의 본질이 바로 여기에 있다고 할 수 있다.

056:
가스를 태워서
어떻게 냉방을 할 수 있는가?

무엇인가를 차갑게 하는 데에 직접 사용하는 방법 중 하나는 물이 증발할 때에 주위로부터 기화열을 빼앗아 가는 기화 현상과 관련된 것이다. 여름에 물을 뿌리거나 손에 알코올을 묻히면 시원한 것도 같은 원리이다. 보통 에어컨에서는, 프레온(freon) 등의 물질을 압축기로 압력을 가해 액체로 만들어 그것을 기화시켜서 냉방하고 있다. 가스 냉방에 사용되는 액체는 물이다(프레온을 사용하지 않는다는 점에서 환경 보호에 일조한다고 말할 수 있을까?). 압력이 매우 낮은 상태에서는 100 ℃보다 훨씬 낮은 온도에서 물이 증발한다. 그림 1과 같이 거의 진공에 가까운 상태로 기압을 낮춘 용기 안에 설치된 파이프로 물이 흐르게 하고 이 파이프에 물을 끼얹어서 증발시키면, 파이프 내부의 물이 차가워진다. 이때 증발한 수증기로 인해 용기의 내부는 포화 상태가 되는데 이때, '물을 매우 잘 흡수하는 물질(취화리튬)'을 이용하여 수증기를 흡수한다. 그 다음 물을 흡수한 이 물질에서 다시 물을 분리시킬 때에 가스의 연소열을 사용한다. 이 과정에서 가스가 사용되므로 가스 냉방이라고

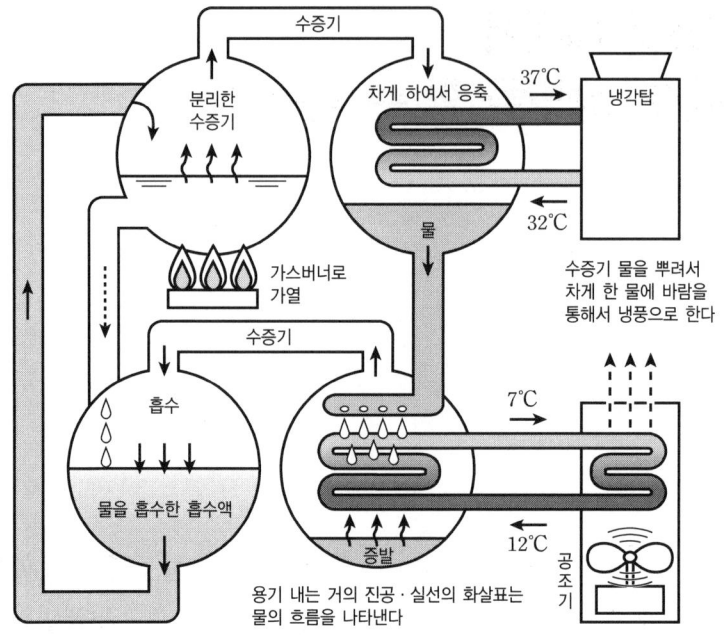

그림 1 • 가스 냉방 과정

한다. 간단히 말하면, 물을 뿌려 증발시키는 방법을 사용하지만 그 물을 회수하거나 운반하는 데에 가스의 연소 에너지를 이용한다고 할 수 있다. 장치가 대형이므로 동경 돔 등 대규모 시설에서 사용되고 있다.

057:

타고 있는 것은 산소다.

참치 초밥은 에너지를 갖는가?

최근 어느 가게 앞에서 오른쪽 그림과 같은 것을 보았다. 손님들이 음식에 포함된 열량을 참고해서 적절하게 섭취할 수 있도록 하기 위함이다.

그런데 이 수치는 어떻게 산출한 것일까? 그것은 이 초밥에 물, 단백질, 지방, 탄수화물이 몇 g씩 포함되어 있는지를 조사하여 각각의 영양소가 연소할 때의 발열량을 합해서 산출한 것이다. 과연 그런지 확인해

참치 덮밥
참치 초밥, 580엔, 467kcal
(1개당, 단백질 21.0 g, 탄수화물 89.9 g,
지질 2.4 g, 나트륨 1200 mg).

탄수화물	4 kcal/g	(17 kJ/g)
지방	9 kcal/g	(38 kJ/g)
단백질	4 kcal/g	(17 kJ/g)

보자.

가정 교과서에 의하면, 각각의 영양소에 포함된 '에너지양'(열량)은 다음과 같다.

이들 화합물이 실제로 산화 반응할 때의 열량을 조사해 보자. 예를 들어 포도당이라면, 반응식

$$C_6H_{12}O_6 + 6\,O_2 \rightarrow 6\,CO_2 + 6\,H_2O + 673\text{ kcal (2,820 kJ)}$$

(분자량＝180)

으로부터 포도당 1몰당의 열량은 673 kcal(2,820 kJ)라는 것을 안다. 포도당의 분자량은 180이므로, 1몰은 180 g이다. 따라서 1 g당으로는

$$\frac{673\text{ kcal}}{180\text{ g}} = 3.74\text{ kcal/g}$$

이 되어서, 이것은 교과서에 나타난 값 4 kcal/g 과 대체로 일치한다.

☼ 솔직한 의문

이때, 포도당은 정말로 에너지를 가지고 있었던 것일까?

생물 교과서나 참고서에는 대개 '크고 복잡한 유기물일수록 많은 에너지를 가지고 있으며, 그것들이 작은 분자로 분해될 때에 에너지를 낸다.'고 적혀 있다. 포도당의 반응식을 보면 확실히 그렇다는 생각이 든다. 그러나 이 설명에 따르면 '가장 단순한 유기 화합물인 메탄은 잘 타고 열을 내는 것 뿐만 아니라 이산화탄소나 물보다 작은 일산화탄소도 타면서 열을 내고, 더구나 가장 작은 분자인 수소 분자는 폭발적으로 타면서 에너지를 내는 데.' 이러한 현상은 잘 이해가 안 된다. 큰 유기물이 에너지를 갖는다는 것은 아무래도 이상하다[석유 화학 공업에서 유기물의 열분해(크래킹, cracking)도 흡열 반응이다].

✪ 원점으로 되돌아와서 생각한다

연소란 산화 반응이다. 그것은 화학 반응이며 그 반응의 전후에 원자의 종류나 수에는 변화가 없지만 원자들 사이의 결합이 바뀐다. 이 '결합이 바뀐다.'는 것이 에너지를 내는 비밀이다.

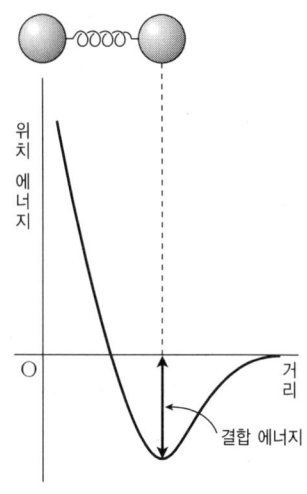

왜 결합이 바뀌면 에너지가 나오는가? 우선, 결합하고 있는 분자의 에너지를 살펴보자(그림 1). 원자끼리는 서로 끌어당기는 성질이 있으므로, 멀리 뿔뿔이 흩어져 있는 상태보다는 가까이 결합하고 있는 상태의 위치 에너지가 작다(지구와 서로 당기고 있는 돌멩이가, 산 위에 있을 때보다도 지

그림 1 • 분자의 위치 에너지

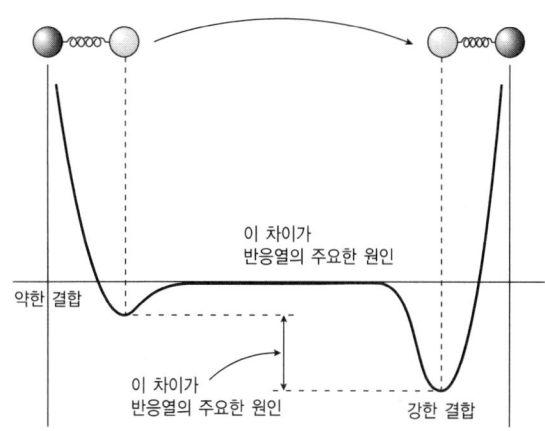

그림 2 • 분자의 위치 에너지 변화와 발열 반응

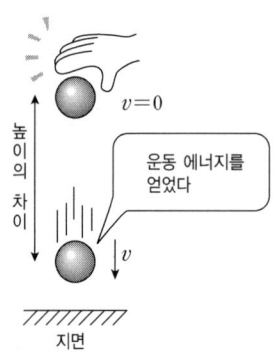

높이의 차이

$v=0$

운동 에너지를 얻었다

$\downarrow v$

지면

그림 3 ∘ 위치 에너지 감소와 운동 에너지 증가

면에 있을 때 위치 에너지가 작은 것과 마찬가지이다). 이와 같이 결합 때문에 줄어든 만큼의 에너지를 '결합 에너지'라고 한다.

결합을 끊을 때(분자를 뿔뿔이 흩어져 있게 할 때)에는 에너지를 외부로부터 공급해 주어야 한다. 이때 결합이 강할수록 큰 에너지를 필요로 하므로, 그림 1에 있어서 깊이가 깊은 결합일수록 강한 결합이 된다. 따라서 화학 반응을 통해 약한 결합의 상태로부터 강한 결합으로 바뀌었다고 하면 위치 에너지의 차이(즉, 결합 에너지의 차이)가 방출되는 반응 즉 발열 반응이다(그림 2).

지상의 높은 곳에서 낮은 곳으로 물체가 떨어질 때 높이가 줄어든 대

$O-O$		139 kJ/mol
$O=O$	494(1개당	247)
$C=C$	608(1개당	304)
$N\equiv N$	947(1개당	316)
$C-O$		352
$C=O$	725(1개당	363)
$C-C$ (C_2H_6)		368
$N-H$ (NH_3)		386
$C=O$ (CO_2)	799(1개당	400)
$C-H$ (CH_4)		411
$H-H$	432	
$O-H$ (H_2O)		459

신 운동 에너지가 증가하는(그림 3) 것과 같은 원리이며, 원자나 분자의 운동 에너지가 증가하는 것이 곧 '발열'로 나타나는 것이다.

한편, 이상적인 조건에서 결합 에너지의 값을 조사해 보면 다음과 같다.

이것을 보면, 의외로 $H-H$ 결합이나 $C-H$ 결합은 안정하다. 또 H 원자는 결합의 상대가 H 또는 C로부터 O로 바뀌어도 에너지 차이는 크지 않다.

$$H-H \rightarrow H-O \quad (459 \text{ kJ/mol} - 432 \text{ kJ/mol} = 27 \text{ kJ/mol})$$

$$H-C \rightarrow H-O \quad (459 \text{ kJ/mol} - 411 \text{ kJ/mol} = 48 \text{ kJ/mol})$$

산소 분자 1개당 결합은 약하고 O 원자의 상대가 H 원자로 바뀌면, 결합 1개당,

$$O-O \rightarrow O-H \quad (459 \text{ kJ/mol} - 247 \text{ kJ/mol} = 212 \text{ kJ/mol})$$
$$(O_2)$$

의 에너지 차를 갖는다.

$C-C$ 결합의 경우에도, C 원자의 상대가 O 원자로 바뀌면

$$C-C \rightarrow C-O \quad (400 \text{ kJ/mol} - 368 \text{ kJ/mol} = 32 \text{ kJ/mol})$$
$$(CO_2)$$

만큼의 에너지밖에 내지 않지만, 산소 분자의 결합과 관련해서는

$$O-O \rightarrow C-O \quad (400 \text{ kJ/mol} - 247 \text{ kJ/mol} = 153 \text{ kJ/mol})$$
$$(O_2) \quad\quad (CO_2)$$

의 에너지 차이가 생기고 있다.

여기서 중요한 것을 알았다. 즉 유기물이 산소와 반응하여 발열할 때, 지금까지는 그 에너지가 유기물이 가지고 있었던 것이 방출되어서 나왔다고 생각했지만, 사실은 주로 산소 분자의 결합이 약했던, 즉 산소가스

가 가지고 있었던 에너지가 컸기 때문이다. 연소할 때 주된 에너지는 산소 분자의 에너지가 방출된다는 것, 즉 '타는 것은 산소' 라는 것이다.

이와 같이 생각해 보면, 앞에서 예를 든 메탄, 일산화탄소, 수소가스 등이 타서 발열하는 것을 잘 설명할 수 있다.

✿ 여러 가지의 유기물로

간단한 유기물 및 영양소를 구성하는 물질이 연소될 때의 발열량을 알아보자.

1 g을 연소시킬 때의 발열량은 차이가 있다. 그러나 '각 유기물이 각 각 얼마의 산소가스와 결합하는가?' 에 초점을 맞추어 반응식으로부터 산소가스 1몰당 발생하는 에너지를 계산해 보면, 어떤 유기물이나 약 450 kJ이라는 값을 얻는다(아래표에서 가장 오른쪽 값). 결국 '에너지의 근원은 산소가스' 라고 해도 될 것이다.

	분자량	1몰당 발열량 발열량	1 g당 발열량 발열량	O_2 1몰 당 발열량 발열량
메탄	16	892 kJ	55.7 kJ	448 kJ
에탄	30	1,560	52.0	448
메탄올	32	729	23.0	486
에탄올	46	1,370	30.0	457
포도당	180	2,820	15.7	469
트리팔미틴 (지방의 1종)	806	31,500	39.1	436
글루타민산 (아미노산의 1종)	147	2,250	15.3	499

엔트로피란 무엇인가?

✪ 필름을 거꾸로 돌리면?

공이 바닥에 떨어져서 튀는 현상을 생각해 보자. 이것을 동영상으로 촬영해서 필름을 거꾸로 돌려보자. 공이 떨어지는 것과 튀어서 위로 올라가는 것이 거꾸로 되지만, 그것을 봐도 별로 이상하다는 느낌은 없다. 그것은 시간을 거꾸로 돌려도, 역학의 법칙은 여전히 성립하고 있다는 것을 뜻한다. 즉, 어느 방향의 현상도 자연계에서 실제로 일어날 수 있다. 동영상을 거꾸로 돌릴 때 인간이 뒤로 걷는 것을 보면 웃을 수도 있겠지만 실제로 그렇게 하는 것이 불가능하지는 않다.

그럼 여기서 반론이 나올 것이다. 보통은 공이 벽에 부딪쳐서 탁 튀면 속도가 늦어진다. 그런데 동영상을 거꾸로 돌리면, 느린 속도로 부딪친 공이 튀면서 빨라지므로 당연히 어색함을 느낄 것이다. 즉, 이와 같은 현상은 가능하지 않다고 생각한다. 이것은 사실이며 공이 가진 운동 에너지의 일부가, 눈에 보이지 않는 분자들의 불규칙한 운동인 열로 바뀌는 현상이 일어난다. 둘 다 공 분자의 운동이지만 열의 경우에는 각각의 분자가 여기저기 불규칙하게 움직이므로 공 전체의 운동으로 될 수는 없다. 이것이 이제부터 다룰 불가역성의 한 예이다. 그러나 각 원자 · 분자의 수준까지 상세히 파고 들어가면, 서로 충돌하는 현상은 기본적으로 역행 가능하다.

✸ 역행 불능한 것

요약하면 역학(力學) 현상은 원리적으로 역행 불가능하다. 일상생활에서 일어나는 많은 현상은 명백히 역행 불가능한 현상이다. 더운 물은 비록 보온병에 넣어 두어도 머지않아 식는다. 그러나 저절로 물이 주위의 공기로부터 열을 빼앗아서 뜨거운 물이 되는 일은 없다. 열이 고온의 물체로부터 저온의 물체로 이동하는 것은 비가역이다. 커피 속에 우유를 몇 방울 떨어뜨리면, 우유는 점점 커피 전체에 퍼져서 연한 색의 밀크커피가 되는 것은 흔히 볼 수 있는 현상이다. 그러나 그 반대의 현상은 일어나지 않는다. 만약 에너지보존 법칙만을 고려한다면, 반대의 현상이 일어나도 아무런 문제가 없다. 지면에 있던 돌이 혼자 날아올라가도, 주전자의 물이 혼자서 끓어도 에너지는 보존될 수 있는데 실제로 그런 일은 일어나지 않는다. 물질은 원자로 되어 있고 각각 원자의 운동이나 충돌은 역학적인 법칙에 따라 앞에서 말한 바와 같이 역행 가능하다. 그러면 왜 그것들의 집합체인 물체의 운동에서는 비가역적인 것일까?

✸ 비가역성의 지표

전형적인 예로 기체가 퍼져 가는 현상을 생각해 보자. 그림 1과 같이 기체를 처음에 A의 방에 가두고 B는 진공 상태로 만든다. 칸막이의 벽을 제거하거나 구멍을 뚫으면 기체는 자연히 A, B 전체에 퍼지게 된다. 이것을 동영상으로 촬영하여 거꾸로 돌리면, 퍼져 있던 기체가 A의 방에 모여드는 영상을 보게 되는데 도저히 가능할 것 같지 않다. 그러나 만약 분자를 주의 깊게 살펴보면, 분자는 날아다니면서 서로 충돌하고 있으므로 역방향의 운동도 할 수 있다. 따라서 A로부터 퍼져나간 분자가 오른쪽 벽에 부딪쳐 튀어서 원래 상태로 되돌아가 A에 다시 모일 것이다.

그렇다면 왜 기체는 퍼지기만 하고 다시 모이지는 않는가? 그것은 다음과 같이 설명할 수 있다. 기체는 매우 많은 분자로 되어 있고 분자들은 무질서하게 운동하며 또 충돌하면서 매우 복잡한 운동을 하고 있다. 결론은 기체들이 A에 모두 되돌아가는 상태가 있을 수는 있지만, '좀처럼 일어나지 않는다'는 것이다. 그림 1의 a와 b의 상태를 비교해보면, 분자의 어느 순간 배열은 어떤 배열이든 똑같을 수 있더라도, b의 상태를 나타내는 배열(분자 개개의 위치는 조금 바뀌더라도)의 경우가 a의 경우보다 압도적으로 많을 것이다. 즉, 가능한 모든 상태 중에서 '특정한 배열과 같은 상태가 어느 정도 있는가?'라는 확률의 문제이다. a의 평형 상태로부터 b의 평형 상태로 변한다는 것은 보다 확실한 상태로 옮겨 간다는 것이다. 그리고 이렇게 설명할 수도 있다. 시간이 지나면

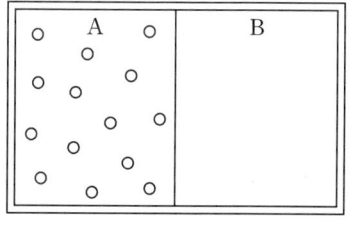

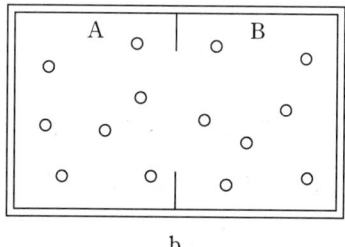

a   b

그림 1 • 기체의 확산

분자의 배열은 여러 가지로 바뀌므로 언젠가는 a와 같은 상태도 있을 것이다. 그러나 시간이 흐를수록 그 상태는 긴 시간 중에서 극히 짧은 시간 동안에만 존재하는 것으로, 대부분의 시간은 b의 상태에 있을 것이다. 그렇다면 각각 상태의 '확실함'을 나타내는 어떤 물리량이 존재하는 것일까? 그것이 엔트로피이다.

✿ 엔트로피의 예

그림 1의 a 상태보다 b의 상태에서 엔트로피(entropy)가 크다고 하는 것이 열역학의 주장이다. 엔트로피는 확률을 나타낸다.

일반적으로 N개의 분자[*]를 A, B에 무작위로 흩뿌릴 때 A에 N_A개, B에 N_B개라는 분배가 일어나는 확률은

$$P(N_A, N_B) = \frac{N!}{N_A!\, N_B!}\, p_A^{N_A}\, p_B^{N_B}$$

이다. 여기서

$$p_A = \frac{N_A}{N},\quad p_B = \frac{N_B}{N},\qquad N = N_A + N_B$$

는, 각각 1개의 분자가 A에 들어있는 확률, B에 들어 있는 확률이다.

특히, 그림 1의 a의 상태에서는 $N_A = N,\ N_B = 0$이므로

$$P_a = P(N, 0) = p_A^N$$

이 된다. 기체의 경우 N이 매우 큰 경우이므로 이 값은 극히 작다.

한편, b의 상태에서는 분배가 일정하다고 하면 $N_A = p_A N$, $N_B = p_B N$이므로

$$P_b = P(p_A N, \ p_B N) = \frac{N!}{(p_A N)! \ (p_B N)!} p_A{}^{p_A N} p_B{}^{p_B N}$$

이 된다. 이것은, $M \gg 1$일 때 성립하는 근사 공식

$$\log(M!) \sim M(\log M - 1)$$

을 사용하면

$$\log P_{it} \sim N(\log N - 1)$$
$$-p_A N(\log p_A + \log N - 1) - p_B N(\log p_B + \log N - 1)$$
$$+p_A N \ \log p_A + p_B N \ \log p_B = 0$$

이 된다. 즉, $P_{it} \sim 1$. 거의 확실하게 일정한 분배가 일어난다는 것이다.

엔트로피는 어떤 상태가 일어날 수 있는 확률에 로그값을 취해서 ($-$) 부호(負號)를 붙인 것으로 정의한다. 따라서 상태 a의 엔트로피는

$$S_a = -\log(p_A^N) = -N \log p_A$$

이다. 이에 대해서 상태 b의 엔트로피는

$$S_b \sim -\log 1 = 0 이 된다.$$

상태 a로부터 b로 변화하면 엔트로피는

$$S_b - S_a \sim -N \log p_A$$

만큼 증가한다. $0 < p_A < 1$이므로 이것은 양(+)의 증가이다. 상태 a에서 상태 b로 옮겨가면서 계의 엔트로피는 증가하였다. P_a가 작을수록 ($-$) 즉, 처음의 상태가 일어나기 어려운 것일수록 ($-$) 증가량은 크다.

❂ 엔트로피의 일반형

예를 들어, 전체 에너지가 일정하다는 조건에서 생각해 보자. 이 조건을 만족하는 분자의 어떠한 분포도 똑같은 확률로 나타날 수 있을 것이다. 그렇다면 앞에서 설명한 확률에 따르면, 어떤 상태에 속하는 분자 분포의 경우의 수가 많을수록 그 상태가 실제로 나타날 확률이 높다. 실제로 그 확률이 압도적으로 높아서 거의 필연적으로 그 방향으로 나아간다. 가능한 상태의 경우의 수라는 것은, 양자 역학에서는 가능한 에너지 상태가 불연속적이므로 상태의 수는 보다 명확해진다. 따라서 엔트로피를

$$S(E) = k \, \log W(E)$$

(단, W는 에너지 E의 상태에 속하는 미시적인 상태의 수)로 하는 것은 타당하다. 이 식은 볼츠만(Boltzmann)의 관계라고 하는데 볼츠만의 묘에도 새겨져 있다. 그러나 최초에 이렇게 쓴 사람은 실제로 플랑크(Max Planck, 1858~1947)이다. 왜 상태의 수 그 자체가 아니고 log를 취했는가 하면, 두 독립인 계 S_1과 S_2가 있을 때, 상태의 수는 $W_1 \times W_2$로 곱이 되지만, log를 취하면 그것에 대응하는 엔트로피는 합이 되기 때문이다.

에너지가 결정되어 있지 않은 상태도 포함한 넓은 의미의 정의는

$$S = -k \sum_l P_l \, \log P_l$$

로 주어진다. 여기서 고려하는 계는 $l(l=1, 2, 3, \cdots)$이라는 양자 상태의 확률을 P_l로 표현한다.

❂ 열역학과의 관계

엔트로피의 역사는 다음과 같이 시작되었다. 18세기 이후 에너지보존의 법칙이 확립되고 나서도 영구 기관을 만들고자 하는 헛된 노력이 계속되었다. 제1종 영구 기관은 불가능하다고 하더라도, 에너지를 모두 일로 바꾸는 기계(이것을 제2종 영구기관이라고 한다)를 만들려는 사람들이 있었다. 이것은 곧 효율이 100 %인 기관을 만들겠다는 것이다. 그러나 이것 역시 불가능하다.

열을 일로 바꾸는 과정에서, 카르노의 가역 기관은 고온열원으로부터 Q_1의 열을 받아 저온열원에 Q_2의 열을 버리지 않으면 안 되고 결국 이 비율보다 높은 효율은 존재하지 않는다는 것을 설명하였다. 이때 Q_1과 Q_2는 같지 않으나

$$\frac{Q_1}{T_1} = \frac{Q_2}{T_2} \quad \text{또는} \quad \frac{Q_1}{T_1} - \frac{Q_2}{T_2} = 0$$

이라는 식으로 나타낼 수 있다. T는 절대온도를 나타낸다. 열량을 온도로 나눈 값의 합은 가역 과정의 경우 0이지만, 일반적인 열기관은 비가역이므로 2번째의 식은 반드시 양(+)의 값이 된다. 따라서 비가역의 과정에서는 이 양이 증가한다. 1854년에 독일의 클라우지우스(Clausius)가 이 양을 엔트로피라고 이름 붙였다. 이것은 '내부 변화'를 가리키는 그리스어에서 파생되었다. 이 양이 바로 지금까지 설명한 것과 같은 것이고, 통계적 확률과 결부하면서 의미가 명료해졌다.

내친 김에 좀더 설명해보자. 처음에 모여 있던 기체가 전체에 퍼지는 경우에는 열의 출입이 없는데 어째서 이와 같은 엔트로피 개념과 연결되는가? 기체가 퍼져갈 때 확실히 에너지 변화는 없다. 그러나 이 과정을 피스톤을 밀어 올리는 가역 과정으로 보면, 같은 온도의 열원에 접촉

시킨 채 천천히 팽창시키면 상태 변화가 가능하다. 그러나 이때 기체가 피스톤에 한 일의 양 만큼 밖에서 열량 Q가 들어오므로 역시 엔트로피는 증가한다.

많은 분자로 이루어진 계의 변화는 엔트로피가 증가하는 방향으로 변화가 일어난다. 처음에 말한 바와 같이 개개의 원자·분자의 역학, 전자기의 법칙은 가역인데, 많은 수의 분자가 모이면 비가역성이 나타난다. 이것은 매우 재미있는 현상이다. 이런 이유로 엔트로피는 시간의 '방향성'을 나타낸다고 생각하고 있다.

칼럼 9 ** 시험이 끝났으니 공부하자
도모나가 신이치로의 이야기——

노벨상 수상자인 도모나가 신이치로(朝永振一郎, 1906~1979)가 사망하였을 때 교토 고등학교 시절부터 그의 친구였던 아라키 사부로(荒木三郎)라는 사람은 "……도모나가는 나와 전공 분야가 달라서 잘은 모르지만 결코 비득바득 연구에 매달렸을 것 같지는 않습니다. 고등학교 1학년 1학기 시험이 끝났을 때, 야구부 선수였던 나는 비가 와서 연습을 쉬게 되어 그의 집에 영화를 보러 가자고 했지만 그에게 거절당했습니다. 그런데 그 이유가 시험이 끝난 날에 가장 마음이 차분해지고 또 모든 과목의 핵심을 잘 알게 되었으므로 오늘 같은 날 전체 과목을 복습하는 것이 나에게는 큰 즐거움이므로, 오늘만은 부디 용서하라는 것이었습니다. 이 말을 듣고 나는, 이 친구는 우리들과 차원이 다른 인간이라고 생각하였습니다. 이것은 단지 공부를 잘하는 사람이 아니고, 학문을 즐기는 사람이라고 생각했습니다. 그는 결코 바득바득 공부하는 사람은 아니었습니다. 그는 자기가 좋아하는 술을 즐기면서, 여유 있게 즐기듯이 공부하고 있었던 것 같습니다……"라고 준비한 조사(弔辭)를 낭독했다.

공부라면 시험 전에만 하는 것으로 알고 있던 우리들에게 있어서, 전혀 딴 세상의 사람처럼 느껴진다. 그러나 공부 즉, 미지의 것을 알고 싶어 하는 욕구, 미지의 것을 알아간다는 일은 원래 사람들의 원초적인 즐거움 중의 하나가 아니었을까? 억지로 하는 고통스런 작업만은 아니었을 것이다. 우리들은 여기서도 도모나가에게 배워야 한다.

그러나 그 도모나가도 유카와 히데키의 업적에 비해 늦어지자 공부에 조바심을 느낀 시기가 있었다고 한다. 이런 것을 볼 때 학문의 길이 평탄하지만은 않은 것 같다.

오해가 많은
상대론의

6 왜?

059

로렌츠 수축은 압축하여
줄였기 때문에 일어나는 것이 아니다.
그러면, 왜 짧아지는가?

❂ 로렌츠 전자론

네덜란드의 로렌츠(Hendrik Antoon Lorentz, 1853~1928)는, 물질이란 전기를 띤 입자들의 모임이라고 생각하여 그것들이 서로 작용하는 힘을 구하고, 그 힘이 일으키는 운동을 뉴턴의 역학으로 해석함으로써, 물질의 여러 성질을 수리적으로 도출한다는 웅대한 연구를 시작하였다. 지금이라면 '물질은 양(+)전하를 띤 원자핵과 음(−)전하를 띤 전자로 되어 있으므로……' 라고 하겠지만, 로렌츠의 시도는 전자가 발견된 1897년보다 20년 전에 시작하였다. 물론 원자핵을 발견(1911년)하기 전이다. 로렌츠의 이론은 전자론이라고 부르게 된다.

❂ 물체 크기의 전자론

로렌츠의 입장에서 보면 물체의 크기는, 주어진 수만큼의 (+), (−) 대전 입자가 서로 힘을 작용하여 형성되는 평형 상태를 구하는 것으로 결정되는 것이다. 평형 상태라고 하더라도, 모든 입자가 정지해 있다고 제한하지는 않는다. (＋)전하 가까이에 (－)전하가 있으면 서로 끌어 당기므로, 두 전하가 뭉쳐지지 않도록 하기 위해서 무거운 전하 주위를 가벼운 전하가 공전해야 할 필요가 있다. 그 결과로 물체 내부에는 전류 의 소용돌이가 생기게 될 것이다. 전류는 자기장을 만들고 이 자기장은 운동하고 있는 다른 대전 입자에 힘을 미친다. 이렇게 힘을 받은 전하의 운동이 바뀌면, 전기장과 자기장도 바뀐다. 이런 상황은 전자기학으로 도, 역학으로도 대단히 복잡한 문제이다.

가령, 그 문제가 풀려서 물체의 크기를 계산할 수 있다고 하자. 아니, 그것을 할 수 없더라도 물체가 운동할 때 로렌츠 수축은 증명할 수 있 다. 그런 교묘한 방법을 로렌츠가 구상하였다.

물체가 운동하면 물체를 구성하고 있는 전체 대전 입자가 운동하는 것이므로, 물체 내부의 전류도 변하게 된다. 따라서 물체 내부의 전자기 장도 변하게 되어 대전 입자에 작용하는 힘도 변한다. 따라서 결국 물체 의 크기가 변하게 될 것이다.

물체 내부의 전하 분포나 전류의 분포가 주어졌을 때, 물체 내부의 전 자기장을 결정하려면 맥스웰(Maxwell) 방정식을 풀면 된다. 그러나 이 문제는 물체가 정지하고 있는 경우에도 매우 복잡하다. 더구나 물체 가 운동하고 있다면 엄청나게 복잡한 문제가 된다.

❂ 교묘한 변수 변환

로렌츠는 운동하고 있는 물체의 경우, 기존의 맥스웰 방정식에 어떤 변수 변환을 하면, 물체가 정지하고 있는 경우의 식과 같은 모양이 되는 것을 발견하였다.

이 방정식을 풀면 물체의 크기가 결정된다. 그런 다음, 앞에서 변환한 변수를 원래대로 되돌리면, 운동하고 있는 물체의 크기를 구할 수 있다.

비유적으로 설명하면 다음과 같다. 방정식 $x^2=16$은 곧 풀 수 있지만, $x^2+4x=16$은 약간 어렵다. 그러나

$$x^2+4x=(x+2)^2-4=16$$

와 같이 변형하여 $x+2$를 z라 놓고—미지수 x를 z로 바꾸면—

$$z^2=16+4=20$$

이라는 식이 되고 $z=\pm\sqrt{20}$이라는 결과를 얻는다. 처음에 알고 싶었던 것은 x이다. 이를 위해 z를 원래의 x로 되돌리면 된다. 즉, $x=z-2=\pm\sqrt{20}-2$가 답이다!

로렌츠는 방정식을 풀 필요조차 없었다. 물체가 정지하고 있을 때의 크기는 계산할 필요도 없이 직접 측정하면 된다. 그 길이를 로렌츠의 변수 변환을 이용하여, 원상태로—물체가 달리고 있는 경우로—되돌리면 된다. 그것을 실행하면 로렌츠 수축이 나온다!

이 교묘한 변환은 후에 로렌츠 변환이라고 부르게 된다. 로렌츠는 이 변환의 완전한 방법을 찾아내기까지 10년이 걸렸다. 조금씩 오차를 줄여가는 끈질긴 노력의 10년이었다.

로렌츠의 웅대한 시도는 20세기에 큰 발전을 보였다. 위의 설명에서 상상할 수 있는 것과 같이, 로렌츠 수축은 물체를 구성하는 입자들 사이에 서로 작용하는 힘이 물체의 운동에 영향을 받아서 나타난 결과이다. 외부에서 물체에 힘을 가해 물체가 수축한 것은 아니다. 그러나 원래 물체가 정해진 크기를 가지고 있는 것은, 물체 내부의 전자나 원자핵이 서로 힘을 미치고 있는 결과이므로 물체가 운동하게 되면 그 힘이 바뀐다. 그 결과 로렌츠 수축이 일어나는 것이다.

✪ 변형이 없다!

로렌츠가 수축 가설을 제시했을 때, 사람들은 물체 내부에 수축을 일으키는 힘이 작용해야만 한다고 생각하였다. 힘을 가하면 물체가 변형된다. 유리를 압축하면 빛이 복굴절한다(한 줄기의 입사광이 두 줄기의 굴절광으로 갈라진다). 로렌츠 수축에서도 같은 현상이 나타나야 할 것이다. 그렇게 생각해서 직접 실험을 수행한 사람이 있었는데 결과는 실패였다. 전기 저항이 바뀔 것이라고 예상해서 실험한 사람도 있었다. 그 결과도 실패였다. 무엇을 시도해도 결과는 실패였다. 그렇다면 로렌츠의 수축 가설은 버려야만 하는 것일까?

아니다. 머지않아 상대성 이론이 나오면서, 모든 실패는 물리 법칙이 공변성(共變性)을 갖기 때문에 나타난 결과라는 것을 알았다. 물체가 운동하고 있을 때의 현상은—어떠한 현상이든 모두—물체가 정지하고 있을 때 일어나는 현상에 변수 변환을 하면 얻을 수 있다. 물체가 정지하고 있을 때 복굴절이 없으면 로렌츠 변수 변환을 하여도 여전히 복굴절은 없다.

060

상대론에서 말하는
우라시마 효과(쌍둥이 역설)는 사실인가?

우라시마(浦島) 효과는 다음과 같은 현상이다. 우라시마 다로(浦島太郎)에게는 쌍둥이 동생 지로(次郎)가 있었다. 다로는 고성능 로켓을 타고 우주여행에 나서고 지로는 지구에 남았다. 몇 십 년 후에 다로가 우주여행에서 돌아왔을 때, 지로는 백발의 노인이 되어 있었지만, 다로는 여전히 젊은 사람 그대로이고 거의 나이가 들지 않았다. 우주여행을 한 다로와 지구에 있었던 지로에게는 시간의 경과가 다르다고 한다. 이런 일이 가능할까? 아인슈타인(Albert Einstein)의 상대성 원리(相對性原理)는 이것이 실제로 일어난다는 것을 설명해 준다.

우선 **상대성 원리란 무엇인가**를 알아보자. 열차로 여행하는 중에 도시락 먹는 장면을 상상해 보자. 흔들려서 음료수가 넘치면 불편할지도 모른다. 열차 안의 통로를 걸

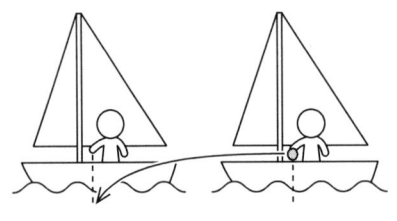

을 때도 흔들흔들하여 열차가 움직이고 있다는 것을 실감할 것이다. 그러나 만약 이 흔들림이 없다면 어떨까? 직선으로 끝없이 이어진 선로를 미끄러지듯이 달리는 열차에 탔다고 하면 그 열차가 움직이고 있다는 것을 실감할 수 있을까? 실제로 공기의 흐름이 없는 매우 안정된 공중을 시속 1,000킬로미터의 빠른 속도로 날고 있는 비행기 안에서는 지구에 정지하고 있을 때와 마찬가지로 통로를 지나다닐 수 있다. 스튜어디스가 와서 커피를 따라 주어도, 어린이가 기내에서 공 던지기를 하면서 논다고 하여도(실제로는 그래서는 안 된다!), 지상에 있을 때와 아무런 차이가 없을 것이다.

갈릴레이는 이와 같은 현상을 다음과 같이 설명했다. 일정한 속도로 움직이고 있는 배에서 수면에 돌을 던진다. 배는 앞으로 나아가므로 배를 탄 사람이 보면, 돌은 배의 위치보다 뒤쪽에 떨어질 것으로 생각된다. 그러나 실제로 떨어뜨려 보면, 돌은 배를 탄 사람에게도 배가 멈추어 있을 때와 똑같이 그 사람 바로 밑에 떨어진다. 이것은 관성의 법칙으로, 돌은 처음에 배와 함께 움직이고 있었으므로 속도를 그대로 계속 유지한다고 말할 수 있다.

그러나 관찰하는 방법을 바꾸면 이와같이 일정한 속도로 움직이고 있는 물체 위에서, 세계는 멈추고 있을 때와 마찬가지의 법칙을 따른다고 말할 수 있다. 이것이 상대성 원리이다. 어느 쪽이 멈추고 있는가는 누구에게도 절대적이라고 할 수 없다는 것이다.

✪ 광속불변의 원리

만약 상대성 원리가 보편적인 것이라면 힘과 운동의 법칙만이 아니고 다른 자연현상에서도 같은 원리가 적용되어야 할 것이다. 그러나 그렇게 하면 곤란해진다. 왜냐하면 전자기학의 법칙 중에는 광속 c가 상수 (Constant)이기 때문에, 만약 전자기의 법칙을 누가 보아도 같아야 한다면, 광속 c도 누가 보아도 같아야 하기 때문이다.

아인슈타인은 16세였던 고등학생일 때 이와 같은 문제를 생각하였다. 빛을 따라가면서 본다면 어떻게 될까? 따라가는 속도가 빠르면 빛의 속도는 느리게 보일까? 만약 빛과 같은 속도로 달린다면 빛은 멈추어 보이는 것일까?

'정지한 빛이란 있을 수 없다.'고 아인슈타인은 생각하였다. 더 나아가, 정지하고 있는 사람이 보거나 달리고 있는 사람이 봐도 항상 같은 속도로 보이는 것이 빛의 성질이라고 하였다. 이것이 광속도 불변의 원리이다. 이 원리는 마이켈슨-몰리(Michelson-Morley)의 실험을 비롯하여 많은 실험으로 증명되고 있다.

✿ 아인슈타인의 상대성 원리

어떤 상태에서 보아도 광속이 항상 같다는 것은 믿기 어렵다. 움직이고 있는 전차를 지면에 정지한 사람이 볼 때와 자동차를 탄 채로 가고 있는 사람이 볼 때는 같은 속도로 보이지 않는다. 빛의 경우에도 마찬가지일 것이라고 누구나 생각한다.

그러나 아인슈타인은 '상대성 원리'가 전자기학을 포함해서 물리 전반에 걸쳐 성립한다고 주장하였다. '광속불변의 원리'는 '자연계에 3×10^8 m/s 라는 속도의 최대값이 있으며, 그것은 — 관성계에 대해서 등속 운동을 하고 있는 한—누가 보아도 같은 값으로 보인다.'는 원리가 되었다. 뉴트리노(neutrino)의 속도는—만약 질량이 0이면 [1●]—역시 3×10^8 m/s이다. 이 원리를 아인슈타인의 상대성 원리라고 한다.

✪ 운동 상태에 따라서 시간이 다르다

아인슈타인의 상대성 원리에 따르면 시간이나 공간에 대한 기존의 사고방식을 바꾸어야 한다. 시간의 진행은 관찰하고 있는 사람의 상태에 따라 다르며, 운동하고 있는 시계는 정지하고 있는 시계에 비해서 느리게 간다. 뭔가 불가사의한 결과지만 일단 그 과정을 알아보자.

우선, 아래 그림과 같이 다로의 우주선 내에서 로켓의 진행 방향에 수직한 방향으로 빛을 발사한다. 빛이 천정까지의 거리 l'를 진행하는 데 걸리는 시간을 측정하였더니 t'가 걸렸다고 한다. 광속을 c라 하면 걸린 시간은 $t' = l'/c$라고 표시된다. 이 현상을 로켓의 바깥에 정지하고 있는 지로가 본다면 어떻게 될까? 빛이 진행하는 동안에 로켓도 이동하므로, 그림과 같이 광선은 비스듬한 방향의 경로로 진행하게 된다. 결국, 그림에서 l의 경로를 빛이 진행하는 데에 시간 t가 걸린 것으로 측정된다. 상대성 원리에 의해 지로에게도 광속은 같은 c이므로 $t = l/c$로 표시된다. l과 l'은 다르므로 t와 t'도 다르다. 즉, 빛이 시계와 천정 사이를 왕복한다고 하는 똑같은 현상이 다로에게는 보다 짧게, 지로에게는 보다 길게 느껴진다는 것이다. 그 비율을 좀더 상세하게 조사해 보자. 그림에

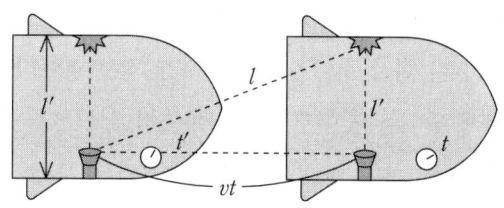

<hr />

1 ● 90년대 말까지 질량이 없다고 생각하였으나, 1999년 수퍼 가미오칸데의 실험이후 여러 실험을 통해 질량이 있다는 것을 확인하였다.

서 피타고라스의 정리를 사용하여 $l^2 = l'^2 + (vt)^2$, 이것으로부터 $c^2 t^2 = c^2 t'^2 + v^2 t^2$, 이것을 t'에 대해서 풀면

$$t'^2 = t^2 - \frac{v^2}{c^2} t^2 \quad \text{즉,} \quad t' = t\sqrt{1 - \frac{v^2}{c^2}}$$

이 된다. 이것은 로켓 안에서의 시간 진행이 더 느리다는 것을 나타내고 있다.

여기서 t'는 다로가 느끼는 경과 시간, t는 지로가 느끼는 경과 시간, v는 로켓의 속도, c는 빛의 속도이다. 만약 로켓이 광속의 99.9 %의 속도로 날았고 지로가 지구상에서 50년간 기다리고 있었다면, 위의 식에 대입하여 $t' = 2.2$년이 된다. 다로에게는 겨우 2.2년의 시간밖에 지나지 않은 것이다.

✪ 패러독스

그런데 이 우라시마 효과는 '쌍둥이 패러독스(paradox)'라고도 한다. 왜냐하면 상대성 원리에서는, 움직이고 있는 것은 상대적이기 때문이다. 즉, 다로의 입장에서 생각해 보면 자기는 멈추어 있고, 지로가 지구와 함께 속도 v로 반대 방향으로 멀어져 가는 것으로 보인다. 그래서 다로가 보기에 지로가 가지고 있는 시계가 느리게 가고, 우주여행 후에는 오히려 지로가 더 젊을 것이라고 생각하게 되는 것이다. 서로 상대방의 시계가 느리게 보이는 것이므로 패러독스라고 부르는 것이다. 이 문제는 어떻게 해결하는가? '상대성 원리'의 전제는 '등속 직선 운동'이었다. 우주여행의 경우에 다로는 지구로 되돌아오기 때문에 로켓을 감속하고 다시 가속시키지 않으면 안 된다. 따라서 다로는 일정한 속도라고 하는 전제를 벗어나게 되고 실제로 다로의 시계가 늦어지게 된다. 이

와 같이 가속도가 있는 경우나 중력이 있는 경우에는 일반 상대성 이론에서 취급한다.

실제로 매우 정확한 원자시계를 제트기에 싣고 지구를 일주시켰더니 여행을 마치고 돌아온 시계는 지상에서 정지하고 있었던 시계에 비해서 1억분의 4초만큼 늦어져 있었다는 실험 보고가 있다.

061

일반 상대성 이론을 이용하지 않고
쌍둥이 패러독스를 설명한다.

일반 상대성 이론 원리를 이용하지 않고 '쌍둥이 패러독스(우라시마 효과)'를 설명할 수 없을까? 다로는 줄곧 일정한 속도로 우주를 여행하다가 되돌아오는 지점에서 매우 짧은 시간 동안에 방향을 바꾸고, 또 돌아오는 것도 일정한 속도로 줄곧 되돌아온다고 하면 가속도를 문제 삼지 않고 논의할 수 있다고 생각했다. '가는 것과 오는 것'만 생각하면 일정한 속도이므로 '상대성 원리'가 성립하며, 지로가 보기에는 다로의 시간이 늦고, 다로가 보기에는 지로의 시간이 늦을 것이다. 그러면 왜 다로와 지로의 시간이 비대칭으로 된 것일까? 이 의문을 풀기 위해서는 '서로 시간을 비교한다.'는 것이 어떤 것인지를 먼저 생각할 필요가 있다.

✪ 시계를 맞추는 것의 의미

시간을 비교하기 위해서는 처음에 두 시계를 맞춰 놓아야 한다. 두 시계를 어떻게 맞추는가? 시계가 동시에 같은 장소에 존재하는 순간에는 그것들을 맞출 수가 있다. 그러나, 공간이나 운동이 시간에 영향을 미치지 않는다고 할 수 없으므로 맞춘 시계 중 하나가 다른 장소로 이동하였을 때에도 여전히 잘 맞는다고 할 수는 없다. 그렇다면 어떻게 공간적으로 떨어진 두 시계를 맞출 수 있는가?

한 쪽에서 다른 쪽으로 신호를 보낸다. 만약 두 시계가 상대적으로 정지하고 있어서 거리가 바뀌지 않고 신호의 전달 방법을 알고 있으면 맞출 수 있다. 전에 말한 바와 같이 빛은 누가 보아도 같은 속도이므로 이 신호에 사용할 수 있다. 예를 들면, 시계 A에서 B로 신호를 보낸다. A에서 시각 t_1에 빛을 보내고 B에 도착하면 곧바로 다시 보낸다. 그 빛이 A에 시각 t_2에 도착하면 B의 시각을 $\frac{t_1+t_2}{2}$로 맞출 수 있다. 이와 같이 자기에 대해서 정지하고 있는 일련의 시계를 모두 맞출 수 있다.

그러나 관찰자에 대해서 상대적으로 운동하고 있는 시계는 시간이 흘러가는 정도가 다르므로, 비록 두 시계가 같은 장소에 있는 순간에 맞출 수 있어도 위치가 달라지면 시간이 일치하지 않을 것이다.

역을 통과하는 전동차를 생각해 보자. 전동차와 역의 공통의 중앙으로부터 앞쪽과 뒤쪽으로 빛을 발사해서 그 빛이 도착하는 것을 기준으로 시계를 맞추자. 전동차 안의 사람이 보면 빛은 일정한 속도로 나가며 앞부분과 뒷부분에 동시에 도착한다. 따라서 이 방법으로 동시에 시계를 맞출 수 있다. 이와 같이 전동차의 시계(또는 전동차와 같은 속도로 함께 움직이는 일련의 시계)를 같은 시각에 맞출 수 있어서, 그것들의 시계는 전차에 타고 있는 사람이 보면 동시에 나아간다. 마찬가지로 역에 있는 사람은 역의 시계(또는 역과 함께 정지하고 있는 일련의 시계)를 모두 맞출 수 있다. 그러나 역에 서 있는 사람들끼리 동시에 맞추어 놓은 시계를 전동차 안의 사람이 보면 '동시(同時)'가 아니다. 이것을 설명해보자.

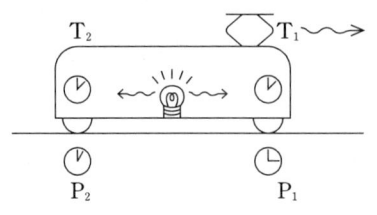

그림과 같이 전차와 역의 같은 위치에 각각 두 개의 시계 T_1, T_2, P_1, P_2를 준비하여 위치가 같은 순간 전동차의 중앙으로부터 양쪽으로 빛을 방출한다. 전동차 안에서는 T_1, T_2에 빛이 도착했을 때 두 시계를 맞출 수 있다. 이때 역에 있는 시계를 생각하면, 역에 있는 사람에게도 빛은 일정한 속도로 진행하므로, P_2는 아직 빛이 도착하기 전의 시각이고 P_1은 이미 빛이 지나버린 시각을 가리킨다. 따라서 '전동차와 함께 움직이는 사람들에게는 같은 시각이지만 역에 있는 사람이 맞춘 두 개의 시계를 들여다보면, 앞쪽에 있는 시계의 시각이 앞서 가고 있다.'는 것이다.

❂ 로렌츠 변환

역에 있는 사람은 자기에 대해서 정지하고 있는 시계를 전 세계의 곳곳에 준비하여 시각을 맞출 수 있다. 또 전동차 안의 사람도 똑같이 할 수 있다. 그러나 한쪽의 시각이 같을 때, 다른 쪽의 시계는 장소에 따라 다른 시각을 가리킨다. 그러면 그 각각의 시각은 완전히 별개의 시각인가? 그렇지 않다. 그것은 서로 어떤 관계를 갖는다. 그것이 로렌츠 변환이다(지금까지 언급하지 않았지만, 어떤 점을 나타내는 좌표도 각각의 입장과 시각이 다르다). 쌍둥이 패러독스를 계산해 보자. 지구의 어떤 지점의 시각과 장소를 나타낼 때, 역(지구)의 입장에서는 (t, x), 전동차 (이제는 로켓으로 하자)의 입장에서는 (t', x')로 나타낸다. 어느 입장에서도 세계의 각 지점에 자신에 대해서 정지하고 있는 좌표축으로 위치를 나타내고, 그 위치에 자신이 같은 시각으로 맞춘 시계를 준비할 수 있다. 이러한 것을 좌표계라고 부르기로 하자. 같은 장소의 좌표와 시각은 입장에 따라서 다르지만, 같은 지점에 놓인 시계가 가리키는 시각을 서로 비교할 수 있다.

지금 x계에 대하여 x'계가 속도 v로 x축 방향으로 운동하고 있다 하자. 시각 $t=t'=0$에서 두 계의 시간과 좌표의 원점은 일치시켜 둔다. 한 좌표계의 x 위치에서 시각 t를 가리키고 있는 시계가, 다른 좌표계의 x' 위치에서 시각 t'를 나타내고 있는 시계와 겹쳤다고 하자. 이것을 사건 $(t,\ x)$과 사건 $(t',\ x')$의 일치라고 한다. 지금 불꽃이 타오르는 하나의 사건이 있다고 하면, 그것은 '한 좌표계에서는 $(t,\ x)$에서 사건이 일어나고, 다른 좌표계에서 보면 $(t',\ x')$에서 사건이 일어난다고 할 것이다. 이때 두 계의 좌표와 시각 사이에 다음과 같은 변환이 성립한다. 여기서 c는 광속이다.

$$ct' = \frac{1}{\sqrt{1-\dfrac{v^2}{c^2}}}\, ct - \frac{\dfrac{v}{c}}{\sqrt{1-\dfrac{v^2}{c^2}}}\, x$$

$$x' = -\frac{\dfrac{v}{c}}{\sqrt{1-\dfrac{v^2}{c^2}}}\, ct + \frac{1}{\sqrt{1-\dfrac{v^2}{c^2}}}\, x$$

$$y' = y$$
$$z' = z$$

이것이 로렌츠(H. A. Lorentz)에 의해서 유도된 관계식이다. 이 변환을 사용하여서 쌍둥이 패러독스의 결과를 알아보자. 만약 반대로 로켓 x'로부터 지구 x의 변환을 구하고 싶을 때는 위의 식을 t와 x에 대해서 풀면 되는데, 그 결과는 v를 $-v$로 하여서 x와 x'를 바꾸어 넣은 것과 같게 된다.

$$ct = \frac{1}{\sqrt{1-\dfrac{v^2}{c^2}}}\, ct' + \frac{\dfrac{v}{c}}{\sqrt{1-\dfrac{v^2}{c^2}}}\, x'$$

$$x = \frac{\dfrac{v}{c}}{\sqrt{1-\dfrac{v^2}{c^2}}}\, ct' + \frac{1}{\sqrt{1-\dfrac{v^2}{c^2}}}\, x'$$

✪ 쌍둥이 패러독스를 계산해 본다

이제 실제의 예를 생각해 보자. 지금 로켓에서 관찰한 세계 x'계가 지구에서 관찰한 세계인 x계에 대해서 빛의 속도의 $\dfrac{\sqrt{3}}{2}$으로 움직이고 있다고 하자. x와 x'로 이 세계의 좌표와 시각을 각각 결정할 수 있다. 여행은 편도 2년간의 우주여행이다.

이 여행을 로렌츠 변환으로 뒤쫓아 가보자. 시간의 단위는 년(年)으로 한다.

❶ 출발

지구와 로켓의 좌표와 시간의 원점을 겹치게 한다. 즉 $t = t' = 0$, $x = x' = 0$.

❷ 출발해서 로켓의 시각으로 2년 후(우주정거장)

이때 로켓의 좌표를 로켓계로 나타내면 원점이므로, $t' = 2$, $x' = 0$이다. 이 시공점을 로렌츠 변환으로 x계의 좌표로 변환하면 $t = 4$, $x = 4v$

이다. 이 결과를 지구에
서 관찰하면, 로켓은 4년
동안 속도 v로 나아갔다

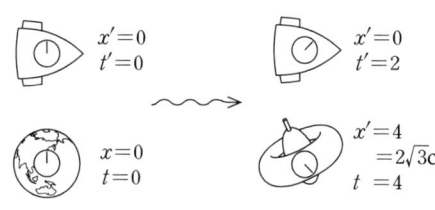

는 것을 나타낸다. 그러
나 로켓 안의 시계는 2년

밖에 지나지 않았다. 지구에서 보았을 때 로켓의 시계는 절반밖에 지나
지 않는다!

❸ 대칭성을 회복한다

그러나 로켓에서 관찰한다면 지구의 시계는 어떤가? 지구가 움직이
는 것처럼 보이므로, 이번에는 지구의 시계가 로켓의 절반밖에 지나지
않은 것이다. 이 패러독스는 다음과 같은 과정을 생각하면 해결할 수 있
다. 로켓에 있는 시계를 볼 때 x계의 관찰자는 지구에 있는 시계와 우주
정거장에 있는 시계 즉, 두 개의 서로 다른 시계를 사용하고 있다는 사
실이다. 그래서 다시 처음으로 되돌아와서, 로켓이 출발하는 순간 로켓
의 관찰차가 보았을 때 지구계의 두 시계가 어떻게 보이는가를 조사해
보자. 지구에 있는 시계는 $t=0$이지만, 우주정거장의 $x=4v$ 에 있는 시
계는 어떤가? 로렌츠 변환의 식에 $t'=0$과 $x=4v$를 대입해 보면

$$x' = 4v\sqrt{1-\frac{v^2}{c^2}} = 2v$$

이며, $t=3$ 즉, 3년이 된다. 전자
는 로렌츠 단축을 나타내며, 후
자는 로켓이 출발할 때 우주정거
장의 시계는 로켓의 계에서 보면
이미 3년을 가리키고 있었던 것

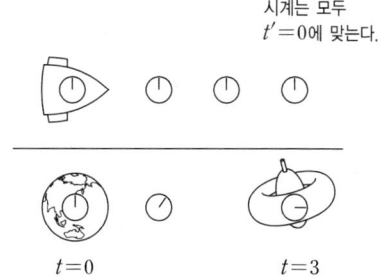

시계는 모두
$t'=0$에 맞는다.

$t=0$ $t=3$

이다. 정거장에 로켓이 도착했을 때 이 시계는 4년을 가리키고 있으므로, 만약 이 시계를 로켓의 계로부터 보고 있었다면 불과 1년밖에 경과하지 않은 것이다.

이와 같이 서로 상대의 시계를 보고 있으면 자기의 절반밖에 지나지 않는다. 이것이 패러독스가 성립하는 까닭이다. 지구에 둔 시계도 로켓의 계(즉, 로켓과 같은 속도로 움직여 로켓의 시계와 동시에 맞추어져 있으며, 그 순간 지구를 통과하는 시계)에서 보면 아직 1년밖에 지나지 않았다.

❹ 돌아오는 로켓을 준비한다

실제로 로켓은 서서히 속도를 줄이게 되고 곧 방향을 바꿀 것이다. 그러나 여기서는 x계에 대해서 v로 진행하고 있는 로켓계 x'계로부터 $-v$로 반대 방향으로 진행하는 로켓의 x''계에 직접 날아 옮긴다고 하자. 다로가 뛰어올라 탈 때 물론 시간은 계속 흘러야 하므로, 이 순간에 마주 지나가는 x''계의 시계는 이 시점에서 x'계의 시계 2년에 맞춘다. 여기서 지구가 속하는 x계와 이 x''계 사이의 변환식을 구해보면, 로렌츠 변환의 속도를 $-v$로 하여서

$$ct'' = \frac{1}{\sqrt{1-\dfrac{v^2}{c^2}}}\left(ct+\frac{v}{c}x\right)+k$$

$$x'' = \frac{1}{\sqrt{1-\dfrac{v^2}{c^2}}}\left(x+\frac{v}{c}ct\right)+h$$

가 된다. 여기서 갈아타는 지점 x계의 시각과 좌표는 $(4, 2\sqrt{3c})$이고, x''을 0, t''을 2년으로 하면 $k=-12c$, $h=-8\sqrt{3c}$ 가 된다. 돌아오는 것은 이 변환식을 사용해서 고찰하자.

❺ 돌아오는 로켓에 뛰어 탄다

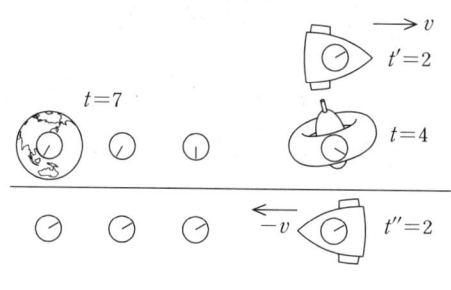

$t'=2$에 모두 맞추었다

갈아타는 순간에 전혀 다른 계가 된다. 이 계에서는 물론 지구계의 시계는 이 로켓의 앞쪽 시간이 빠르다. 갈 때와는 반대이다. 이 순간 즉, t''가 2년일 때, 지구 $x=0$의 시각인 t는 얼마일까? 변환식에 대입하면 $t=7$년이 나온다. 갈아타기 직전에 진행하는 로켓계가 본 지구 시계의 시각은 1년이었으므로, 갈아타면 지구의 시계는 단숨에 6년을 건너뛴다. 두 관성계 사이를 건너 옮김에 의한 비약(飛躍)이다. (뛰어 옮긴 사람이 보면, 지구의 시계가 한 순간, 무한대의 가속도를 가졌다!)

❻ 지구에 돌아와 도착한다

이후 로켓은 자신의 시계로 2년이 걸려서 총 4년 후에 지구에 도착한다. 가는 것과 마찬가지로 돌아오는 동안에도 지구에서는 그 절반인 1년이 지났을 뿐이지만, 최종적으로 두 시계를 비교하면 로켓은 4년, 지구에서는 8년이 경과하였다. 이렇게 하여 우라시마다로가 완성되었다.

가는 도중과 돌아오는 도중에는 서로 상대방의 시계가 느린 것을 볼 수 있다. 그러나 방향 전환의 순간 전혀 다른 관성계에 갈아타서 한 순간에 시간이 지나게 된다. 이것은 세계를 서로 다른 관성계에서 보았을 때, 그 동안에 불연속이 생긴다는 것이다. 실제로 돌아오는 로켓으로 뛰어 옮기는 한 순간에 '왜' 지구의 시간이 급속하게 진행되는가를 이해하려면, 물론 일반 상대성 이론의 세계로 들어가지 않으면 안 된다.

062i

운동하는 시계는 느리다.
그러면 수소 원자가 달리면 전자가
궤도를 일주하는 시간도 길어지는가?

✪ 공전 주기란 무엇인가?

원자가 움직이면 전자의 공전 주기도 길어지는가? '물론!'이라고 대답하고 싶지만, 좀 더 기다려 보는게 좋겠다. 공전 주기란 무엇인가?

원자의 정지계(靜止系)에서, 전자가 원자핵의 주위를 원운동하고 있다고 하자. 일정한 시간이 경과하면 전자는 궤도를 일주해서 처음의 위치로 되돌아온다(그림 1). 그 시간이 공전 주기이다.

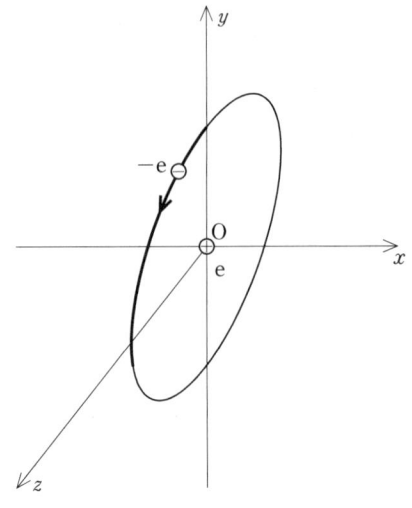

그림 1 • 원자의 정지계에서 본다

이번에는 일정한 속도 V로 움직이는 좌표계에서 그 원자를 보자. 원자는 $-V$의 속도로 달리고 있는 것으로 보인다. 이때 전자의 궤도는 닫혀

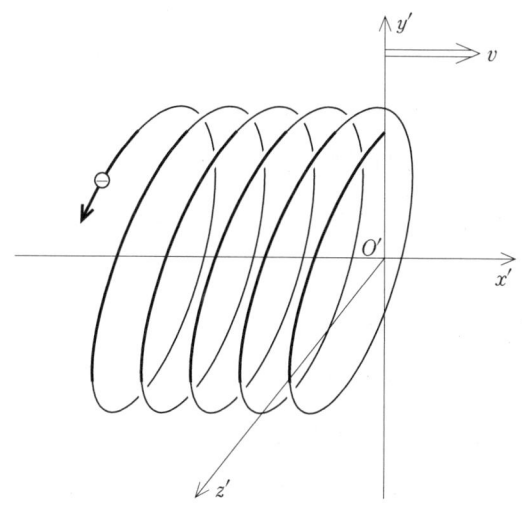

그림 2 • 속도 v로 움직이는 좌표계

있지 않다. 아무리 기다려도 전자는 처음의 위치로 되돌아오지 않는다!

원자의 정지계에서 전자의 궤도면이 V에 수직한 경우, 움직이는 좌표계에서 보면 전자의 궤도는 나선형이 된다(그림 2). 원자의 정지계에서 전자의 궤도면이 V에 평행한 경우에는, 움직이는 좌표계에서 보면 전자의 궤도는 사이클로이드(cycloid)나 그 비슷한 것이 된다. 어느 경우에나, 전자는 아무리 기다려도 처음의 위치에는 되돌아오지 않는다! 따라서 공전 주기는 존재하지 않게 된다.

그래도 공전 주기에 해당하는 것을 이끌어 낼 수 없는 것은 아니다. 지금, 벡터 V는 x축의 (+)방향으로 있다고 하자. 원자의 정지계 $O-xyz$에서 전자가 yz면에서 운동하고 있는 경우, 움직이는 좌표계 $O'-x'y'z'$에서 보아도 $y'z'$면에 그림자를 투영한 궤도는 원이어서 닫혀 있다(그림 2). 원자의 정지계 $O-xyz$에서 전자가 xy면에서 운동하고 있는 경우에도, 전자의 운동으로부터 x축 방향의 어떤 등속도 운동을 빼고 생각하면 운동의 궤도는 역시 원이 된다. 어느 경우에나 전자는 어떤 시간 후에 처음의 '위치'에 되돌아오므로, 그 시간을 '공전 주기'라고 불러도 된다. 지금부터는 그렇게 부르기로 하자.

✿ 달리는 시계는 느리다

그렇다면 그 공전 주기는 원자가 운동하면 길어질까? 물론 길어진다! 하나의 좌표계 K에서 일어나고 있는 것은, K에 대해서 움직이고 있는 다른 좌표계 K′에서 보면 모두 느리게 보인다. 그럼에도 불구하고 정확하게 운동 방정식을 만족시키고 있다.

여기서, K′계에서는 '공전 주기' 만큼의 시간이 지나도 전자는 처음의 위치에 되돌아오지 않는 것을 잊어서는 안 된다. 원자의 정지계 K: $O-xyz$에서 전자가 yz면에서 운동하고 있는 경우에, 원자가 운동하고 있는 계 $O'-x'y'z'$에서는 전자가 시각 t_0'에 점$(0,\ y_0',\ z_0')$을 출발하여 최초의 위치 $y'=y_0'$, $z'=z_0'$에 되돌아오는 시각을 t_1'이라고 하면 $T'=t_1'-t_0'$을 '공전 주기'라 부르기로 약속하였다. 시각 t_1'에 전자의 x'좌표는 처음의 위치 $x_0'=0$에 되돌아오지 않는다. $x_1'=-V(t_1'-t_0')$에 와 있는 것이다. 즉, 여기서 말하는 '공전 주기'는 전자가 다른 위치에 있을 때의 시각 t_1'과 t_0'의 차이이다.

시계가 다른 위치에 있을 때 시각이 차이가 난다는 것은 '운동하는 μ입자(이것이 시계!)의 수명은 길어진다.'고 하는 경우에도 마찬가지이다. 분명히 하기 위해 다시 한 번 말하면, 이 경우에 시계의 '바늘'은 존재하고 있는 μ입자의 비율이다.

따라서 원자의 정지계에서 본 전자의 공전 주기 T와, 원자가 운동하고 있는 계에서 본 전자의 공전 주기 T' 사이에 대칭적인 관계는 없다. $T < T'$이다.

그럼에도 불구하고 시간은 상대적이다. 운동하는 원자의 경우를 다시 한 번 생각해 보자. 전자가 다른 위치 x_0', x_1'에 있을 때의 시각을 비교한 것은, 원자의 출발점 x_0'의 시계가 표시하는 시각 t_0'과 원자가 도착한 점 x_1'의 시계가 나타내는 시각 t_1'을 비교한 것이다. $O'-x'y'z'$계의 모든 장소에 시계가 놓여 있으므로 모든 장소에서 일제히 시각을 표시하고 있다. 이 좌표계에서는 언제든지 원자가 도착한 위치 x'의 시계를 보고 원자의 시각 t'로 한다(엄밀하게 말하면, 원자의 사건(event)—또는 세계점—을 (x', y', z', t')로 한다). 이 t'에서 본 공전 주기는 원자 자신의 시계(고유시간)로 본 것보다 길다.

이것과 대칭적인 시간의 비교 방법을 생각한다면 $O-xyz$에도, $O'-x'y'z'$에도 모든 곳에 시계를 설치한다. 지금의 문제에만 이렇게 하는 것이 아니라 상대성 이론에서는 언제나 이와 같은 방법을 이용한다. 그렇게 놓고서, $O'-x'y'z'$에 설치한 시계를 하나 골라서 고정한다. 그 위치를 $P(x', y', z')$라고 하자. 그것이 나타내는 시각 t_3'에 같은 점 P에 위치한 $O-xyz$의 시각을 t_3이라 하고, 그 뒤에 시각 t_4'일 때 P에 위치한 $O-xyz$의 시각을 t_4라고 하면, 이번에는 $t_4 - t_3$이 $t_4' - t_3'$보다 길다. 실제로 로렌츠 변환의 식은

$$t_3 = \gamma\left(t'_3 + \frac{Vx'}{c^2}\right), \quad t_4 = \gamma\left(t'_4 + \frac{Vx'}{c^2}\right), \quad \left(\gamma = 1/\sqrt{1 - \frac{V^2}{c^2}}\right)$$

이므로

$$t_4 - t_3 = \gamma(t'_4 - t'_3) = \frac{t'_4 - t'_3}{\sqrt{1 - \frac{V^2}{c^2}}}$$

이 된다. 따라서 $V \neq 0$이면 $t_4 - t_3 > t_4' - t_3'$이 된다.

☼ 느린 시계도 운동 방정식을 만족하고 있다

원자가 운동하고 있는 계에서 전자의 운동은 느리게 보이지만, 그래도 정확하게 운동 방정식을 만족시키고 있다. 계산을 해서 이것을 확인해 두자.

이를 위해 원자의 정지계에서 관찰한 전자의 운동으로부터 시작하는 것이 좋다.

☼ 원자의 정지계

원자의 정지계 $\mathrm{K} : \mathrm{O} - xyz$에서, 원자핵은 원점 O에 있으며 전자는 O를 중심으로 yz면에서 등속 원운동하고 있다고 하자. 전자의 운동은

$$x = 0, \ y = a \cos \omega t, \ z = a \sin \omega t \tag{1}$$

라고 표시된다(그림 1). a는 원궤도의 반지름, ω는 각속도이다. 공전 주기는

$$T = \frac{2\pi}{w}$$

가 된다.

상대론적인 역학에 있어서 질점의 운동 방정식은

$$\frac{d}{dt} \frac{m_0 \boldsymbol{v}}{\sqrt{1 - (v/c)^2}} = \mathbf{F} \tag{2}$$

이다. 여기서 질점의 정지 질량 을 m_0, 속도를 $\boldsymbol{v}$로 하였다. $1/\sqrt{1 - (v/c)^2}$ 은 질점이 운동하고 있으면 질량이 증가하는 것을 나타내고 있다.

전자(전하−e)에 작용하는 힘은, 원자핵(전하e)로부터의 전기력 −$e(E_y,\ E_z)$이고 항상 원자핵을 향한다. 전기장의 크기는, 반지름 a의 원궤도 위에서

$$E = \frac{1}{4\pi\varepsilon_0}\ \frac{e}{a^2} \tag{3}$$

이므로

$$E_y = E\cos\omega t,\ E_z = E\sin\omega t \tag{4}$$

가 된다. 힘의 x성분은 0이다. 지금 전자의 좌표는 항상 $x=0$로 하고 있으므로, 벡터 방정식 (3)의 y성분과 z성분을 생각하면 된다.

이렇게 하여 운동 방정식 (3)은

$$\frac{d}{dt}\frac{m_0 v_y}{\sqrt{1-(a\omega/c)^2}} = -eE\cos\omega t$$

$$\frac{d}{dt}\frac{m_0 v_z}{\sqrt{1-(a\omega/c)^2}} = -eE\sin\omega t \tag{5}$$

가 된다. 등속 원운동을 나타내는 식 (1)은, 전자의 속력

$$v = \sqrt{\left(\frac{dy}{dt}\right)^2 + \left(\frac{dz}{dt}\right)^2} = a\omega$$

가 일정하다는 것에 주의하면, 궤도 반지름 a와 각속도 ω가

$$\frac{m_0}{\sqrt{1-(a\omega/c)^2}}\,a\omega^2 = eE = \frac{1}{4\pi\varepsilon_0}\frac{e^2}{a^2} \tag{6}$$

을 만족할 때, 운동 방정식 (5)를 만족한다는 것을 안다.

❂ 움직이는 좌표계

좌표계 K:O−xyz에 대해서, x축 방향으로 속도 V로 움직이는 좌표

계를 $K' : O' - x'\,y'\,z'$ 라고 하자.

K계에서 전자의 좌표$(x,\ y,\ t)$를 K' 계로 로렌츠 변환을 하자. 지금 $x = 0$이므로

$$x'=\gamma(-Vt),\ y'=y,\ z'=z,\ t'=\gamma t$$

$$\left(\gamma := \frac{1}{\sqrt{1-(V/c)^2}}\right) \tag{7}$$

이 된다. 따라서 전자의 운동 (1)은 K'계에서는 다음과 같다 :

$$x'=-Vt',\ y'= a \cos \frac{\omega t'}{\gamma},\ z'= a \sin \frac{\omega t'}{\gamma} \tag{8}$$

단, $\cos \omega t$등의 t에 (7)로부터 얻어지는 $t=t'/\gamma$ 를 대입하였다. $x'=-Vt'$으로부터, 이 좌표계에서 관찰하면, 원자는 x'축의 $(-)$의 방향으로 속도 V로 달리고 있는 것을 알 수 있다(그림 2).

(8)은 $y'z'$평면에 그림자를 투영하면 등속 원운동이다. 그 '공전 주기' 는

$$T'= \frac{2\pi}{\omega/\gamma} = \frac{2\pi}{\omega} \times \frac{1}{\sqrt{1-\left(\dfrac{V}{c}\right)^2}} \tag{9}$$

으로 된다. K계에서 본 공전 주기 (2)의 $1/\sqrt{1-\left(\dfrac{V}{c}\right)^2}$ 배로 길어지고 있다! 여기까지가 로렌츠 변환—(7)의 $t'= \gamma t$—의 결과이다.

✪ 움직이는 좌표계의 운동 방정식

느리게 된 운동 (8)이 K'계에서 운동 방정식을 만족하는 것을 확인하자. 그렇게 함으로써 K'계에서 전자의 운동이 느린 것은 운동 방정식에

의한 것이라고 말할 수 있게 된다.

K′계에서의 운동 방정식이라고 하여 특별한 것은 아니다. 식 (3)과 마찬가지의 모양이다 :

$$\frac{d}{dt'}\frac{m_0 \boldsymbol{v'}}{\sqrt{1-(v'/c)^2}} = \mathbf{F'} \tag{10}$$

다만, 모든 값이 붙은 — 즉, K′계의— 값으로 바뀌고 있다.

이들의 값을 조사하여 보자. 운동 (8)의 경우, 전자의 속도 $\boldsymbol{v'}$은

$$v'_x = \frac{dx'}{dt'} = -V,$$

$$v'_y = \frac{dy'}{dt'} = -\frac{a\omega}{\gamma}\sin\frac{\omega t'}{\gamma}, \quad v'_z = \frac{dz'}{dt'} = \frac{a\omega}{\gamma}\cos\frac{\omega t'}{\gamma} \tag{11}$$

이 되므로, 속도는

$$v' = \sqrt{v'^2_x + v'^2_y + v'^2_z} = \sqrt{V^2 + \left(\frac{a\omega}{\gamma}\right)^2}$$

이다. 따라서 식 (10)에 있어서

$$\sqrt{1-\left(\frac{v'}{c}\right)^2} = \sqrt{1-\left(\frac{V}{c}\right)^2}\sqrt{1-\left(\frac{a\omega}{c}\right)^2}$$

은 시간에 무관한 값이다.

전자에 작용하는 힘 $\mathbf{F'}$을 생각하려면, 우선 K′계에서 전자의 위치에 있는 전자기장을 구한다. 그것은 K계에서는 전기장$(0,\ E_y,\ E_z)$뿐이었으므로, 로렌츠 변환해서

$$E'_x = \gamma E_x = 0,\ E'_y = \gamma E_y,\ E'_z = \gamma E_z$$
$$B'_x = 0,\ B'_y = \gamma\frac{V^2}{c^2}E_z,\ B'_z = -\gamma\frac{V^2}{c^2}E_y$$

이 된다. 이 전자기장이 전자에 미치는 힘

$$\mathbf{F}' = -e\,(\boldsymbol{E}' + \boldsymbol{v}' \times \boldsymbol{B}'\,) \text{은}$$

$$-e\boldsymbol{E}' = -e\,(0,\ \gamma E_y,\ \gamma E_z\,)$$

$$-e\boldsymbol{v}' \times \boldsymbol{B}' = -e\gamma\left(0, -\frac{V^2}{c^2}E_y,\ -\frac{V^2}{c^2}E_z\right)$$

의 합이다.

$$\mathbf{F}' = -e\gamma\left(1 - \frac{V^2}{c^2}\right)(0,\ E_y,\ E_z\,) = -\frac{e}{\gamma}\,(0,\ E_y,\ E_z\,) \tag{12}$$

따라서 (10)은

$$\gamma^2 \frac{m_0}{\sqrt{1-(a\omega/c)^2}}\frac{dv'}{dt'} = -e(0,\ E_y,\ E_z\,)$$

이 되었다. 이 식의 x'성분을 (8)의 x'성분이 만족하는 것은 명백하다. (8) 의 y', z'성분에 대해서는, $-e(0,\ E_y,\ E_z\,)$가 항상 원자핵을 향하는 힘이었으므로

$$\gamma^2 \frac{m_0}{\sqrt{1-(a\omega/c)^2}}\frac{dv'_y}{dt'} = -eE \cos\frac{\omega t'}{\gamma'}$$

$$\gamma^2 \frac{m_0}{\sqrt{1-(a\omega/c)^2}}\frac{dv'}{dt'_z} = -eE \sin\frac{\omega t'}{\gamma'} \tag{13}$$

이 된다. 이것을 (8)이 만족하는 것은 쉽게 확인된다. 물론, a와 ω가 (6)을 만족할 때이다.

063:

물체는 뜨거울 때가
차가울 때보다 무겁다. 왜?

에너지 E와 질량 m 사이에 $E=mc^2$ 이라는 관계가 있다는 것이 아인슈타인의 특수 상대성 이론의 결론으로 유도되었다. 여기서 c는 진공 중에서 빛의 속도 3×10^8 m/s이다. 이것의 의미는 무엇인가? 흔히 '원자 폭탄의 원리이다.' 라고 쓴 책도 있지만 이 식은 넓은 의미에서 에너지와 질량의 등가성을 나타낸 것이며 원자 폭탄에만 한정된 것은 아니다. 세상의 어떠한 물체라도 가지고 있는 에너지가 K만큼 증가하면, 그것의 질량은 K/c^2 만큼 증가한다는 것을 의미한다. 따라서 운동하고 있는 공, 온도가 높은 공, 압축한 용수철 등은 모두 원래의 상태보다 질량이 더 크다. 그런데 우리들은 왜 평소에 그것을 느끼지 못할까? 그 이유는 분모의 c가 매우 큰 값이어서 일상생활에서 나타나는 현상에서 K/c^2 은 너무 작은 값이기 때문이다. 우리가 느낄 수 있을 정도의 질량 변화는 단위질량당 에너지 변화가 매우 큰 경우에 나타나는데 원자핵 반응 등에서 관측된다. 이런 이유로 '원자 폭탄의 공식' 이라고 하는 것이다.

원자 폭탄의 원리를 설명할 때 '질량을 잃고 에너지로 전환된다.' 와 같이 말하지만 이것도 잘못이다. 질량과 에너지는 등가(等價)인 것이지 어느 하나가 다른 하나로 바뀐 것이 아니다. 질량이 줄어서 에너지가 된 것이 아니고 에너지가 증가하면 질량도 증가하는 것이다. 에너지를 잃으면 질량도 잃는 것이다. 그래서 '에너지와 질량의 합이 보존된다.' 보존된다는 것은 밖에서 들어왔다가 나갔다가 하지 않으면 일정하게 유지된다는 것이다.는 것이 아니고, '에너지가 보존된다.' 는 것과 '질량이 보존된다.' 는 것은 양쪽 모두 성립하는 것이다. 이 문제는 다음 제64주제에서도 조금 더 자세히 설명한다.

✪ 그 질량은 어떤 질량인가?

그러나 또 하나 의문이 남을 것이다. 여기서 질량은 어떤 질량을 말하는가? 질량에는 중력의 원인인 중력 질량과 외력에 대한 저항(가속되기 어려움)을 나타내는 관성 질량이 있다. 예를 들면, 중력이 없는 우주공간이라도 관성 질량은 측정할 수 있다.

에너지가 증가하면 가속하기 어려운 정도, 즉 관성 질량이 증가한다는 것이 상대성 이론의 귀결이다. 그렇다면 중력 질량, 즉 저울로 측정하는 무게가 증가하게 되는가? 이렇게 말할 수 있을 것이다. 만약 관성 질량의 증가와 중력 질량의 증가가 정확히 같지 않다면 물체 에너지의 크고 작음으로 인해서 지구상에서 물체가 떨어지는 속도가 달라질 것이다. 왜냐하면 운동 방정식으로부터

$$가속도 = \frac{중력}{관성\ 질량}$$

이지만 중력은 중력 질량에 비례하므로 가속도는

에 비례하는 것이 되며 만약에 그렇지 않다면 낙하할 때의 가속도가 다를 것이다. 현재까지는 이런 현상이 관측되지 않았으므로 에너지가 증가하면 중력 질량, 즉 무게도 증가한다고 말할 수 있다. 사실 이 두 질량을 하나로 통일할 수 있다는 것을, 후에 아인슈타인이 일반 상대성 이론에서 설명하였다. 따라서 에너지가 증가하면 질량이 증가하는 것이다.

관성 질량과 중력 질량의 비가 어떤 물질에 대해서도 일정하다는 것을 확인하는 정교한 실험이 1889년에 외트뵈시(Roland von Eötvös)에 의해서 이루어졌다. 그 개요는 다음과 같다.

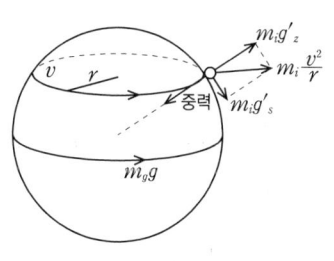

그림 1

지구와 함께 움직이는 좌표계에서는 지구의 자전에 의한 원심력이 작용한다고 볼 수 있다. 원심력은 $m\dfrac{v^2}{r}$ 이라고 쓸 수 있는데 이때의 질량 m은 관성 질량이다. 이것과 중력을 비교해 보는 것이다. 원심력은 그림 1과 같이 수평 성분과 수직 성분이 있다는 것을 이용한다.

그림 2와 같이 두 개의 추 A와 B를 40 cm의 막대기에 매단다. 균형 상태에서는

$$l_A(m_{gA}g - m_{iA}g'_z) = l_B(m_{gB}g - m_{iB}g'_z) \tag{1}$$

여기서 m_i는 관성 질량, m_g는 중력 질량, 또 $m_g g$는 중력의 크기, g'_z

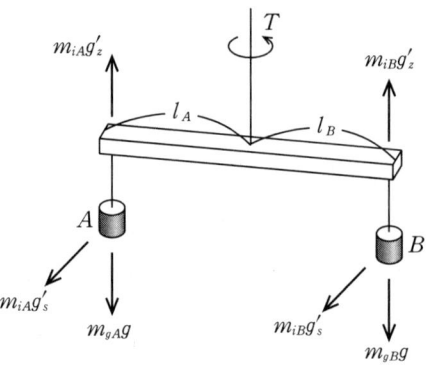

그림 2

과 g'_s은 각각 원심력에 의한 가속도의 연직 수평 성분을 나타낸다.

그런데 원심력의 수평 성분에 의해서 이 계를 회전시키려고 하는 토크(돌림힘)

$$\Gamma = l_A m_{iA} g'_s - l_B m_{iB} g'_s \qquad (2)$$

가 작용할 것이다. (1)로부터

$$l_B = \frac{l_A (m_{gA} g - m_{iA} g'_z)}{(m_{gB} g - m_{iB} g'_z)}$$

이것을 (2)에 대입하여서

$$\Gamma = l_A m_{iA} g'_s \left[1 - \frac{\dfrac{m_{gA}}{m_{iA}} g - g'_z}{\dfrac{m_{gB}}{m_{iB}} g - g'_z} \right]$$

을 얻을 수 있다. 여기서 g'_z이 g보다 훨씬 작아진다고 하면

$$\Gamma = l_A m_{iA} g'_s \left[1 - \frac{m_{gA} \cdot m_{iB}}{m_{gB} \cdot m_{iA}} \right]$$

이므로

$$\Gamma = l_A g'_s m_{gA} \left[\frac{m_{iA}}{m_{gA}} - \frac{m_{iB}}{m_{gB}} \right]$$

이 된다.

만약 중력 질량과 관성 질량의 비가 A와 B로 서로 다르면 Γ가 생길 것이다. 따라서 비틀림이 생기게 된다. 실제 이것은 관찰되지 않고 있으며, 외트뵈시(Eötvös)는 이 비율에 차이가 있다 하더라도 그것은 10^{-9} 이하라고 결론을 내렸다.

그 후, 이 오차는 딕(R. H. Dicke) 등의 실험에서 10^{-11} 까지 줄어들었다.

에너지와 질량이 같다는 것의 증명

$E=mc^2$ 은 상대성 이론의 결론이지만 이 관계를 간단히 증명할 수는 없을까? 가능하다. 대부분의 책에서는 아인슈타인이 1906년에 제출한 가상 실험을 근거로 설명을 하고 있으므로 우선 그것부터 알아보자(여기서는 보른(Max Born)의 책에 의함). 그림 1과 같이 길이 l 인 열차의 양쪽에 각각 질량 M 의 물체가 있다고 하자. A에서 B를 향해 복사 형태의 에너지 E 를 빛(즉, 광자)으로 방출한다. 전자기 이론에 의하면 에너지 E 인 빛은 운동량 $p=E/c$ 를 갖는다. 따라서 운동량 보존에 의해 A는

빛을 방출하는 것에 대한 반작용으로 물체 전체가 반대 방향으로 움직인다. 빛이 B에 도착하여 흡수되면 움직임은 멈춘다. 따라서 이 동안에 열차는 오른쪽으로 이동한다. 그러나 이 열차에 외부로부터의 힘은 작용하지 않았으

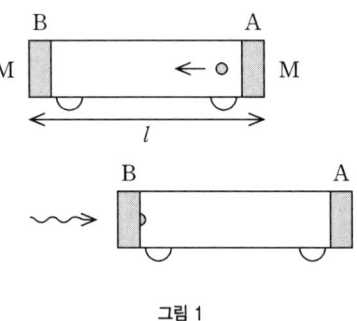

그림 1

므로 전체의 질량 중심은 이동하지 않을 것이다. 그렇다면 열차의 이동은 빛에 의해서 질량이 운반되었기 때문이라고 생각할 수밖에 없다. 이 질량을 m이라 하고 운동량 보존과 질량 중심의 위치는 불변이라는 것을 사용하면, $m=E/c^2$ 을 얻을 수 있다. 앞쪽에서 뒤쪽으로 공을 던지는 것과 마찬가지이고, 공 대신에 광자의 운동량과 에너지의 관계가 $p=E/c$이라는 것으로부터 $E=mc^2$ 이 유도되는 것이다.

이밖에도 이것과 비슷한 '물체가 광자를 방출하거나 흡수하는 가상 실험'에 의한 증명이 수없이 많이 이루어지고 있다. 이 증명에는 앞에서 예를 든 광자의 에너지와 운동량의 관계가 중요한 역할을 한다.

⊙ **주의** 전자와 같이 질량이 정해진 물체는 밖으로부터 작용을 받지 않는 한 광자를 방출하거나 흡수할 수 없다. 고전적 전자기에서는 대전 입자가 전자파를 내는 것은 대전 입자가 가속될 때이며, 일정한 운동(등속 직선 운동)을 하고 있는 입자는 전자파를 내지 않는다는 사실과 잘 일치한다. 그러나 광자를 흡수한 원자와 같이 여기상태에 올라감으로써 질량이 증가한 경우에는 광자를 방출할 수 있다.

✪ 일반적으로는 어떻게 증명할 수 있는가?

많은 증명은 위와 같이 빛의 성질을 이용하고 있다. 여기서는 보통의 물질에 대해서 질량과 에너지의 등가성을 나타내 보자. 기본적 전제는 운동량과 에너지의 보존이다.

똑같은 두 입자가 반대 방향에서 같은 속도로 날아와 정면충돌하여 서로 결합하고 멈추는 경우를 생각해 보자. 운동 에너지를 잃는 대신에 결합해서 한 덩어리가 된 물체는 열에너지를 가지고 뜨거워진다. 이때 운동 에너지는 내부 에너지로 바뀌지만 그 양만큼 질량이 커지는 것을 살펴보자.

두 입자는 정지한 상태에서 질량이 m_0이고 속도 v와 $-v$로 정면충돌했다고 하자. 상대론에서 운동량은 $p=m_0v$가 아니고,

$$p=\frac{m_0v}{\sqrt{1-\dfrac{v^2}{c^2}}} \qquad (1)$$

이며, 에너지는

$$E=\frac{m_0c^2}{\sqrt{1-\dfrac{v^2}{c^2}}} \qquad (2)$$

로 표시된다.

식 (2)를 v^2/c^2 에 대해서 전개하면,

$$E=m_0c^2+\frac{1}{2}m_0v^2+\cdots$$

이 되며 정지 질량의 에너지, 고전적인 운동 에너지, v^2/c^2 의 고차항으로 되어 있다. 이때 물체의 질량이란 무엇을 가리키는 것일까? 우선 운동량을 그 물체의 속도로 나눈 것을 질량이라고 생각하자. 그러면 (1) 식으로부터 운동하고 있는 물체의 질량은

$$\frac{m_0}{\sqrt{1-\dfrac{v^2}{c^2}}} \qquad (3)$$

이 된다. 이것을 보면 질량은 속력이 빠를수록 커지며 광속에 가까워지면 무한대에 가까워진다. 속력이 빨라지면 질량이 증가하고 점점 가속하는 것이 어려워지게 되며 결코 빛의 속도를 넘을 수 없게 된다.

덧붙여 말하자면 질량은 위에서 설명한 것처럼 될 뿐만 아니라, '가해진 힘에 대해서 얼마만큼의 가속도가 생기는가?' 라는(힘에 저항하여 지

금의 상태를 지키려고 하는 관성) 입장에서 보면 이방성(異方性)을 가지고 있다.

식 (2)에 의하면 물체가 정지하고 있을 때도 정지 에너지 m_0c^2이 있다. 따라서 운동하고 있을 때, 좁은 의미에서의 운동 에너지는

$$k \cdot E = E - m_0c^2$$

이라고 생각할 수 있을 것이다.

한편 그림 2의 충돌 전의 운동량의 합과 에너지의 합은

$$p_1 + p_2 = 0 , \quad E_1 + E_2 = \frac{2m_0c^2}{\sqrt{1 - \dfrac{v^2}{c^2}}}$$

이 된다. 보존 법칙으로부터 이 값은 충돌 후에도 바뀌지 않는다. 그런데 그림 2에서 결합한 물체는 정지하고 있으므로 그때의 정지 질량 M에 의해서 Mc^2 이라고 표시될 것이다. 이것으로부터

$$Mc^2 = E_1 + E_2 = \frac{2m_0c^2}{\sqrt{1 - \dfrac{v^2}{c^2}}}$$

따라서

$$M = \frac{2m_0}{\sqrt{1 - \dfrac{v^2}{c^2}}}$$

이렇게 생각하면 명백히 정지 질량은 증가한다. 여기서 다시 좁은 의미의 운동 에너지를 사용하면

$$E_1 + E_2 = 2k \cdot E + 2m_0 c^2$$

이것을 c^2으로 나눈 것이 M이므로, 두 물체가 정지하고 있을 때 질량의 합 $2m_0$에 비해서 충돌 후의 물체의 질량 M은

$$\frac{2k \cdot E}{c^2}$$

만큼 증가하였다. 즉, 두 물체가 충돌해서 한 덩어리가 되었을 때, 운동에너지는 열 등의 내부 에너지로 바뀌고 물체의 질량은 그 에너지 몫만큼 증가한다는 것을 의미한다.

다시 한 번 강조하자면, 이것은 운동하고 있지 않을 때에 비해서 증가하는 것이어서 두 물체가 운동을 시작했을 때 이미 각각의 질량은 $k \cdot E/c^2$만큼 증가하였다고 할 수 있으므로, 충돌 전후에 항상 전체의 질량을 측정하면 질량은 증가하거나 감소하지 않고 보존되어 있는 것이다.

지금 한 덩어리가 된 물체의 질량을 M이라고 하였는데 그것이 앞에서 말했던 바로 그 질량이라는 것을 확인하자. 이것은 지금의 현상을 속도 $-u$로 움직이고 있는 계에서 바라보았다는 것이다. 이 경우에는 충돌 후에 물체가 속도 u로 움직이는 것과 같이 보일 것이다. 이 계에서 본 운동량과 에너지를 구하려면 운동량의 x, y, z 성분과 에너지의 값이 좌표와 시간의 값과 같은 로렌츠 변환에 따른다는 것을 사용하면 된다(로렌츠 변환에 대해서는 쌍둥이 패러독스 참조). 즉,

$$P' = \frac{p + \dfrac{uE}{c^2}}{\sqrt{1 - \dfrac{u^2}{c^2}}} \qquad E' = \frac{E + up}{\sqrt{1 - \dfrac{u^2}{c^2}}}$$

로 변환된다. 따라서 충돌 후에 물체의 운동량은

$$P' = p'_1 + p'_2 = \frac{u\dfrac{E_1}{c^2} + u\dfrac{E_2}{c^2}}{\sqrt{1 - \dfrac{u^2}{c^2}}} = \frac{\dfrac{E_1 + E_2}{c^2}}{\sqrt{1 - \dfrac{u^2}{c^2}}}\,u$$

이 운동량을 u로 나눈 것을 이 계에서 본 질량이라고 하면, 그것은 정지 질량 M인 물체가 속도 u로 움직이고 있을 때의 질량을 나타낸다. 이상의 설명으로 M이 확실히 여기서 말한 의미의 질량이라는 것이 확인되었다.

✪ 일반적인 물체의 질량

지금은 비탄성 충돌이라는 특별한 예를 들었지만, 일반적으로 물체는 다수의 입자로 구성되어 있다. 이때 위와 같은 방법으로(운동량의 총합이 0이 되는 즉, 중심계를 취해서 고찰하는 것이지만) 물체 전체를 하나로 간주했을 때의 질량은 그 계 전체 에너지의 총합, 즉 정지 질량×c^2과 각 입자의 운동 에너지와 퍼텐셜 에너지의 총합을 c^2으로 나눈 것이 되는 것이다.

예를 들면, 기체는 온도가 올라가면 그것을 구성하는 각 분자의 운동이 활발해진다. 그만큼 질량도 증가하는 것이다. 이것이 $E = mc^2$의 내용이다. 역으로 말하면 어떠한 에너지도 그것을 c^2으로 나눈 질량을 갖는다고 말할 수 있으며, 운동량도 존재하게 된다.

⊙ **주의** 뉴턴의 운동 법칙에 의하면, 운동량 변화는 가해진 힘의 시간에 대한 적분과 같다. 또는 질량과 가속도의 곱이 힘과 같다. 이것은 여기서도 성립한다. 운동 방향으로 힘이 가해져서 운동이 변화할 때와 운동 방향으로 수직하게 힘이 가해져서 변화할 때의 차이를 보자. 운동량이 (1)이라면, 운동 방향으로 속도가 불과 Δv_p

변화했을 때의 운동량 변화와, 운동 방향에 직각으로 Δv_s 변화했을 때의 운동량 변화는 각각

$$\frac{m_0 \Delta v_p}{\left(\sqrt{1-\dfrac{v^2}{c^2}}\right)^3} \quad \text{와} \quad \frac{m_0 \Delta v_s}{\sqrt{1-\dfrac{v^2}{c^2}}}$$

가 되어 서로 다르다. 각각의 방향으로 작용한 힘을 F_p, F_s 라 하고 힘이 가해진 시간을 Δt 라고 하면, 운동량 변화를 시간으로 나누어 각각의 가속도를

$$a_p = \frac{\Delta v_p}{\Delta t}, \quad a_s = \frac{\Delta v_s}{\Delta t}$$

라 하면

$$F_p = \frac{m_0 a_p}{\left(\sqrt{1-\dfrac{v^2}{c^2}}\right)^3} \qquad F_s = \frac{m_0 a_s}{\sqrt{1-\dfrac{v^2}{c^2}}}$$

이 얻어진다. 이것을 고전 역학과 비교해 보면 질량이

$$m_p = \frac{m_0}{\left(\sqrt{1-\dfrac{v^2}{c^2}}\right)^3} \qquad m_s = \frac{m_0}{\sqrt{1-\dfrac{v^2}{c^2}}}$$

이 되었다고 생각할 수도 있다. 이것을 각각 세로 질량과 가로 질량이라고 부른다. 세로와 가로의 질량이 다르다는 것은 오래된 질량 개념으로는 상상도 할 수 없다. 정지 질량 m_0는 물체 고유의 양이라고 말할 수 있지만 일반적인 질량 개념은 고전 물리학과 상대론에서는 크게 달라졌다고 할 수 있다.

⊙ **주의** 또한 이 책의 제2권에서 다루는 '질량이란 무엇인가, 그 기원은?', '궁극의 이론은 존재하는가?'의 주제에서는 정지계에서의 질량 즉, 정지계에서의 에너지를 c^2으로 나눈 것에 대해서 논하고 있다. 참고로 읽어주기 바란다.

칼럼 10 ** 일본인들에게
물리는 할 만한 것인가

나가오카 한타로의 고민──

일본 물리학의 개척자라고 할 수 있는 나가오카 한타로(長岡半太郎, 1865~1950)는 학생 시절 크게 고민하였다.

당시 일본의 과학자는 외국인의 성과를 배워서 일본인에게 그것을 전하는 것 이상의 업적은 없었는데 나가오카는 그 정도에 머물 생각이 없었다. 그러나 동양인의 연구 성과를 들어본 일이 없어서 동양인은 과학 연구 능력이 부족하고 연구해도 성과를 인정받지 못하는 것이 아닌가 의심하였다. 연구자로서 새로운 것을 찾아내고 싶어하던 나가오카에게 이것은 큰 문제였다. 그래서 물리를 전공할까 다른 분야로 전공할까를 놓고 고민한 것이다. 덧붙여서, 다른 분야라고 하여도 이공계의 다른 학과가 아니고 동양사였다. 이공계를 전공하려면 물리, 그렇지 않으면 인문 분야인 것이다.

나가오카는 물리학과에 진학하기 전에 대학을 1년간 휴학하고 있었다(18~19세). 어떤 강연에서의 메모에 '헤매었기 때문에 휴학했다.'고 써 있지만, 다른 정담(鼎談)에서는 물리학과에 원서를 내놓고 쉬었다고도 한다. '한문을 공부해서 한문으로 쓴 책을 통해 인간에 관한 공부를 먼저 한 후 전문 분야에 나아가라.'는 부친의 충고도 있었으며, '아버지에게 지지 않을 정도로 공부하자.'고 오기를 부려서 휴학하고 한문 관련 공부를 하였는지도 모른다.

나가오카의 고민은 휴학하였을 때 뿐만 아니라 학창 시절 내내 일관되었다. 고민하면서 나가오카는 중국의 고전을 읽고, 그 중에서 굉장한 과학의 성과를 찾아내었다(역법(曆法), 오로라, 합금, 태양 흑점, 하늘의 색, 미분의 개념, 공명의 실례, 뇌전(雷電), 에너지의 개념,……). 그리고 연구에 몰두하면 반드시 좋은 결과를 얻는다고 확신한 것이다.

후기...

학습원대학의 에자와 히로시 선생과 우리들 물리교사의 모임인 도쿄 물리서클과 일본평론사의 가메이 데쓰지로(龜井哲治郎) 씨가 이 책의 상담을 시작한 것은 5년 전의 일이다. 도쿄물리서클은 물리교사의 모임 이지만, 평소 매년 여름 합숙을 가졌으며 올해로 30회에 이른다. 합숙 기간 동안 물리학의 테마와 관련된 연구자를 초청하여서 철저히 토론했 다. 거기에 에자와 선생이 몇 번 와 주셔서 만나게 되었다.

물리를 배운 사람들에게 물리는 '공식과 계산뿐이고 가장 어렵다.', '무엇을 하고 있는지 모른다.', '소름이 끼친다.', '인생과 관련이 없으 므로 공부할 필요가 없다.'고 생각하는 과목 중의 하나이다. 그러나 실 제로는 그렇지 않다는 것이 우리들의 공통된 생각이다. 이 세계가 어떤 것으로 구성되어 있고, 그것은 어디서부터 와서 어디로 가는가, 왜 우리 들의 세계는 이러한가, 그 근본적인 곳을 찾는 것이 물리학이다. 그렇다 면 그것은 '생각한다.'는 것의 기초가 되며 누구나가 그것을 '즐긴다.' 고 할 수 있을 것이다.

외람되기는 하지만, 교사로서의 서투른 경험 중에서도, 문부성의 학 습 지도 요령과 교과서에서 벗어나 학생과 교사가 '우리들의 지구가 회 전하고 있어도(도쿄의 교실이 움직이는 스피드는 거의 음속이다) 왜 지 상의 것은 날려 보내지 않고 잠잠한 것일까?'를 모두가 토론, 실험하여 상대성 원리의 의미를 생각하는 수업을 했을 때는, 모두가 크게 물리를 즐길 수 있었다. 그리고 그 결과를 기초로 하면 아인슈타인의 상대성 원리와 로렌츠 변환도 이해할 수 있었고, 흥분해서 밤새 잠들지 못했다고 학생이 이야기해 주었다. 한마디로 말하자면, 이러한 것은 이른바 토론자들의 학습 정도와는 전혀 관계가 없다는 것이다. 현재 문부성의 지도 요령은, '할 수 있는 아이에게 원리적인 것을, 할 수 없는 아이에게 원리는 무리이므로 그만두고 실제로 도움이 되는 것'만을 가르치라고 나누고 있지만 어리석은 일이다. 나누어질 수도 없고 양쪽이 모두 있어야만 즐거운 것이다.

우리들은 이렇게 생각하였다. 고교생은 물론 자연과 세계의 성립에 흥미를 가진 사람들이 품은 의문을 함께 생각하고 정확하게 답해주는 (답하고자 하는) 책을 만들고 싶다. 그리고 답을 할 때는 일반용 물리 해설서를 읽었을 때 언제나 느끼는 불만의 근원, 즉 '이러한 법칙이 있기 때문에 이렇게 된다.', '이러한 것이기 때문에 이렇게 된다.'고 하는 형식으로 답하는 방법은 하지말자고 했다. 예를 들면, 물이나 공기와 같은 유체의 흐름에 관한 현상을 다룬 책에는 반드시 '이것은 베르누이의 정리가 있어서'로 끝나서 그 이상 깊이 들어갈 수 없다. 그러나 베르누이의 정리란 에너지보존과 유체 압력의 성질을 표현한 것에 불과하며, 그것의 이해는 그리 어렵지 않다. 그러면 그 내용까지 파고들어감으로써, 이 현상의 경우에 베르누이의 정리를 사용하는 것이 옳은가까지 독자가 생각할 수도 있을 것이다. 또 때로는 수식이 필요하게 될지도 모르지만, 필요한 것은 피하지 않도록 하자. 비록 그 부분을 지금은 모르더라도, 이해하려고 공부하면 반드시 알 수 있게 하고 싶다. 그러기 위해서 참고 문헌도 충분해야 한다.

또 지금까지의 책이 다루지 않았던 것, 피하고 있었던 것, 예를 들면 '왜, 물리에서 미분적분을 하지 않으면 안 되는가?' 등의 의문이나 '물리학과 사회의 관계' 등도 정면에서 문제 삼기로 하였다.

실제로 책 만들기는 우선 '왜'의 수집으로부터 시작하였다. 에자와 선생과 도쿄물리서클의 편집위원회가 전국의 초등학교부터 대학의 교수, 물리에 관심을 가진 사람에게 의뢰하여 본인과 학생들이 품고 있는 재미있는 질문 테마를 보내달라고 하여, 편집위원회에서 골랐다. 수업에서 생각지도 않은 질문, 가르치는 것이 익숙한 교사가 예상도 하지 못했던 의문 등, 과연 공감하고 감탄하는 것이 많았다. 그리고 학생에게도 질문 테마를 받았다. 이 부분의 것은 '서문'도 보기 바란다.

전국의 다양한 사람들에게 '답'도 받았다. 우리들과 같은 교사의 모임인 요코하마물리서클이나 오카야마물리서클 등을 비롯하여 많은 분들에게 협력을 받았다. 그래서 독특한 원고가 많이 모였다. 그리고 그 원고를 기초로 편집위원회에서 토론을 하여 최종 원고를 만들었다. 그러므로 이 책은 모두의 합작이다.

편집 작업은 즐거운 고생이었다. 이 작업을 통해 자기들의 굳은 결심이나 사고의 불철저함을 깊이 깨닫게 되었다. 에자와 선생의 '그것은 어떨까?'라는 한마디로, 눈에서 눈꺼풀이 떨어져 나가는(무언가 계기가 되어서 갑자기 사물의 본질이 잘 보여 이해할 수 있게 되는) 경험도 가졌다. 또 한 번 근본부터 조사하고 다시 공부했다. 그리고 본질은 어땠는가의 의논이 비등해져 갔다. 매주 1회, 작업 후의 밤 모임이 길게 계속되었다. 어떠한 권위도 인정하지 않고 납득이 갈 때까지 의논을 한다(단, 납득하면 곧 잘못을 인정한다)는 것이 물리의 전통이다. 그 결과,

지금까지의 책에 쓰여 있었던 잘못된 부분도 명백하게 밝혀졌다고 생각한다. '자전거가 왜 쓰러지지 않는가'라는 주제에서는 모형을 만든다든지, 모두 밤거리에 나가서 여러 가지의 자전거를 찾았다. 꽤나 괴상한 집단이었던 것 같다.

누가 뭐래도 편집을 담당한 우리들이 큰 공부를 하게 되어 감사하고 있다. 아직 불충분한 점이나 실수도 있다고 생각한다. 잘못된 부분은 지적해 주기 바란다.

마지막까지 합숙에 참가해서 우리들의 돌발 질문에도 공손히 답해주신 도쿄 대학 이마이 이사오(今井功) 명예 교수, 흔쾌히 원고도 받아주신 교토 대학 마스카와 도시히데(益川敏英) 교수에게도 감사드린다. 이마이 선생은 그 후에도 몇 번인가 모임에 참가하셔서 여러 가지를 검토해 주셨다.

마지막으로 천학비재와 제멋대로인 우리 때문에 이 작업이 5년이나 걸렸음에도 불구하고 참을성 있게 늘 웃는 얼굴로 기다려주신 일본평론사 편집부의 가메이 데쓰지로(龜井哲治郎) 씨, 나가이시 마사코(永石晶子) 씨, 서툰 그림을 깨끗하게 만들어 주신 이즈모리요(何森要) 씨, 스가야 나오코(菅谷直子) 씨에게 깊은 감사를 드린다.

찾아보기...

뉴턴도 놀란
영재들의 물리노트 I

지은이 · 도쿄물리서클
옮긴이 · 영재들을 위한 과학교사 모임
펴낸이 · 조승식
펴낸곳 · 도서출판 이치사이언스
등 록 · 제9-128호
주소 · 서울시 강북구 한천로 153길 17
홈페이지 · www.bookshill.com
E-mail · bookshill@bookshill.com
전화 · (02) 994-0071
팩스 · (02) 994-0073

2008년 7월 5일 1판 1쇄 발행
2018년 6월 5일 1판 4쇄 발행

값 16,000원

ISBN 978-89-91215-93-1
978-89-91215-92-4(세트)